高等教育公共基础课精品系列规划教材

应用微积分

主　编　舒斯会　易云辉
副主编　余志诚　童倩云　雷敏剑
林子植　赵　峰

北京理工大学出版社
BEIJING INSTITUTE OF TECHNOLOGY PRESS

内容简介

《应用微积分》根据2014年教指委新颁布的《经济与管理类本科数学基础课程教学基本要求》和高等院校经管类本科专业微积分课程的教学大纲编写而成，注重数学概念的实际背景与几何直观的引入，强调微积分的思想和方法及其应用，紧密联系现实生活，更好地服务专业课程. 本书的主要特点有：一是精选了大量的现实生活中的案例和经济方面的实例以及同学们熟悉且感兴趣的数学、物理等方面的应用问题，还设计了相当数量的思考题并配备了相应的应用习题；二是让学生尽快接触微积分理论的核心内容——微积分方法，在数列极限之后通过典型实例引入了微积分方法，并将微积分方法贯穿教材始终，本书的重点放在现实生活、经济和物理等专业如何使用微积分方法和理论上.

本书的主要内容包括函数、极限与连续、导数与微分、微分中值定理与导数的应用、不定积分与常微分方程、定积分及其应用、无穷级数、多元微积分简介、差分与差分方程简介等知识.

此外，我们结合现代教学的要求，制作了适合数学教学特点的多媒体教学课件.

本书可作为高等院校、高职高专院校等经济管理类等相关专业的微积分教材和参考书.

图书在版编目（CIP）数据

应用微积分/舒斯会，易云辉主编．—北京：北京理工大学出版社，2016.8（2019.8重印）

ISBN 978-7-5682-3076-6

Ⅰ.①应… Ⅱ.①舒… ②易… Ⅲ.①微积分-高等学校-教材 Ⅳ.①O172

中国版本图书馆CIP数据核字（2016）第214993号

出版发行 / 北京理工大学出版社有限责任公司
社　　址 / 北京市海淀区中关村南大街5号
邮　　编 / 100081
电　　话 / （010）68914775（总编室）
（010）82562903（教材售后服务热线）
（010）68948351（其他图书服务热线）
网　　址 / http：//www.bitpress.com.cn
经　　销 / 全国各地新华书店
印　　刷 / 北京国马印刷厂
开　　本 / 787毫米×1092毫米 1/16
印　　张 / 13
字　　数 / 302千字
版　　次 / 2016年8月第1版 2019年8月第4次印刷
定　　价 / 34.00元

责任编辑 / 王晓莉
文案编辑 / 张鑫星
责任校对 / 周瑞红
责任印制 / 马振武

图书出现印装质量问题，请拨打售后服务热线，本社负责调换

前言

微积分源于现实生活并用于现实生活，在解决现实问题中产生、发展和完善. 而当前的一些微积分教材过分追求逻辑的严密性和理论体系的完整性，剥离了微积分概念、原理与范例的现实生活背景和几何背景，导致教学内容过于抽象，使得学生产生为什么要学习微积分、微积分学了有什么作用等疑问，进而造成了学生“不愿学、学不会、用不了”的尴尬局面，挫伤了学生学习微积分的主动性.

本书最大的特点是提供了丰富的现实生活中的实例、案例，以及同学们熟悉且感兴趣的数学、物理和经济等方面的应用问题，且有相当数量是自创的.

通过这些实例、案例和应用问题引出微积分概念，重视微积分方法与知识的产生和发展的来龙去脉的展示，并注重用微积分方法解决一些现实生活中的问题，力求解释和说明为什么要学习微积分、微积分有什么作用等同学们关心的热点问题.

同时还给出了相对数量的经济、管理方面的实例，充分展示了微积分在经济管理方面的应用前景，注重培养学生用微积分方法和知识解决经济、管理方面的专业问题的能力.

本书还设计了相当数量的思考题，其中部分思考题是需要学生应用网络等现代化手段收集、整理相关数据和信息的、有现实意义的探究式课题，把课堂学习延伸到课外，以提高学生的学习兴趣和应用微积分方法解决实际问题的能力.

丰富的实例、案例和思考题为教师们采用情景教学、问题教学和探究式教学等现代教学方法和手段提供素材支撑.

本书的另一个尝试是让学生尽快接触微积分的核心内容——微积分方法. 在讲述数列极限之后，通过微积分经典实例引入微积分方法和知识，同时介绍微积分方法的内涵、产生和发展过程及其基本的应用，并由此引出微分和积分等概念，使学生对微积分理论学习有一定的感性认识. 让学生在课程学习之初就了解学习微积分的作用和目的，激发学生自主学习的热情.

本书主要概念的引入遵循从特殊到一般、从形象到抽象的认知原则，强调概念的直观描述和几何解析，力求从现实生活中的案例出发引入概念，说明引进概念的必要性，即为什么要引进这些概念，让学生不仅知其然，而且还知其所以然，以提高学生的学习热情.

本书淡化概念的、数学语言化的抽象描述，尽量将概念形象化，以学生知其含义并能较好地应用这些概念为目的.

本书根据 2014 年教指委新颁布的《经济与管理类本科数学基础课程教学基本要求》和高等院校经管类本科专业微积分课程的教学大纲编写. 通过本课程的学习，培养学生自主学习和综合应用所学的数学理论和方法分析与解决问题的能力. 着力培养学生以下方面的能力：一是把实际问题转化为数学模型并求解数学模型的能力；二是用数学思维分析和解决实际问题的能力；三是用数学知识与方法解决经济和管理方面等所学专业的一些问题.

参加编写的人员都是多年从事公共数学基础课程教学研究和微积分课程教育教学改革实践的专家和教师. 本书由主编负责统稿，编者共同完成，各章编写分工如下：舒斯会、易云辉老师编写第 4、7、8、9 章；余志诚、舒斯会老师编写第 1、2 章；童倩云、舒斯会老师编写第 3 章；林子植、舒斯会老师编写第 5 章；雷敏剑、舒斯会老师编写第 6 章；研究生赵峰同学完成书中所有的制图工作，另外其他研究生王余文、罗艳辉参与了部分文字录入工作和多媒体教学课件制作.

本书可作为高等院校、高职高专院校等经济管理类等相关专业的微积分教材和参考书.

本书在编写过程中借鉴和参考了国内外一些专家和学者的研究成果，在此深表谢意. 另由于我们的水平有限，书中难免有不妥之处，欢迎读者批评指正.

本书获江西科技师范大学教材出版基金和高等数学教学研究专项项目资助.

编　者

目 录

第一章

函　数

经济理论的主要目的是阐述经济变量之间的关系，这些关系通常以函数的形式表示. 通过变量之间的关系，主要讨论一个变量的变动如何对另一个变量产生影响. 例如，商品价格的变动将如何影响商品的销售量？政府投入增加 100 亿元，总产出是否会因此而增加或下降？如果会，将增加或下降多少？

函数是微积分的主要研究对象，微积分的主要内容有函数的极限、函数的连续、函数的导数和函数的积分等，所以在讨论上述这些问题之前，首先要研究函数.

§1.1　函数的概念

1.1.1　函数的定义

我们从现实生活的几个实际应用谈起.

引例 1.1（利润最大问题）　一零售商按批发价每件 6 元买进一批商品，根据前期试卖情况得出以下信息：零售价每件定为 7 元时，每月可卖出 100 件，且每件的售价降低 0.1 元，每月可多卖出 50 件，问价格定为多少时月利润最大？

解　要想知道价格定为多少时月利润最大，首先要给出商品售价与月利润之间的关系.

设商品售价为 x，月利润为 L，依题意，当价格为 x 时，可卖出商品 $100+50\,\dfrac{7-x}{0.1}$ 件，则商品价格与月利润之间的关系为

$$L=\left(100+50\,\frac{7-x}{0.1}\right)(x-6)$$

$$=100(-5x^2+66x-216)\ (x>0). \tag{1.1}$$

有了上述月利润 L 与售价 x 的关系，我们就可以通过它再利用数学方法和知识来讨论月利润最大问题.

由式（1.1）配方得

$$L=-500\left[x^2-2\,\frac{66}{10}x+\left(\frac{66}{10}\right)^2-\left(\frac{66}{10}\right)^2+\frac{216}{5}\right]$$

$$=-500(x-6.6)^2+180.$$

由上式易知，当售价定为 $x=6.6$ 元时月利润最大，最大利润为 180 元.

引例 1.2（最省料问题） 某开发商要在建筑工地上用围墙围一个面积为 169 m^2 的矩形地块用于存放杂物，问该地块的长和宽选取多大尺寸时用料最省？

解 这是一个怎样选矩形地块的长和宽使周长最小的问题，我们先要给出矩形地块的周长与长或宽的关系.

设矩形地块的长为 x m，周长为 C m，则地块的宽为 $\frac{169}{x}$ m，周长 C 与地块的长 x 的关系为

$$C=2x+2\cdot\frac{169}{x}\ (x>0). \tag{1.2}$$

下面再用数学方法和知识确定长为多少时周长最小.

由均值不等式有

$$C=2x+2\cdot\frac{169}{x}\geqslant 2\sqrt{2x\cdot 2\cdot\frac{169}{x}}=52\ (\mathrm{m}).$$

由上式可知，周长 C 的最小值为 52 m，且在 $2x=2\cdot\frac{169}{x}$，即 $x=13$ 时取得. 故矩形地块的长和宽均为 13 m 时用料最省.

上面两个实际问题的解决都是首先给出相关变量之间的一种关系，如引例 1.1 中的式（1.1）给出了商品售价 x 与利润 L 之间的关系；引例 1.2 中的式（1.2）给出了周长 C 与边长 x 的关系. 这些关系的建立是用数学方法和知识解决这些实际问题的前提.

函数就是描述变量间相互依赖关系的一种数学模型（数学模型就是为了某种目的，用字母、数字及其他数学符号建立起来的等式或不等式以及图像、图表、框图等描述客观事物的特征及其内在联系的数学结构表达式）. 一元函数是描述两个变量间关系的一种数学模型.

定义 1.1 假设 x 和 y 是两个变量，A 为一个非空实数集合，若变量 x 是在 A 中取的任意一个值，变量 y 按照一定的法则 f 有唯一的值与之对应，则称 y 是 x 的一元函数，记为 $y=f(x)$. 变量 x 叫作自变量；变量 y 叫作因变量；数集 A 是自变量的取值范围，称为函数的定义域.

上面两引例中的式（1.1）和式（1.2）表示了两个变量之间的函数关系；还有我们在中学学过的一些等式公式，如圆的面积公式 $S=\pi r^2\,(r>0)$、已知首项 a_0 和公比 q 的等比数列前 n 项和公式 $S=a_0q^n$（n 为正整数）等都是相应变量的一个函数关系.

在实际问题中，函数的定义域由问题的具体含义确定. 例如函数式（1.1）中，利润作为售价的函数，售价必须大于 0，所以其定义域为 $x>0$ 或 $(0, +\infty)$；同样函数式（1.2）的自变量 x 表示矩形的长，其定义域也为 $x>0$ 或 $(0, +\infty)$；又等比数列前 n 项和 S 作为项数 n 的函数，其定义域为正整数 $\{1, 2, \cdots, n, \cdots\}$.

如果一个函数是用公式表示的，且没有明确给出定义域，那么按照习惯就把使公式有意义的全体实数组成的集合称为函数的定义域.

如函数 $y=\frac{1}{3-\sqrt{x-3}}$ 的定义域为 $A=\{(x, y)\mid x-3\geqslant 0, 3-\sqrt{x-3}\neq 0\}$ 或 $A=[3, 12)\cup(12, +\infty)$.

所有函数值 $f(x)\,(x\in A)$ 组成的集合称为函数的值域，记为 $Z(f)$，即

$$Z(f)=\{f(x)\mid x\in A\}.$$

1.1.2 函数的图像

如图 1.1 所示，我们把函数的自变量 x 和函数 y 组成有序数组（x，y），并把它们在平面直角坐标系（笛卡尔平面）上描述出来就得到了函数图像，即一元函数的图像由所有的直角坐标系上的点 $\{(x, y)\mid y=f(x), x\in A\}$ 构成.

因为函数 $y=f(x)$ 的图像通常是一条平面曲线，所以我们常把函数 $y=f(x)$ 称为平面曲线 $y=f(x)$，或简称为曲线 $y=f(x)$.

函数图像是函数关系在直角坐标系中的直观表示，函数一些重要的属性通常都包含在图像里.

通过函数 $y=f(x)$ 的图像，可以很直观地看出函数 y 随自变量 x 变化而变化的情况. 如图 1.2 所示，从函数 $y=x^2$ 的图像中可以看出：当 $x>0$ 或 $x\in(0, +\infty)$ 时，函数 y 的值随自变量 x 的值增加而增加（即为增函数）；当 $x<0$ 或 $x\in(-\infty, 0)$ 时，函数 y 的值随自变量 x 的值增加而减少（即为减函数）；当 $x=0$ 时，函数 y 的值最小；x 与 $-x$ 处的值相等（即为偶函数）.

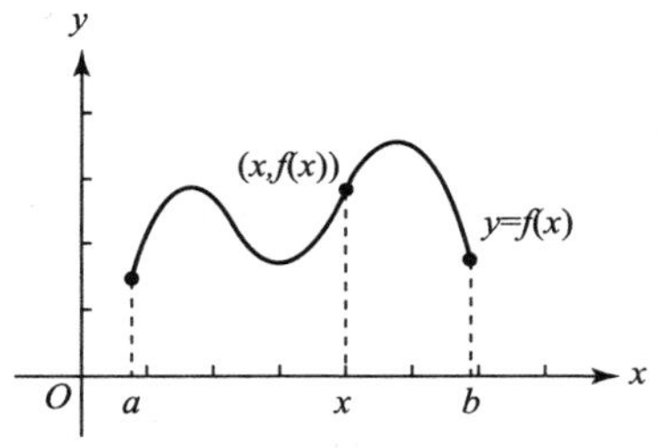

图 1.1

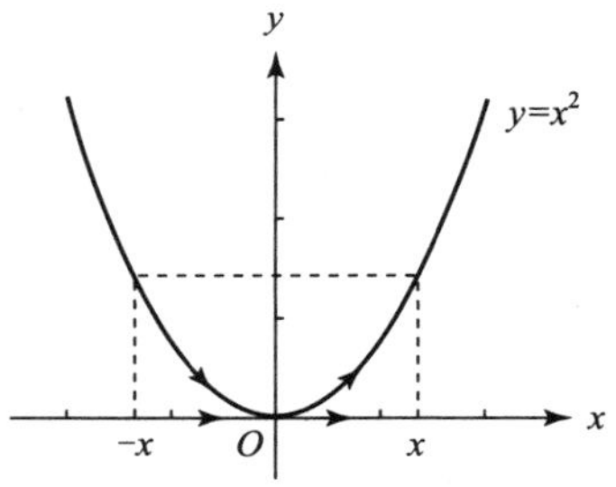

图 1.2

函数图像在 x 轴上的投影点集为其定义域，如图 1.1 所示，区间 $[a, b]$ 为函数 $y=f(x)$ 的定义域，在 y 轴上的投影点集为其值域.

1.1.3 函数的表示

函数的表示一般有三种：公式法、图像法和表格法.

1. 公式法

用数学表达式表示自变量和因变量的对应函数关系. 如前面引例中的式（1.1）和式（1.2）

$$L=100(-5x^2+66x-216)\ (x>0);$$

$$C=2x+2\cdot\frac{169}{x}\ (x>0).$$

其主要特点是可以充分应用数学知识和方法来研究变量之间的关系和性质. 在微积分中一般要求函数用公式法表示.

2. 图像法

用直角坐标系上的图像（曲线）表示自变量和因变量的函数对应关系，如某股票的走势图.

其主要特点是易于观察函数（随自变量变化而变化）的变化规律和趋势．微积分方法在函数图像上可以很好、直观地展示出来，这样便于学生理解、掌握．所以，函数图像法在微积分中至关重要．例如考虑在 x_0 处自变量改变量 Δx 变化（如 $\Delta x\to 0$）所引起的函数改变量 Δy 的变化情况时，我们可以从其函数图像上很直观地看出来（见图 1.3）．

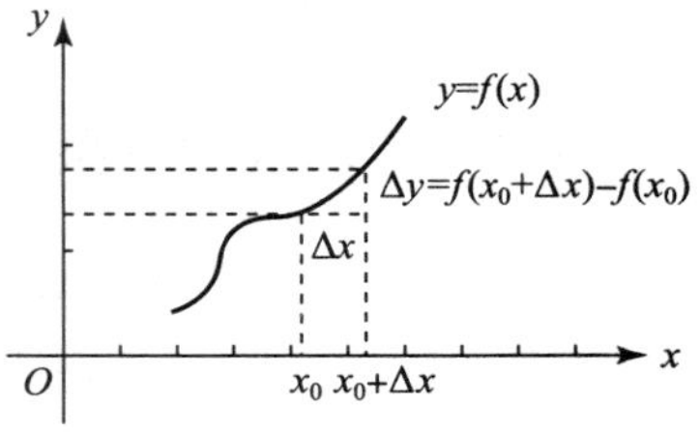

图 1.3

3. 表格法

把自变量的值与其相对应的因变量（函数）值列成二维表来表示函数关系．

这种表示只适用于自变量的取值（定义域）是离散点时的情况．

例如一新产品上市，成本每件 6 元，为了合理定价，公司进行了为期 8 个月的试卖，所得具体数据如下：

x	7	6.9	6.8	6.7	6.6	6.5	6.4	6.3
y	100	150	200	258	301	348	400	453

其中 x 是销售价格，y 为一个月的销售量，上述表格给出了新产品的价格 x 与月销售量 y 的函数关系．

其主要特点是自变量与函数值对应明显．但很难直接用微积分方法研究表格函数．在现实生活中，通过实验统计方法，我们得到的两个变量间的函数关系大多是离散表格形式．为了能更好地使用微积分方法深入地研究它们（如确定上例的合理价格），一般用概率统计等方法拟合得出相应的函数表达式．如上例拟合的函数表达式（近似）为

$$y=-500x+3\,600.$$

为了更好地了解和研究函数，我们常常需要关注函数的一些基本性质．

1.1.4　函数的基本性质

1. 单调性

定义 1.2　设函数 $y=f(x)$ 在区间 I 上有定义，如果对任意的 x_1，$x_2\in I$，且 $x_1<x_2$，都有 $f(x_1)<f(x_2)$，则称 $y=f(x)$ 在区间 I 上单调增加；如果对任意的 x_1，$x_2\in I$，且 $x_1<x_2$，都有 $f(x_1)>f(x_2)$，则称 $y=f(x)$ 在区间 I 上单调减少．单调增加和单调减少的函数统称为单调函数．

例如从其函数图像不难看出，$y=\cos x$ 在 $[0,\pi]$ 上单调减少，在 $[\pi,2\pi]$ 上单调增加；$y=e^x$ 在 $(-\infty,+\infty)$ 上单调增加．

2. 有界性

定义 1.3　设函数 $y=f(x)$ 在数集 D 上有定义，如果存在正数 M，使得

$$|f(x)|\leqslant M\ (x\in D),$$

则称 $y=f(x)$ 在 D 上有界，或称 $y=f(x)$ 是 D 上的有界函数；否则称 $y=f(x)$ 在 D 上无界，或称 $y=f(x)$ 是 D 上的无界函数．

例如 $y=\sin x$，$y=\dfrac{1}{1+x^2}$ 在 $(-\infty,+\infty)$ 内有界；$y=\dfrac{1}{x}$ 在 $(0,1)$ 内无界，在 $[1,+\infty)$

内有界.

3. 奇偶性

定义 1.4 设函数 $y=f(x)$ 的定义域 D 关于原点对称（即若 $x\in D$，则 $-x\in D$），如果对任意的 $x\in D$，都有

（1）$f(-x)=f(x)$，则称 $f(x)$ 为偶函数；

（2）$f(-x)=-f(x)$，则称 $f(x)$ 为奇函数.

例如 $y=x^2$，$y=\cos x$ 是偶函数；$y=x^3$，$y=\sin x$ 是奇函数. 特别地，$y=c(c\neq 0)$ 是偶函数；$y=x^2+x$ 既不是偶函数，也不是奇函数，我们称其为非奇非偶函数.

偶函数的图像关于 y 轴对称，如图 1.4（a）所示；奇函数的图像关于原点对称，如图 1.4（b）所示.

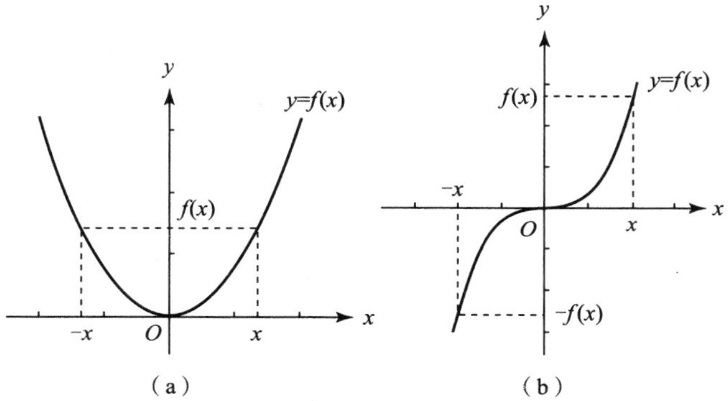

图 1.4

4. 周期性

定义 1.5 设函数 $y=f(x)$ 的定义域为 D，如果存在常数 $T\neq 0$，使得对任意 $x\in D$，都有 $x\pm T\in D$，并且 $f(x+T)=f(x)$，则称 $f(x)$ 为周期函数，T 称为 $f(x)$ 的周期. 周期函数的周期通常是指最小正周期.

例如函数 $y=\sin x$，$y=\cos x$ 都是以 2π 为周期的周期函数；$y=\tan x$ 是以 π 为周期的周期函数.

1.1.5 基本初等函数

在微积分中，基本初等函数有着重要的地位. 下面列举的常函数、幂函数、指数函数、对数函数、三角函数和反三角函数六类函数称为基本初等函数.

（1）常函数 $y=C$.

（2）幂函数 $y=x^a$（$a\in \mathbf{R}$）.

（3）指数函数 $y=a^x$（$a>0$，$a\neq 1$）.

（4）对数函数 $y=\log_a^x$（$a>0$，$a\neq 1$）.

（5）三角函数 $y=\sin x$，$y=\cos x$，$y=\tan x$，$y=\cot x$.

（6）反三角函数 $y=\arcsin x$，$y=\arccos x$，$y=\arctan x$，$y=\text{arccot}\, x$.

1.1.6 复合函数与初等函数

定义 1.6 设函数 $y=f(u)$ 的定义域为 D_f，而函数 $u=\varphi(x)$ 的值域为 R_φ，若 $R_\varphi\subseteq$

D_f，则由 $y=f(u)$ 和 $u=\varphi(x)$ 构成的函数 $y=f[\varphi(x)]$ 称为由 $y=f(u)$ 和 $u=\varphi(x)$ 构成的复合函数. u 称为中间变量.

例如，由函数 $y=\sqrt{u}[D_f=[0, +\infty)]$ 和函数 $u=x^2-1$ 且 $|x|\geqslant 1[R_\varphi=[0, +\infty)]$ 复合而成函数为 $y=\sqrt{x^2-1}$.

例如，函数 $y=\ln\sin\dfrac{x}{2}$ 可看成函数 $y=\ln u$，$u=\sin v$，$v=\dfrac{x}{2}$（$2k\pi<x<2k\pi+\pi$，$k=0$，±1，±2，…）复合而成.

由基本初等函数经过有限次四则运算和有限次复合步骤所构成的、可以用一个表达式表示的函数，称为初等函数.

如 $y=x\sin 3x$，$y=\dfrac{\sin x}{x}+2^x$，$y=\sqrt{1-x^2}$，$y=\ln(x+\sqrt{1+x^2})$ 等都是初等函数. 初等函数图像是一条不相交的曲线.

在后面的复合函数求导数过程中，需要将复合函数分解成基本初等函数或由基本初等函数通过四则运算（不含复合）得到的初等函数.

如复合函数 $y=\sqrt{x+x\sin x}$ 可分解成 $y=\sqrt{u}$，$u=x+x\sin x$；复合函数 $y=3-\sqrt{1-x}$ 可分解成 $y=3-\sqrt{u}$，$u=1-x$.

1.1.7 反函数

设某种商品销售总收益为 y，销售量为 x，已知该商品的单价为 a，对每一个给定的销售量 x，可以通过规则 $y=ax$ 确定销售总收益 ，这种由销售量确定销售总收益的关系称为销售总收益是销售量的函数. 反过来，对每一个给定的销售总收益 y，则可以由规则 $x=\dfrac{y}{a}$ 确定销售量 x，这种由销售总收益确定销售量的关系称为销售量是销售总收益的函数. 我们称后一函数 $x=\dfrac{y}{a}$ 是前一函数 $y=ax$ 的反函数，或者说它们互为反函数.

定义 1.7 设 $y=f(x)$ 是定义在 $D(f)$ 上的一个函数，值域为 $Z(f)$，如果对于每一个 $y\in Z(f)$ 有唯一确定的且满足 $y=f(x)$ 的 $x\in D(f)$ 与之对应，其对应规则记作 f^{-1}，则这个定义在 $Z(f)$ 上的函数 $x=f^{-1}(y)$ 称为 $y=f(x)$ 的反函数，或称它们互为反函数.

习惯上用 x 表示自变量，用 y 表示因变量. 因此我们将 $x=f^{-1}(y)$ 改写为以 x 为自变量、y 为因变量的函数关系 $y=f^{-1}(x)$，这时我们说 $y=f^{-1}(x)$ 是 $y=f(x)$ 的反函数.

$y=f(x)$ 与 $y=f^{-1}(x)$ 的关系是 x 与 y 互换，所以它们的图形关于直线 $y=x$ 对称（见图 1.5）.

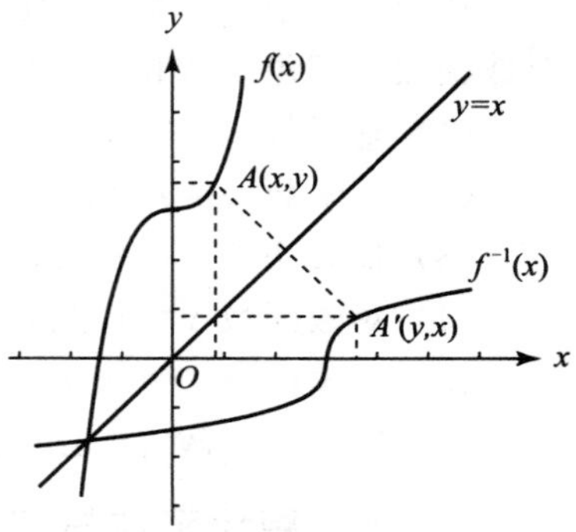

图 1.5

例 1.1 求函数 $y=3x-1$ 的反函数.

解 由 $y=f(x)=3x-1$ 可以求出

$$x=f^{-1}(y)=\frac{y+1}{3},$$

将上式的 x 换成 y，将 y 换成 x，得 $y=3x-1$ 的反函数为

$$y=f^{-1}(x)=\frac{x+1}{3}.$$

一个函数如果有反函数，则它们必定是一一对应的函数关系.

若 $f(x)$ 在定义域上是增函数，则 $f(x)$ 必有反函数.

例如：在 $(-\infty,+\infty)$ 内，$y=x^2$ 不是一一对应的函数关系，所以，它没有反函数；而在 $(0,+\infty)$ 内，$y=x^2$ 有反函数 $y=\sqrt{x}$；在 $(-\infty,0)$ 内，$y=x^2$ 有反函数 $y=-\sqrt{x}$.

1.1.8 分段函数

例 1.2 南昌出租车计价标准：三类车起步价为 6 元两公里，超过两公里后，单价为每公里 1.9 元，路程行驶总公里数达到 8 公里时，计价器将实行空车补贴，单价将变为每公里 2.85 元，给出行驶路程与出租车费的关系；又莲塘到南昌全程约 34 公里，问乘三类出租车从莲塘到南昌需要多少元钱？有没有省钱的方案？

解 出租车行驶路程为 x，出租车费为 y，则出租车行驶路程与出租车费的关系为

$$y=\begin{cases}6, & x\leqslant 2,\\ 6+1.9(x-2), & 2<x\leqslant 8,\\ 6+11.4+2.85(x-8), & x>8.\end{cases}$$

从莲塘到南昌需要出租车费为

$$y(34)=6+11.4+2.85(34-8)=91.5\text{（元）}.$$

有省钱的方案，省钱的方案为前 24 公里，每 8 公里要求出租车司机重新计价一次，这时出租车费为 $17.4\times3+23.1=75.3$（元），省 16.2 元.

如例 1.2 所表示的函数，在其定义域的不同子集上要用不同的表达式来表示对应法则，这种函数称为分段函数.

下面介绍经济理论中涉及的一些基本的经济函数.

§1.2 常用的经济函数

引例 1.3 当某款时尚运动手表的价格为 70 元/只时，需求量和供应量都为 10 000 只；

（1）若单价每提高 3 元，则需求量减少 3 000 只，你能否给出需求量 Q 与价格 p 的关系？

（2）又若单价每提高 3 元，生产厂家可多提供 300 只，你能否表示出供给量 S 与价格 p 的关系？

（3）如果供求达到平衡，确定这款运动手表的价格和供需量分别是多少？

（4）求销售 q 单位商品得到的全部销售收入 $R=R(q)$？

（5）公司时尚运动手表的固定成本是 50 000 元，每生产一只手表，需要增加 40 元的成本，求生产 q 单位商品的总成本 $C=C(q)$？

（6）求销售 q 单位商品得到的利润 $L=L(q)$？假设该公司的最大生产能力是 20 000 只，求最大利润？

（7）该公司的盈亏平衡点是多少？此时的价格为多少？

1.2.1 需求函数与价格函数

需求量是指在特定的时间内，消费者购买某种商品的数量（或在一定的价格条件下，消费者愿意购买且有能力购买的商品量），用 Q 表示，需求量受很多因素影响，如市场价格、消费者购买力、消费者偏好、季节、区域等，其中市场价格是决定需求量的一个主要因素，如果只考虑主要的影响因素，即只考虑市场价格 p 与需求量 Q 之间的关系，则我们称需求量 Q 与市场价格 p（p 为自变量）的函数关系为需求函数，记为 $Q=Q(p)$.

一般来说，价格下降会使需求量增加，价格上涨会使需求量减少，即需求函数是减函数.

引例 1.3（1）的解：需求量与价格的关系即需求函数为

$$Q=10\ 000-3\ 000\times\frac{(p-70)}{3}=1\ 000(80-p).$$

我们把需求函数的反函数称为价格函数，记为 $P=P(q)$，q 为需求量.

这时价格函数为

$$P=80-\frac{q}{1\ 000}.$$

一般来说，在不考虑价格以外的其他因素情况下，需求量增加价格下降，需求量减少价格上升，即价格函数也是减函数.

1.2.2 供给函数

从生产者的角度，在特定的时间内，在一定的价格条件下，厂家愿意提供且能够出售的商品的数量称为供给量，用 S 表示，供给量也受很多因素影响，如市场价格、原材料价格及生产成本等. 通常我们主要考虑供给量 S 与该商品的市场价格 p 之间的关系. 我们将供给量 S 与价格 p（p 为自变量）之间的函数关系称为供给函数.

一般来说，价格下降会使供给量减少，价格上涨会使供给量增加，即供给函数是增函数.

引例 1.3（2）的解：供给量 S 与价格 p 的关系即供给函数为

$$S=10\ 000+300\times\frac{(p-70)}{3}=100(30+p).$$

1.2.3 市场均衡

对于某种商品，在一定的价格下，如果市场需求量与供给量相等，则需求关系和供给关系之间达到平衡，称为市场平衡，即 $Q(p)=S(p)$. 这时的价格 p_0 称为均衡价格，供需量 $Q_0(p_0)$ 和 $S_0(p_0)$ 称为均衡量. $M_0(p_0, Q_0)$ 和 $M_0(p_0, S_0)$ 称为商品的均衡点.

引例 1.3（3）的解：由 $Q(p)=S(p)$，即 $1\ 000(80-p)=100(30+p)$，解得均衡价格为 $p_0=70$，均衡量为 $Q(p_0)=S(p_0)=10\ 000$，平衡点为 $M_0(70, 10\ 000)$.

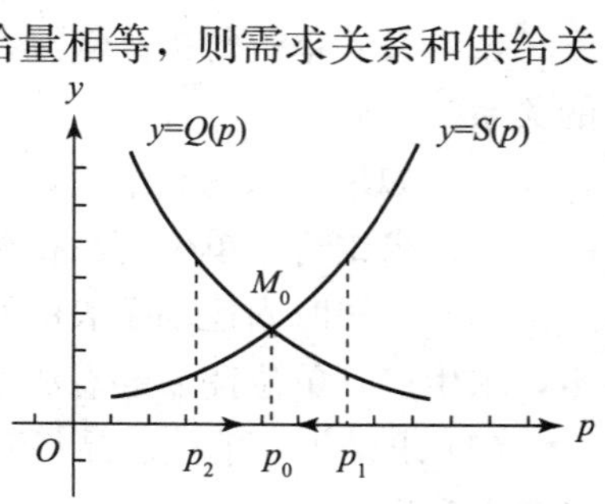

图 1.6

如图 1.6 所示，将需求函数 $y=Q(p)$ 和供给函数 $y=S(p)$ 放入同一坐标系中分析发现，当市场价格 p 高于均

衡价格 p_0 时，假设 $p_1>p_0$，这时有 $S(p_1)>Q(p_1)$（见图 1.6），即供给量大于需求量，出现了供过于求的现象，这时会导致价格下降；而当市场价格 p 低于均衡价格 p_0 时，假设 $p_2<p_0$，这时有 $S(p_2)<Q(p_2)$（见图 1.6），即需求量大于供给量，出现了供不应求的现象，这时会导致价格上升．如此往复，市场价格都是在均衡价格 p_0 附近来回波动的.

1.2.4　收益函数

销售 q 单位商品得到的全部销售收入 R 与 q 之间的关系称为收益函数，用 $R=R(q)$ 表示.

商品的收益取决于该商品的销售量 q 和市场价格 P，即收益函数为

$$R(q)=q\cdot P,$$

又价格 P 是销售量（需求量）q 的函数，即 $P=P(q)$，所以收益函数可表示为

$$R(q)=q\cdot P(q).$$

引例 1.3（4）的解：销售 q 单位商品得到的全部销售收入即收益函数为

$$R(q)=q\cdot P=q\cdot\left(80-\frac{q}{1\,000}\right).$$

1.2.5　成本函数

总成本是指生产一定数量产品的投入总额，用 $C=C(q)$ 表示.

总成本是固定成本 C_0（不随产品数量变化的，如厂房、设备、厂长工资等管理费用）与可变成本 $C_1(q)$（原材料，工人工资等）之和，一般固定成本 C_0 与产品数量无关，可变成本是关于产量 q 的函数 $C_1=C_1(q)$，总成本为

$$C=C_0+C_1(q).$$

我们称总成本 C 与产品数量 q（q 为自变量）的函数关系为成本函数.

引例 1.3（5）的解：生产 q 单位商品的总成本即成本函数为

$$C=50\,000+40q.$$

1.2.6　利润函数

利润是收益扣除成本后的剩余部分，即 $L(q)=R(q)-C(q)$，我们称利润与产品数量 q 的函数关系为利润函数．利润函数等于收益函数减成本函数.

引例 1.3（6）的解：销售 q 单位商品的利润即利润函数为

$$\begin{aligned}L(q)&=R(q)-C(q)\\&=q\cdot\left(80-\frac{q}{1\,000}\right)-(50\,000+40q)\\&=40q-\frac{q^2}{1\,000}-50\,000\\&=-\frac{1}{1\,000}(q^2-40\,000q+50\,000\,000).\end{aligned}$$

下面求最大利润，由上式配方得

$$L=-\frac{1}{1\,000}(q-20\,000)^2+350\,000,$$

由此可得 $q=20\ 000$ 时，利润最大，最大利润为 350 000 元.

1.2.7 盈亏平衡点

满足 $L(q)=0$（即利润为零）的点称为盈亏平衡点（又称为保本点）.

引例 1.3（7）的解：由 $L(q)=40q-\dfrac{q^2}{1\ 000}-50\ 000=0$，得盈亏平衡点为 $q\approx 1\ 300$.

§1.3 利息问题

利息是借款人向贷款人支付的报酬. 2015 年 5 月的银行存贷利率见表 1.1.

表 1.1 2015 年 5 月的银行存贷款利率

银行存款利率	年利率	银行贷款利率	年利率
活期	0.35%	一年期	6.00%
定期		一年至三年	6.15%
一年期	3.25%	三年至五年	6.40%
二年期	3.75%	五年以上	6.55%
三年期	4.25%		
五年期	4.75%		

1.3.1 单利与复利

例 1.3 小张在银行存 10 000 元 5 年定期存款，年利率为 4.75%，问五年后到期的本利和为多少？

解 第一年本利和为

$$10\ 000+10\ 000\times 4.75\%=10\ 000\times(1+4.75\%)\ (\text{元});$$

第二年本利和为

$$\begin{aligned}&10\ 000+10\ 000\times 4.75\%\times 2\\=&10\ 000\times(1+2\times 4.75\%)\ (\text{元});\end{aligned}$$

依次类推，第五年本利和为

$$10\ 000\times(1+5\times 4.75\%)=12\ 375\ (\text{元}).$$

我们把存款称为初始本金，单利是初始本金计算利息，所得的利息不再计算利息.

一般地，若初始本金为 p 元，银行年利率为 r，在单利情况下，第 n 年本利和为 $p(1+nr)$. 如例 1.3 就是一单利产品.

例 1.4 小张在银行存了 10 000 元 1 年定期存款，年利率为 3.25%，1 年到期后自动转存，问五年后到期的本利和为多少？

解 第一年本利和为

$$10\ 000+10\ 000\times 3.25\%=10\ 000\times(1+3.25\%)\ (\text{元});$$

第二年本利和为

$$10\,000\times(1+3.25\%)+10\,000\times(1+3.25\%)\times3.25\%$$
$$=10\,000\times(1+3.25\%)^2\ (元);$$

依次类推，第五年本利和为

$$10\,000\times(1+3.25\%)^5=11\,734\ (元).$$

复利是指除了初始本金计算利息外，所得的利息也要重复计算利息（利滚利）.

一般地，若初始本金为 p 元，银行年利率为 r，在复利情况下，则第 n 年本利和为 $p(1+r)^n$.

例 1.5　小张存了 10 000 元的 5 年定期存款，年利率为 3.25%，银行每个月结算一次，按复利计息，5 年后到期的本利和为多少?

解　月利率为$\frac{3.25\%}{12}$，5 年共结算 60 次，5 后到期的本利和为

$$10\,000\times\left(1+\frac{3.25\%}{12}\right)^{12\times5}=11\,761.9\ (元).$$

一般地，若初始本金为 p 元，银行年利率为 r，一年结算 m 次，在复利情况下，则第 n 年本利和为 $p\left(1+\frac{r}{m}\right)^{m\times n}$.

思考: 某银行推出两种储蓄产品：一种是年利率 5.2%的一年期普通产品，另一是年利率 5%且每秒钟计息一次的一年期复利产品，问你选择哪种产品（1 年按 365 天计算)?

例 1.6　从 1994 年开始，我国逐步实行大学收费制度，为保障子女将来的教育经费，小张夫妇从他们的儿子出生时起，每年向银行存入 x 元作为家庭教育基金，若银行的年利率为 r，按复利计算，试写出第 n 年后教育基金的表达式. 预计当子女 18 岁进入大学时所需费用为 4 万元，按年利率 5%计算，小张每年应向银行存入多少元?

解　第一年（出生时）存入银行的 x 元到 n 年后的本利和为 $x(1+r)^n$，第二年存入银行的 x 元到 n 年后的本利和为 $x(1+r)^{n-1}$，

……

第 $n-1$ 年存入银行的 x 元本利和为 $x(1+r)$，则第 n 年后教育基金的表达式为

$$x(1+r)^n+x(1+r)^{n-1}+\cdots+x(1+r)+x=x\,\frac{(1+r)^{n+1}-1}{r}.$$

小张每年应向银行存入钱 x 满足

$$x\,\frac{(1+0.05)^{18+1}-1}{0.05}=40\,000.$$

解得 $x=1\,309.8$，即小张每年应向银行存入 1 309.8 元.

1.3.2　现值问题

如果年利率为常数 r，资金的现值（即初始本金）记为 PV_0，则 t 年后资金的将来值（本利和）记为 FV_t. 前面我们所讲的都是已知资金的现值（初始本金）PV_0，确定 t 年后资金的未来值 FV_t，是未来值（本利和）的问题.

例 1.7　小张现投资（存款）90 元，投资年收益率（存款年利率）为 5%，那么小张 2 年后的资金未来值为多少（按复利计算）?

解　2 年后的资金未来值为 $90\times(1+5\%)^2=99.23$（元）.

所以不难看出，现值 PV_0 与 t 年后的未来值 FV_t 的关系为

$$FV_t=PV_0(1+r)^t,$$

式中，r 为年利率且按复利计算.

与之相反的问题是：在相同的利率下，要使 t 年后的未来值为 FV_t，那么其现值（初始本金）PV_0 是多少？这是一个已知 t 年后的未来值求现值的问题，简称为现值问题.

例 1.8　小张进行一项投资（存款），该投资年回报率（年存款利率）为 5%，小张想在 2 年后得到资金 100 000 元，问现在需要投资（存款）多少元（按复利计算）?

解　这是一个现值问题，即已知 2 年后的未来值 $FV_2=100\ 000$ 元，求现值 PV_0.

由 $FV_2=PV_0(1+r)^2$ 得

$$PV_0=\frac{FV_2}{(1+r)^2}=\frac{100\ 000}{(1+5\%)^2}=90\ 702.95\text{（元）},$$

即需要投资（现值）90 702.95 元.

于是由公式 $FV_t=PV_0(1+r)^t$ 易知，若 t 年后未来值为 $FV_t=K$，则其现值 PV_0 为（年利率为 r，按复利计算）

$$PV_0=\frac{FV_t}{(1+r)^t}=\frac{K}{(1+r)^t}.$$

换言之，t 年后（未来值）的 K 元，相当（等值）于现在的 $\frac{K}{(1+r)^t}$ 元.

显然现值比未来值要小，这说明资本随时间有自然增值，为了更好地进行投资决策，一般要考虑投资资本或收益的时间自然增值.

现值问题有非常多的应用，掌握它会帮助你解决很多现实生活中的问题.

1. 奖励基金问题

例 1.9　某企业家在学校准备成立为期 10 年的学生奖励基金，一年后开始发放，奖励基金每年设奖金 1 万元，他将奖励基金一次性存入银行，问企业家需要存多少钱作为奖励基金（存款年利率为 5%，按复利计算）?

解　这显然是一个现值问题，即求现在要存多少钱（现值），未来值是 10 年中每年 1 万.

$$1\text{ 年后的 1 万元的现值为}\frac{1}{1+5\%}\text{万元；}$$

$$2\text{ 年后的 1 万元的现值为}\frac{1}{(1+5\%)^2}\text{万元；}$$

……

$$10\text{ 年后的 1 万元的现值为}\frac{1}{(1+5\%)^{10}}\text{万元.}$$

于是 10 年中每年 1 万元的现值之和就是企业家现在需要存入的奖励基金现值，即需要存

$$\frac{1}{1+5\%}+\frac{1}{(1+5\%)^2}+\cdots+\frac{1}{(1+5\%)^{10}}$$

$$=\frac{1}{1+5\%}\left[1-\frac{1}{(1+5\%)^{10}}\right]\Big/\left[1-\frac{1}{(1+5\%)}\right]$$
$$=\frac{(1+5\%)^{10}-1}{5\%\ (1+5\%)^{10}}=7.721\ 741\ (万元),$$

即企业家需要存 77 217.41 元作为奖励基金.

思考： 若企业家想成立无限期学生奖励基金，奖励基金一次性存入银行，1 年后开始发放，每年发奖金 1 万元，并能长期发放下去，请估算大约需要存多少钱（年利率为 5%）?

2. 按揭贷款问题

例 1.10 某家庭通过银行按揭 100 万元买了一处房产，按揭年利率为 6.6%，期限为 30 年，每月等额还款，一个月后（还款日）开始还款，问每月还款多少?

解 按揭月利率为 6.6%÷12=0.55%，共 360 个月，设每月还款 x 万元，一个月后（还款日）开始还款，根据题意求每月还款（将来值）x 万元的现值和等于 100 万元（银行现在给你的钱），故

$$\frac{x}{1+0.55\%}+\frac{x}{(1+0.55\%)^2}+\frac{x}{(1+0.55\%)^3}+\cdots+\frac{x}{(1+0.55\%)^{360}}=100,$$

等式左边是一等比数列的和，经计算得

$$\frac{1}{1+0.55\%}\times\left[1-\frac{1}{(1+0.55\%)^{360}}\right]\Big/\left(1-\frac{1}{1+0.55\%}\right)x=100.$$

解上式得

$$x=\frac{100\times0.55\%(1+0.55\%)^{360}}{(1+0.55\%)^{360}-1}=0.638\ 657\ (万元).$$

即每月还款 6 386.57 元.

思考： 计算每个月还款中的利息和本金各为多少? 很多人认为，这种还款方式前面每月的还款绝大部分是利息，有先还利息再还本金的感觉，不划算，建议大家有钱尽快还掉. 你认为呢?

3. 投资比较决策问题

进行投资比较决策时，一般要考虑投资资本或收益时间自然增值，所以不同时间的投资资本或收益不容易比较. 我们可以把这些在不同时间的投资资本或收益都统一折算成同一时间的现值，然后再进行比较决策.

例 1.11 小张 2004 年年初花了 47 万元买了一处房产，2009 年年初涨到了 120 万元，2014 年年初又涨到了 158 万元，预计 2019 年年初涨到 200 万元 . 问这三年哪年卖房最赚（设这些年的存款年利率均为 5%，按复利计算）?

解 分析：本题是要比较 4 个不同时间的房产价值，但直接比较非常困难，所以我们可以将后面 3 年的房产价值换算成 2004 年年初时的价值（现值）（即相当于 2004 年年初时的价值）再比较.

2009 年年初的 120 万元的（2004 年年初时）现值为$\frac{120}{(1+5\%)^5}=94.023\ 14$（万元），

2014 年年初的 158 万元的现值为$\frac{158}{(1+5\%)^{10}}=96.998\ 294\ 1$（万元），

2019 年年初的 200 万元的现值为$\frac{200}{(1+5\%)^{15}}=96.086\ 988$（万元）.

经比较知 2014 年的价值折算成 2004 年年初时的现值最多，故 2014 年卖房最赚.

我们还可以这样思考上述问题，也可以看出 2014 年卖房最赚.

小张 2014 年年初卖房，得房款 158 万元，然后将其存入银行，到 2019 年年初得本利和 $158\times(1+5\%)^5=201.652\ 4$（万元），比 2019 年年初卖房的房款 200 万元还多，所以 2014 年卖房比 2019 年卖房赚钱、同理还可得出 2014 年卖房比 2009 年卖房赚钱．所以 2014 年卖房最赚.

思考：若年利率（复利）为 6%，则哪一年卖房最赚？

习题 1

1. 求下列函数的定义域：

（1）$y=\sqrt{4-x^2}$；　（2）$y=\frac{1}{\sqrt{1-\sin x}}$；　（3）$y=\frac{\ln(x-1)}{1-\sqrt{4-x}}$.

2. 证明函数 $y=\frac{5x}{1+x^2}$有界.

3. 将下列复合函数分解成基本初等函数或由基本初等函数通过四则运算而得到的初等函数：

（1）$y=\sqrt{4+x+x^2}$；　（2）$y=\ln\left(1+\sqrt{1+x^2}\right)$；　（3）$y=\sqrt{1-\tan^2\frac{x}{3}}$.

4.（**最省料问题**）欲用围墙围成面积为 216 m^2 的一块矩形工地，并在其正中间用一堵墙将其隔成两块，问这块地的长和宽选取多大尺寸时，才能使用最少建筑材料？

5.（**存货总费用最小**）某商店每月可销售某种商品 24 000 件，每件商品每月的库存费为 4.8 元．商店分批进货，每次订购费用为 3 600 元；假设产品均匀投入市场，且上一批售完后立即进货，即平均存货量为批量的一半．试决策最优进货批量，并计算每月最小的订购费与库存费之和.

6. 如图 1.7 所示，将边长为 a 的正方形铁皮，四角各截去一个大小相同边长的小正方形，然后将四边折起做一个无盖的方盒，请给出所得方盒的容积与小正方形边长的关系.

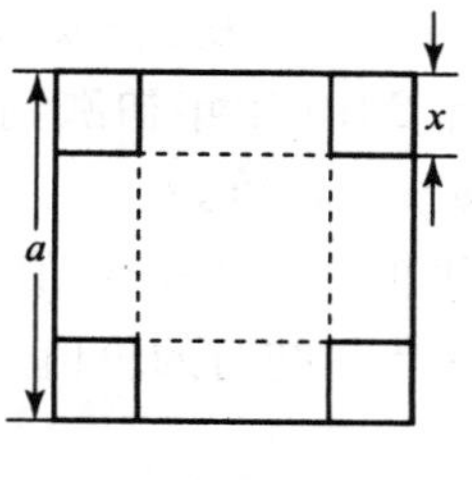

图 1.7

7. 欲做一个底为正方形、容积为 108 m^2 的长方体开口容器，求出容器的容积与正方形边长的关系.

8. 某企业 2015 年的年销售收入为 2 千万元，预计每年以 10%速度增长，求

(1) x 年后的销售收入；

(2) 多少年后年销售收入超过 1 亿？

9. 南昌出租车计价标准：二类车起步价为 8 元两公里，超过两公里后，单价为每公里 2.1 元，路程行驶总公里数达到 8 公里时，计价器将实行空车补贴，单价变为每公里 2.85 元，

(1) 求出行驶路程与出租车费的关系；

(2) 乘二类车从南昌火车站到南昌西站需要 40 元，问从南昌火车站到南昌西站有多远？

(3) 乘二类车有没有省钱的方案？

10. 某商品的单价为 12 元，固定成本为 200 元，每生产一件成本增加 8 元，若产销平衡，求利润函数.

11. 某化肥厂生产某产品 1 000 吨，每吨定价 130 元，销售量在 700 吨之内，按原价出售，超过部分打 9 折出售，求收益函数.

12. 设某商品的需求函数为 $x=3\ 000\mathrm{e}^{-0.02p}$，求商品的收益函数.

13. 设某商品的需求函数为 $x=80(1-p)$，成本函数为 $C=20-2x$，求商品的利润函数.

14. 某校基金会有一笔数额为 5 000 万元的基金，打算将其存入银行，校基金会计划在 10 年内每年用部分本息奖励优秀生，要求每年的奖金额相同，且在 10 年末保留原基金数额，问每年能用多少元作为奖金？

15. 某机械设备折旧率为每年 5%，问折旧多少年，其价值为原来价值的一半？

16. 小张投资 10 万元经营一家小卖部，一个月（30 天）后开始盈利，每天盈利 1 000 元，问何时能收回成本（假设年存款利率为 6%，按复利计息）？

17. 小张用 20 万元收藏一幅名画，这一幅画的价值预期每年增长 1 万元，问收藏多长时间后出售效益最高（假设年存款利率为 4%，按复利计息）？

18. 某企业家在学校准备成立一为期 50 年的学生奖励基金，一年后开始发放，奖励基金第一年设奖金 1 万元，第二年设奖金 2 万元，以此类推，第 50 年设奖金 50 万元. 他将奖励基金一次性存入银行，问企业家需要存多少钱作为奖励基金（存款年利率为 5%，按复利计算）？

19. 小张从现在开始，每月从工资中拿出一部分资金存入银行，用于投资子女的教育，计划 20 年后开始从投资账户中每月支取 1 000 元，直到 10 年后子女大学毕业并用完全部资金. 要实现这个投资目标，小张每月要在银行存入多少钱（月利率为 0.5%，按连续复利计算）？

第二章

极限与连续

§2.1 微积分的创立

数学是人类文化的重要组成部分，数学的历史几乎贯穿了人类的整个文明史．历史就像一条奔流不息的大河，时而波涛汹涌，时而风平浪静，数学的历史也是如此．微积分的发明可以说是数学发展史上的一次伟大飞跃．20 世纪杰出的数学家约翰·冯·诺伊曼（1903—1957 年）在论述微积分时写道："微积分是现代数学取得的最高成就，对它的重要性做怎样估计也是不过分的．"

对于微积分这门学科，可以十分明确地说，它是以微分与积分这对矛盾体为研究对象的学科．这就决定了微积分的内容是由三部分组成的，即微分、积分及指出微分与积分是一对矛盾体的微积分基本定理．微积分是微分与积分的合称，事实上，积分思想古已有之，某些问题的提出和解决可以追溯到古希腊时代．如阿基米德（Archimedes，前 287—前 212）和欧多克斯（Eudoxus of Cnidus，前 4 世纪）用穷竭法求出了某些特殊图形的面积或体积．大约成书于公元前 1 世纪中国西汉的《九章算术》中有不少求面积与体积的公式．后来魏晋时期的刘徽（约公元 225—295 年）注《九章算术》，对这些公式的论证中蕴涵了积分与极限的原始想法．

与积分学相比而言，微积分学的起源则要晚得多．古希腊学者曾进行过求曲线切线的尝试，如阿基米德《论螺线》中给出过确定螺线在给定点处的切线的方法；阿波罗尼奥斯《圆锥曲线论》讨论过圆锥曲线的切线，等等．但所有这些都是基于静态的观点，把切线看作只在一点接触且不穿过曲线的"切触线"而与动态变化无关．古代中国学者在天文历法研究中曾涉及天体运动的不均匀性及有关的极大、极小值问题，如郭守敬《授时历》中求"月离迟疾"（月亮运行的最快点和最慢点）、月亮白赤道交点与黄赤道交点距离的极值（郭守敬甚至称之为"极数"）等问题．但东方学者以惯用的数值手段进行处理，从而回避了连续变化率．总之，在 17 世纪以前，真正意义上的微分学研究的例子可以说是很罕见的．

2.1.1 半个世纪的酝酿

近代微积分的酝酿，主要体现在 17 世纪上半叶．为了理解这一酝酿的背景，我们首先简单回顾一下这一时期自然科学的一般形势和天文、力学等领域发生的重大事件．

首先是 1608 年，荷兰眼镜制造商里帕席发明了望远镜，不久伽利略（Galileo Galilei，1564—1642 年）将他制成的第一架天文望远镜对准星空而且得到了令世人惊奇不已的天文发现. 望远镜的发明不仅引起了天文学的新高涨，而且推动了光学的研究.

1619 年，开普勒公布了他的最后一条行星动力定律，主要通过观测归纳出这三条定律，从数学上推证开普勒的经验，成为当时自然科学的中心课题之一.

1638 年，伽利略建立了自由落体定律、动量定律等，为动力学奠定了基础；他认识到弹道的抛物线性质，并断言炮弹的最大射程应在发射角为 45°时达到，等等. 伽利略本人竭力倡导自然科学的数学化，他的著作激起了人们对他所确立的动力学概念与定律做精确的数学表述的巨大热情.

凡此一切，标志着自文艺复兴以来，在资本主义生产力刺激下蓬勃发展的自然科学开始迈入综合与突破的阶段，而这种综合与突破所面临的数学困难使微分学的基本问题空前地成为人们关注的焦点：确定非匀速运动物体的速度与加速度使瞬时变化率问题的研究成为当务之急；望远镜的光程设计需要确定透镜曲面上任一点的法线，这又使求任意曲线的**切线问题**变得不可回避；确定炮弹的最大射程及寻求行星轨道的近日点与远日点等涉及的函数**极大值、极小值问题**也亟待解决. 与此同时，行星沿轨道动力的路程、行星矢径扫过的面积以及物体重心与引力的计算等又使研究积分学的基本问题——**面积、体积、曲线长、重心和引力计算**的兴趣被重新激发起来. 在 17 世纪上半叶，几乎所有的科学大师都致力于寻求解决这些难题的新的数学工具，特别是描述运动与变化的无限小算法，并且在相当短的时期内，得到了迅速的发展. 微积分酝酿阶段最具代表性的工作如下.

1. 开普勒与旋转体体积

开普勒

图 2.1

为了使酒商能够精确地估算他们的酒桶的体积，德国天文学家、数学家开普勒（Johannes Kepler，1571—1630 年）（见图 2.1）在 1615 年发表的《测量酒桶的新立体几何》中论述了圆锥曲线围绕所在平面某直线旋转而成的立体体积的积分法. 开普勒方法的要旨，是用无数个同维无限小元素之和确定曲边形的面积及旋转体的体积. 例如他认为球的体积是无数个小圆锥的体积之和，这些圆锥的顶点在球心，底面则是球面的一部分；他又把圆锥看成是极薄的圆盘之和，并由此计算出它的体积，然后进一步得出球的体积是半径乘以球面面积的三分之一：

$$V=R\times 4\pi R^2\times\frac{1}{3}.$$

2. 卡瓦列里不可分量原理

与开普勒同时代的意大利数学家卡瓦列里（Bonaventura Cavalieri，1598—1647 年）依靠他的“不可分量原理”巧妙地求得若干曲边图形的面积及体积公式，还证明了旋转体的体积和表面积公式. 卡瓦列里认为线是由无限多个点组成的；面是由无限多条平行线段组成的；立体则是由无限多个平行平面组成的. 他分别把这些元素叫作线、面和体的“不可分量”（Indivisible）. 他建立了一条关于这些不可分量的普遍原理，后以“卡瓦列里原理”著称.

两个等高的立体，如果其平行于底面且离开底面有相等距离的截面面积之间总有给定的比，那么这两个立体的体积之间也有同样的比.

这一原理早在公元 5—6 世纪的中国齐梁时代，便由著名数学家、天文学家祖暅（祖冲之的儿子）发现（见图 2.2），比卡瓦列里早 1 100 多年，我们称之为祖暅原理. 用祖冲之、祖暅父子所著《缀术》中的话，卡瓦列里原理可以表述为：“幂势既同，则积不容异.”这里的“幂”指水平截面的面积，“势”指高．这句话的意思是：夹在两个平行平面间的两个几何体，被平行于这两个平行平面的平面所截，如果截得的两个截面的面积总相等，那么这两个几何体的体积相等（见图 2.3).

卡瓦列里

祖暅

图 2.2

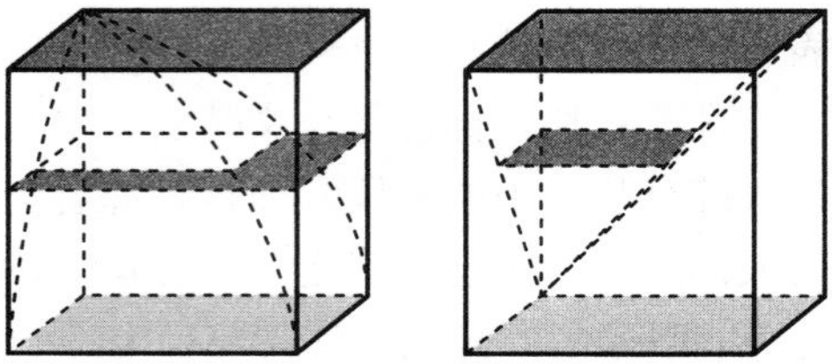

图 2.3

3. 笛卡尔“圆法”

以上介绍的是微积分准备阶段的工作，主要采用几何方法并集中于积分问题，解析几何的诞生改变了这一状况．解析几何的两位创始人笛卡尔和费马（见图 2.4)，都是将坐标方法引进微积分学问题的前锋．笛卡尔（R. Descartes，1596－1650 年）在《几何学》中提出了求切线的所谓“圆法”，本质上是一种代数方法.

笛卡尔

费马

图 2.4

笛卡尔的代数方法在推动微积分早期发展方面有很大的影响．牛顿就是以笛卡尔圆法为起点踏上研究微积分的道路的.

4. 费马求极大值与极小值的方法

在笛卡尔提出圆法的同一年，费马（P. de Fermat，1601－1665 年）在一份手稿中提出了求极大值与极小值的代数方法．费马的方法几乎相当于现今微分学中所用的方法.

5. 巴罗的“微分三角形”

巴罗（Isaac Barrow，1630－1677 年）也给出了求曲线切线的方法，与笛卡尔、费马不同，巴罗使用了几何法．巴罗几何法的关键概念后来变得很有名，即“微分三角形”，也叫“特征三角形”.

巴罗

沃利斯

图 2.5

巴罗是牛顿的老师，是英国剑桥大学第一任“卢卡斯数学教授”，也是英国皇家学会的首批会员，如图 2.5 所示．当巴罗发现和认识到牛顿的杰出才能时，便于 1669 年辞去了卢卡斯教授的职位，举荐自己的学生——当时年仅 27 岁的牛顿担任．巴罗让贤，已成为科学史上的佳话.

6. 沃利斯的“无穷算术”

沃利斯（J. Wallis，1616－1703 年）是在牛顿和莱

布尼茨以前，将分析方法引入微积分且贡献最为突出的数学家，如图 2.5 所示．沃利斯最重要的著作是《无穷算术》，书名就表明了他用本质上是算术（也就是牛顿所说“分析”）的途径发展积分法．

沃利斯另一项重要的研究是计算四分之一单位圆的面积，并由此得到 π 的无穷乘积表达式

$$\frac{\pi}{2}=\frac{2\cdot2\cdot4\cdot4\cdot6\cdot6\cdot8\cdot8\cdot\cdots}{1\cdot1\cdot3\cdot3\cdot5\cdot5\cdot7\cdot7\cdot\cdots}$$

沃利斯的工作直接引导牛顿发现了有理数幂的二项式定理．而二项式定理作为有力的代数工具在微积分的创立中发挥了重要的作用．

17 世纪上半叶一系列前驱性的工作，沿着不同的方向向微积分的大门逼近．但所有这些努力还不足以标志微积分作为一门独立科学的诞生．这些前驱者对于求解各类微积分问题确实做出了宝贵贡献，但他们的方法仍然缺乏足够的一般性．求切线、求变化率、求极大极小值以及求面积、体积等基本问题，在当时是被作为不同的类型处理的．因此，需要有人站在更高的高度将以往个别的贡献和分散的努力综合为统一的理论．这是 17 世纪中叶数学家们面临的艰巨任务．牛顿和莱布尼茨正是在这样的时刻出场的，时代的需要与个人的才识使他们完成了微积分创立中最后也是最关键的一步．

2.1.2 牛顿和他的流数术

1. 牛顿简介

牛顿（Isaac Newton，1642－1727 年）于伽利略去世那年——1642 年（儒略历）的圣诞出生于英格兰一个农民家庭，如图 2.6 所示．牛顿是一个早产儿，出生时只有三磅重．接生婆和他的亲人都担心他能否活下来．谁也没有料到牛顿会成为一位名垂千古的科学巨人，并且竟活到了 84 岁的高龄．牛顿出生前三个月父亲便去世了．在他两岁时，母亲改嫁给一名牧师，把牛顿留在外祖母身边抚养．11 岁时，牛顿的继父去世，母亲带着和继父所生的一子二女回到牛顿身边．牛顿自幼沉默寡言、性格倔强．

牛顿

图 2.6

少年时的牛顿并不是神童，资质平常、成绩一般，但喜欢读书，喜欢看一些介绍各种简单机械模型制作方法的读物，并从中受到启发，自己动手制作些奇奇怪怪的小玩意，如风车、木钟、折叠式提灯等．传说小牛顿把风车的机械原理摸透后，自己制造了一架磨坊的模型，把老鼠绑在一架有轮子的踏车上，然后在轮子的前面放上一粒玉米，刚好那地方是老鼠可望不可即的位置．老鼠想吃玉米，就不断地跑动，于是轮子不停地转动；有一次他放风筝时，在绳子上悬挂着小灯，夜间村人看去惊疑是彗星出现；他还制造了一个小水钟，每天早晨，小水钟会自动滴水到他的脸上，催他起床；他还喜欢绘画、雕刻，尤其喜欢刻日晷，家里墙角、窗台上到处安放着他刻画的日晷，用以验看日影的移动．

牛顿在中学时代学习成绩很出众、爱好读书，对自然现象有好奇心，例如颜色、日影四季的移动，尤其是几何学、哥白尼的日心说等．他还分门别类地记读书笔记，又喜欢别出心裁地做些小工具、小发明、小试验．后来迫于生活，母亲让牛顿停学在家务农，赡养家庭．但牛顿一有机会便埋首书卷，以致经常忘了干活．每次，母亲叫他同佣人一道上市场熟悉做交易的生意经时，他便恳求佣人一个人上街，而自己则躲在树丛后看书．有一次，牛顿的舅

父起了疑心，就跟踪牛顿上市镇去，发现他的外甥伸着腿躺在草地上，正在聚精会神地钻研一个数学问题. 牛顿的好学精神感动了舅父. 于是舅父和牛顿所在的格兰瑟姆中学校长斯托克斯极力劝说母亲让牛顿复学. 斯托克斯说："在繁杂的农活中埋没这样的一位天才将是多么大的损失啊!"(历史证明斯托克斯先生多么具有远见卓识). 在这两个人的劝说下，也是在牛顿学习精神的感动下，牛顿的母亲终于同意让牛顿辍学 9 个月后重新回到格兰瑟姆中学，并成了该校最出色的学生. 在中学时，他寄宿在当地的药剂师威廉·克拉克家中，小牛顿斯文又勤快，课余常常帮大叔大婶干点零活，很快赢得克拉克一家人的欢心. 克拉克大叔乐于教他手艺，向他传授各种知识. 有一次克拉克送他一本《自然和技艺的奥秘》. 这本书揭示了大自然和科学家们许多有趣的"内幕"，使牛顿大开眼界. 他照书上介绍的方法制作烟火、调色绘画，从单纯的自我娱乐到富有探索意味的研制活动，大大刺激了他动手创造和探索自然的欲望.

牛顿在 19 岁前往牛津大学求学前，与药剂师的继女安妮·斯托勒（Anne Storer）订婚. 之后因为牛顿专注于他的研究而使得爱情冷却，斯托勒小姐嫁给了别人. 据说牛顿对这次的恋情保有一段美好的回忆，但此后便再也没有其他的罗曼史了，也终生未娶.

牛顿 19 岁时进入剑桥大学，成为三一学院的减费生，靠为学院做杂务的收入支付学费. 牛顿的第一任教授伊萨克·巴罗（Isaac Barrow）是个博学多才的学者，这位学者独具慧眼，看出了牛顿具有深邃的观察力、敏锐的理解力，于是将自己的数学知识，包括计算曲线图形面积的方法，全部传授给牛顿，并把牛顿引向了近代自然科学的研究领域.

牛顿在巴罗门下的这段时间，是他学习的关键时期. 巴罗比牛顿大 12 岁，精于数学和光学，对牛顿的才华极为赞赏，认为牛顿的数学才华超过自己. 当时，牛顿在数学上很大程度上依靠自学，他学习了欧几里得的《几何原本》、笛卡尔的《几何学》、沃利斯的《无穷算术》、巴罗的《数学讲义》及韦达等许多数学家的著作. 其中，对牛顿具有决定性影响的要数笛卡儿的《几何学》和沃利斯的《无穷算术》，它们将牛顿迅速引导到当时数学最前沿——解析几何与微积分.

1665—1666 年，正当牛顿准备留校继续深造时，严重的鼠疫席卷了英国，剑桥大学因此而关闭，牛顿离校返乡. 家乡安静的环境使得他的思想展翅飞翔，以整个宇宙作为其藩篱. 这短暂的时光成为牛顿科学生涯中的黄金岁月，他的三大成就："微积分""万有引力""光学分析"的思想就是在这时孕育成形的.

1727 年 3 月 31 日，牛顿在伦敦与世长辞. 3 年后，英格兰诗人亚历山大·蒲柏为牛顿写下了以下这段墓志铭：自然和自然的规律隐没在茫茫黑夜中；上帝说，让牛顿去吧！万物遂成光明.（Nature and nature's laws lay hid in night; God said "Let Newton be" and all was light.）

2. 牛顿的"流数术"

牛顿对微积分问题的研究始于 1664 年秋. 当时，他反复阅读笛卡尔《几何学》，对笛卡尔求切线的"圆法"发生兴趣并试图寻找更好的方法. 1665 年夏—1667 年春，牛顿在家乡躲避瘟疫期间，继续探讨微积分并取得突破性进展. 他将这两年的研究成果整理成一篇总结性论文《流数简论》，当时虽未正式发表，但在同事中传阅.《流数简论》是历史上第一篇系统的微积分文献，标志着微积分的诞生. 在这篇论文中，牛顿将他建立的统一的算法应用于求曲线切线、曲率、拐点、曲线求长、求积、求引力与引力中心等 16 类问题，展示了他的算法的极大普遍性与系统性.

牛顿在其后的论文《流数法》中，对以速度为原型的流数概念做了进一步提炼，并正式命名为“流数”（Fluxion）. 牛顿解释道：“我把时间看作连续的流动或增长，而其他量则随着时间而连续增长，我从时间的流动性出发，把其他量的增长速度称为流数，又从时间的瞬息性出发，把任何其他量在瞬息时间内产生的部分称为瞬”.

牛顿对于发表自己的科学著作态度谨慎. 他的大多数著作都是经朋友再三催促才拿出来发表的.《流数法》迟至 1737 年才发表，当时牛顿已去世. 牛顿微积分常说最早的公开表述出现在 1687 年出版的力学名著《自然哲学的数学原理》（拉丁文：Philosophiae Naturalis Principia Mathematica）之中，因此这本书也成为数学史上的划时代著作.

几乎所有的牛顿传记都把他描写成一个心不在焉、沉迷于科学研究的人. 据他的助手回忆，牛顿忘记吃饭是常事，他的仆人常常发现送到书房的午饭和晚饭一口未动. 牛顿偶尔上食堂用餐，有时出门便陷入思考，兜个圈子又回到家里，竟把吃饭一事置之脑后. 他不倦地工作，往往一天伏案写作 18～19 h. 当他在花园中散步，常会突然想起什么而急忙跑回书房往正在构思的论文上写下几行. 在艰深的研究之后，他有时阅读或撰写一些较轻松的东西作为休息. W. 惠威尔（Whewell）在《归纳科学史》中写道：“除了顽强的毅力和失眠的习惯，牛顿不承认自己与常人有什么区别. 当有人问他是怎样做出自己的科学发现时，他的回答是：‘老是想着它们’. 另一次他宣称：如果他在科学上做了一点事情，那完全归功于他的勤奋与耐心思考，‘心里总是装着研究的问题，等待那最初的一线希望渐渐变成普照一切的光明’.”

牛顿总是谦逊地将自己的科学发现归功于前人的启导. 他在谈到他的光学成就时曾说过这样的名言：“如果我看得更远些，那是因为我站在巨人们的肩膀上”（1676 年 2 月 5 日致胡克的信）. 临终前他对友人说：“我不知道世人将怎样看我. 我自己认为我不过是一个在海边玩耍的小孩，偶然拣到一些比寻常更光滑的卵石或更美丽的贝壳并因此沾沾自喜. 而在我面前，却仍然是一片浩瀚未知的真理的海洋.”

2.1.3　莱布尼茨的微积分

在微积分的创立上，牛顿需要与莱布尼茨分享荣誉.

弗里德 · 威廉 · 莱布尼茨（Gottfried Wilhelm Leibniz，1646—1716 年），德国哲学家、数学家，与牛顿一起被认为是微积分的发明者，如图 2.7 所示. 莱布尼茨是历史上少见的通才，被誉为 17 世纪的亚里士多德. 从已经发表和还没有发表的作品来看，莱布尼茨研究涉及的领域达 41 个之多. 无论是政治、经济、外交、法律，还是哲学、语言、历史、神学，以致天文、地理、地质、采矿……几乎可以说凡是当时学术界涉及的一切领域，都有莱布尼茨的杰出贡献. 更使人惊叹不已的是，各个学科的专家、权威，无一例外地把莱布尼茨奉为这些学科历史上的大师. 如果说学术史上曾经有过门门精通的全才，那么配得上这个光荣称号的莫过于莱布尼茨了.

莱布尼茨

图 2.7

1673 年 1 月，莱布尼茨渡过波涛汹涌的多佛尔海峡来到多雾的伦敦. 这次旅行使他有机会结识包括巴罗和牛顿在内的许多英国科学家．和这些学者的思想交流，大大开阔了莱布尼茨的视野，促进了他的数学研究，特别是巴罗表示变量变化局部关系的几何图像，也就是所谓的特征三角形，给莱布尼茨留下深刻的印象．

1675 年 10 月 29 日，后世习用的积分符号“$\int$”创造出来了．它是拉丁字母 sum（和）的第一个字母的拉长．马车在暮色下跌跌撞撞地前进，凛冽的寒风冻麻了莱布尼茨的手脚，可是他的脑海却像翻腾的大海．1684 年，莱布尼茨发表了他的第一篇微积分学论文《一种求极大极小值和求切线的新方法》，这也是数学史上第一篇正式发表的微积分文献，其中定义了微分，并广泛采用了微分记号 $\mathrm{d}x$，$\mathrm{d}y$．他说：“我选用 $\mathrm{d}x$ 和类似的符号而不用特殊字母，因为 $\mathrm{d}x$ 是 x 的某种变化……并可表示 x 与另一变量之间的超越关系”．1686 年，莱布尼茨又发表了他的第一篇积分学论文《深奥的几何与不可分量及无限的分析》．莱布尼茨在这篇历史性的论文中明确地断言，作为求和过程的积分，是微分的逆运算．这就是后世以牛顿—莱布尼茨命名的微积分的基本定理．要知道有多少个数学家，包括费马、帕斯卡、巴罗和惠更斯在内，长期在这样一个重要的事实面前徘徊而不能识破啊！这说明莱布尼茨具有超人一等的洞察力．

莱布尼茨微积分的另一个特点是他的记号便于使用，表现有力，更有利于推广和应用．他引进的符号 d 和 $\int$ 体现了微分和积分的“差”与“和”的实质，后来获得普遍接受并沿用至今．这种方法具有这样大的魅力，以致远在瑞士巴塞尔的雅各布·伯努利（1654—1705 年）和约翰·伯努利两兄弟看到莱布尼茨在《教师学报》上的论文，先后抛弃自己原来的职业，决定去做数学家！

莱布尼茨对中国的科学、文化和哲学思想非常关注．1689 年，他在罗马遇见天主教传教士 C·F·格里马尔迪（Grimaldi，中文教名为闵明我，其时是北京清宫廷的传教士和数学家），从格里马尔迪那里得知中国的许多情况后，莱布尼茨对中国发生了极大的兴趣．他曾交给格里马尔迪一个希望了解中国情况的提纲，其中开列了 30 个条目（包括天文、数学、地理、医学、历史、哲学、伦理以及火药、冶金、造纸、纺织、农学等各种技术）．1697 年，他编辑出版了《中国新事萃编》一书，内容多为在华传教士的报告、书信、旅行记略等．在该书的绪论中他写道：“我们从前谁也不信这世界上还有比我们的伦理更美满、立身处世之道更进步的民族存在，现在从东方的中国，给我们以一大觉醒！东西双方比较起来，我觉得在工艺技术上，彼此难分高低；关于思想理论方面，我们虽优于东方一筹，但在实践哲学方面，实在不能不承认我们相形见绌．”他还强调，中国与欧洲位于世界大陆东西两端，都是人类伟大灿烂文明的集中地，应该在文化、科学方面互相学习、平等交流．莱布尼茨很注意搜集中国的材料，收藏了关于中国的书籍 50 多册．在他的信件中有 200 多封谈到了中国．莱布尼茨可谓是第一位全面认识东方文化尤其是中国文化的西方学者．

2.1.4 微积分优先权之争

1713 年，英国皇家学会裁定“确认牛顿为第一发明人”；莱布尼茨发表《微积分的历史和起源》．英国与欧洲大陆数学家分道扬镳，这是科学史上最不幸的一章．作为一位数学家，莱布尼茨对欧洲大陆数学的发展有着重要的影响，突出地表现在欧洲大陆数学家宁愿采用他的 d 符号（微分符号）而成为“d 主义”者，并与英国数学家的“点主义”展开了长达一个多世纪的抗争，使英国数学由于长期拒绝运用先进的符号和思想而落后于欧洲大陆的数学，厮守着牛顿的古董，致使英国数学的发展大大落后于海峡彼岸，在下个世纪分析数学的蓬勃发展中没有能做出更大的贡献.

值得补充的是，尽管发生了纠纷，两位学者却从未怀疑过对方的科学才能. 有一则记载说，1701 年在柏林王宫的一次宴会上，当普鲁士王问到对牛顿的评价时，莱布尼茨回答道：“综观有史以来的全部数学，牛顿做了一多半的工作.”

2.1.5　微积分理论的严格化

17 世纪 60—70 年代，牛顿从力学问题入手，莱布尼茨从几何学问题出发，利用不严密的极限方法，分别独立地创立了微积分. 然而，微积分理论的严格化还需要经历 2 个世纪之久.

1821 年，法国数学家柯西（见图 2.8）（A. L. Cauchy，1789—1857 年）在他的《分析学教程》等著作中给出了分析学中一系列基本概念的严格定义，并且引入了严格的叙述和论证，从而开创了微积分的近代体系. 他提出的关于叙述极限的 ε 方法，用不等式刻画整个极限过程，使无穷的运算化为一系列不等式的推导. 柯西被人们称为近代微积分的奠基者. 现代微积分的表达和证明方法，基本上采用柯西的理论体系.

柯西　　魏尔斯特拉斯

图 2.8

在此基础上，德国科学家魏尔斯特拉斯（K. T. Weierstrass，1815—1897 年）将 ε 和 δ 结合起来，完成了 $\varepsilon-\delta$ 方法，摆脱了单纯运动和直观解释. 随着他的讲授和他的学生的工作，他的观点和方法传遍欧洲，他的讲稿成为数学严格化的典范 . F · 克莱因（Klein）在 1895 年魏尔斯特拉斯（见图 2.8）80 大寿庆典上谈到那些年分析的进展时说，“我想把所有这些进展概括为一个词：数学的算术化”，而在这方面“魏尔斯特拉斯做出了高于一切的贡献”. D · 希尔伯特（Hilbert）认为：“魏尔斯特拉斯以其酷爱批判的精神和深邃的洞察力，为数学分析建立了坚实的基础. 通过澄清极小、函数、导数等概念，他排除了微积分中仍在涌现的各种异议，扫清了关于无穷大和无穷小的各种混乱观念，决定性地克服了起源于无穷大和无穷小概念的困难. 今天分析达到这样和谐、可靠和完美的程度，本质上应归功于魏尔斯特拉斯的科学活动.”

§ 2.2　数列的极限

2.2.1　数列极限的定义

函数把我们从常量数学带进了变量数学；微积分把我们从有穷数学带进了无穷数学，这些是现代数学发展历史中的里程碑. 极限是研究变量变化趋势的基本工具，是微积分的基础；微分、积分是极限的两种重要形式，所以学习微积分要从学习极限开始. 下面我们先介绍无穷数列的极限.

1. 无穷数列

引例 2.1“截丈问题”：战国时代我国哲学家庄周（公元前 4 世纪）在《庄子·天下篇》中对“截丈问题”有一段名言：“一尺之棰，日取之半，万世不竭.”也就是说，一根长为一尺的棒头，每天截去一半，这样的过程可以无限地进行下去. 这说明 2 500 年前我们的祖先就能理解无限的过程.

把每天截后剩下部分的长度记录下来（单位为尺）为

$$\frac{1}{2},\ \frac{1}{4},\ \frac{1}{8},\ \cdots,\ \frac{1}{2^n},\ \cdots \tag{2.1}$$

所得到的就是一无穷数列.

引例 2.2　对数 3 不断进行开平方运算，这样的过程也可以无限地进行下去. 把每次开平方运算的结果记录下来为

$$3^{\frac{1}{2}},\ 3^{\frac{1}{2^2}},\ \cdots,\ 3^{\frac{1}{2^n}},\ \cdots \tag{2.2}$$

它也是一无穷数列.

按一定顺序排列的无穷个数

$$a_1,\ a_2,\ \cdots,\ a_n,\ \cdots$$

称为无穷**数列**，简称数列. 记作 $\{a_n\}$，其中的每一个数称为此数列的**项**，数列的第 n 项 a_n 称为它的**一般项**或**通项**.

用 $\{a_n\}$ 表示数列是数学中常用的方法，下面都用这种方法表示数列，我们要习惯并熟悉它.

上面的数列（2.1）和（2.2）分别记为$\left\{\frac{1}{2^n}\right\}$和$\{3^{\frac{1}{2^n}}\}$. 下面我们再给出一些数列

$$1,\ \frac{1}{2},\ \frac{1}{3},\ \frac{1}{4},\ \cdots,\ \frac{1}{n},\ \cdots \tag{2.3}$$

$$\frac{1}{2},\ \frac{2}{3},\ \frac{3}{4},\ \cdots,\ \frac{n}{n+1},\ \cdots \tag{2.4}$$

$$2,\ 4,\ 8,\ \cdots,\ 2^n,\ \cdots \tag{2.5}$$

$$-1,\ 1,\ -1,\ \cdots,\ (-1)^n,\ \cdots \tag{2.6}$$

2. 数列的极限

数列极限就是研究当 n 无限增大时，数列的变化趋势.

如引例 2.1“截丈问题”，我们不难理解截棒过程无限地进行下去的结果：截后剩下部分的长度无限地接近 0.

又如引例 2.2 对数 3 不断进行开平方运算，无限地进行下去的结果是无限地接近 1. 也就是说，“截丈问题”截后剩下部分的长度数列$\left\{\frac{1}{2^n}\right\}$无限变化趋势为 0. 对数 3 不断进行开平方运算得到的数列$\{3^{\frac{1}{2^n}}\}$的无限变化趋势为 1.

现在我们考察上述数列（2.3）～（2.6）的散点图，即将数列 a_n 表示成自变量取自然数 n 的函数 $y=f(n)=a_n$ 的图像. 观察当 n 无限增大时数列的变化趋势（见图 2.9～图 2.12）.

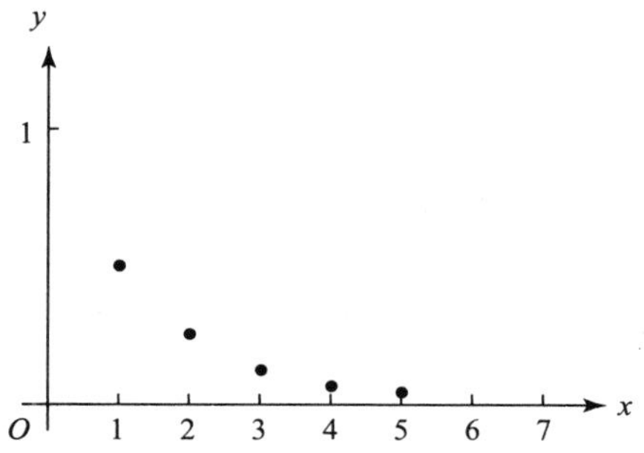

图 2.9　数列（2.3）

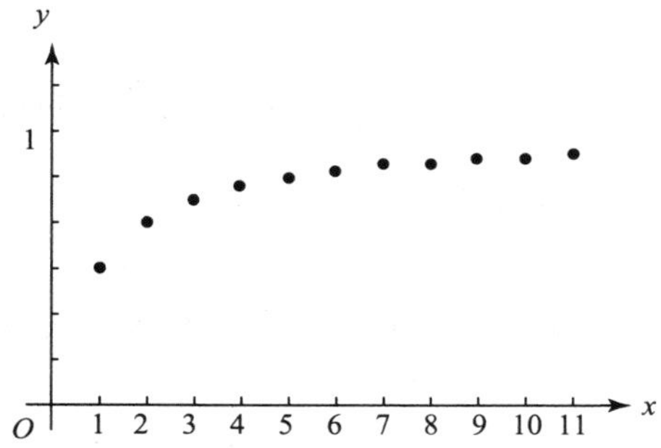

图 2.10　数列（2.4）

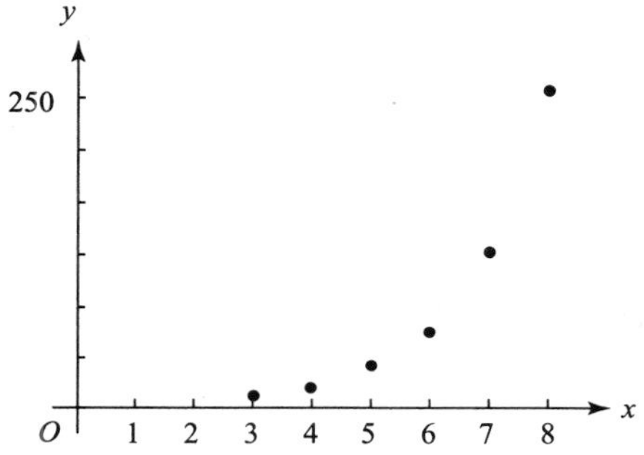

图 2.11　数列（2.5）

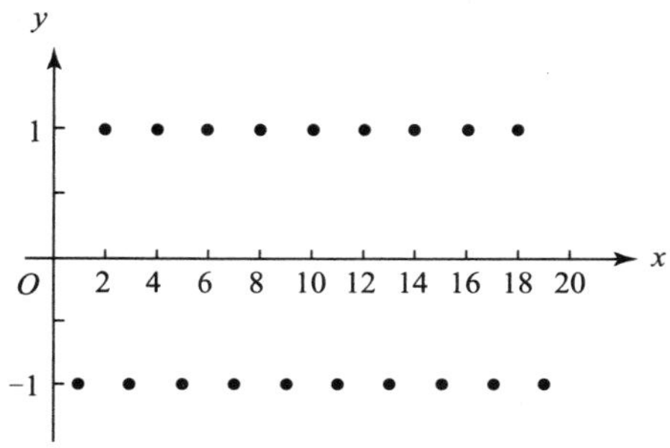

图 2.12　数列（2.6）

从数列的散点图可以看出，随着 n 的无限增大，数列（2.3），即 $\left\{\frac{1}{n}\right\}$ 无限地接近常数 0；数列（2.4），即 $\left\{\frac{n}{n+1}\right\}$ 也无限地接近常数 1.

前四个数列（2.1）～（2.4）反映了一类数列的一种公共特性，随着 n 的无限增大，$\{a_n\}$ 无限地接近一个常数 a，我们说数列 $\{a_n\}$ 以 a 为极限.

而数列（2.5）和（2.6）随着 n 的无限增大，它们都不能趋向于一个确定的常数，其中数列（2.5），即 $\{2^n\}$ 无限增大（称为趋于无穷大"∞"）；而数列（2.6），即 $\{(-1)^n\}$ 的取值在 1 和 −1 之间振荡（称为振荡数列），这时我们说数列无极限. 通过以上分析我们有以下极限的定义.

定义 2.1　对于数列 $\{a_n\}$，如果存在某个常数 a，当 n 无限增大时，a_n 无限地接近常数 a，那么我们称数列 $\{a_n\}$ 以 a 为极限，记作

$$\lim_{n\to\infty} a_n = a \quad 或\ a_n \to a\ (n\to\infty).$$

读作"当 n 趋向于无穷大时，a_n 的极限为 a". 符号"→"表示"趋向于"，"∞"表示"无穷大"，"$n\to\infty$"表示"n 无限增大".

这时数列 $\{a_n\}$ 称为收敛数列，亦称数列 $\{a_n\}$ 收敛于 a.

如果数列 $\{a_n\}$ 没有极限，则称它是发散的或发散数列.

根据定义 2.1，数列（2.1）～（2.4）是收敛数列，极限分别为 0，1，0，1. 记为

$$\lim_{n\to\infty}\frac{1}{2^n}=0,\ \lim_{n\to\infty}3^{\frac{1}{2^n}}=1,\ \lim_{n\to\infty}\frac{1}{n}=0,\ \lim_{n\to\infty}\frac{n}{n+1}=1.$$

数列（2.5）～（2.6）没有极限，是发散数列.

2.2.2 数列极限的运算法则

根据极限的定义只能通过观察（图像）得到一些简单的数列极限，对于较为复杂的极限，我们要通过本节的运算法则进行计算.

定理 2.1（数列极限的四则运算法则）　（1）若数列 $\{a_n\}$ 和 $\{b_n\}$ 极限存在，则数列 $\{a_n+b_n\}$，$\{a_n-b_n\}$，$\{a_n\cdot b_n\}$ 也都极限存在，且有

①$\lim\limits_{n\to\infty}(a_n\pm b_n)=\lim\limits_{n\to\infty}a_n\pm\lim\limits_{n\to\infty}b_n$；

②$\lim\limits_{n\to\infty}(a_n\cdot b_n)=\lim\limits_{n\to\infty}a_n\cdot\lim\limits_{n\to\infty}b_n$.

（2）若数列 $\{a_n\}$ 和 $\{b_n\}$ 极限存在，且 $b_n\neq 0$，$\lim\limits_{n\to\infty}b_n\neq 0$，则数列 $\left\{\dfrac{a_n}{b_n}\right\}$ 也是收敛数列，而且

$$\lim_{n\to\infty}\frac{a_n}{b_n}=\frac{\lim\limits_{n\to\infty}a_n}{\lim\limits_{n\to\infty}b_n}.$$

定理 2.1 中①和②都不难推广到有限个收敛数列的情形. 由②还容易推出以下两个有用的结果.

$\lim\limits_{n\to\infty}(ka_n)=k\lim\limits_{n\to\infty}a_n$，其中 k 是一个常数；

$\lim\limits_{n\to\infty}(a_n)^m=(\lim\limits_{n\to\infty}a_n)^m$，其中 m 是正整数.

例 2.1　求下列极限：

（1）$\lim\limits_{n\to\infty}\dfrac{1+2+\cdots+n}{n^2}$；　　（2）$\lim\limits_{n\to\infty}\dfrac{1}{n}\left(\dfrac{1}{n^2}+\dfrac{2^2}{n^2}+\cdots+\dfrac{n^2}{n^2}\right)$.

解　（1）因为 $1+2+\cdots+n=\dfrac{n(n+1)}{2}$，所以

$$\begin{aligned}\lim_{n\to\infty}\frac{1+2+\cdots+n}{n^2}&=\lim_{n\to\infty}\frac{n(n+1)}{2n^2}\\&=\lim_{n\to\infty}\frac{n+1}{2n}=\lim_{n\to\infty}\left(\frac{1}{2}+\frac{1}{2n}\right)=\lim_{n\to\infty}\frac{1}{2}+\lim_{n\to\infty}\frac{1}{2n}=\frac{1}{2}.\end{aligned}$$

（2）$\lim\limits_{n\to\infty}\dfrac{1}{n}\left(\dfrac{1}{n^2}+\dfrac{2^2}{n^2}+\cdots+\dfrac{n^2}{n^2}\right)=\lim\limits_{n\to\infty}\dfrac{1}{n}\left(\dfrac{1+2^2+\cdots+n^2}{n^2}\right)$

因为 $1^2+2^2+\cdots+(n-1)^2=\dfrac{1}{6}(2n-1)n(n-1)$，所以

$$\begin{aligned}原式&=\lim_{n\to\infty}\frac{1}{n}\left[\frac{n(n+1)(2n+1)}{6n^2}\right]=\lim_{n\to\infty}\frac{(n+1)(2n+1)}{6n^2}\\&=\frac{1}{6}\lim_{n\to\infty}\left(1+\frac{1}{n}\right)\left(2+\frac{1}{n}\right)=\frac{1}{3}.\end{aligned}$$

例 2.2　设 $0<a<1$，求下列极限：

（1）$\lim\limits_{n\to\infty}a^n$；　　（2）$\lim\limits_{n\to\infty}(1+a+a^2+\cdots+a^n)$.

解　（1）给出级数 $f(n)=a^n$ 的散列图（见图 2.13），可以看出 $\lim\limits_{n\to\infty}a^n=0$.

(2) 因为 $1+a+a^2+\cdots+a^n=\dfrac{1-a^{n+1}}{1-a}$，所以 $\lim\limits_{n\to\infty}(1+a+a^2+\cdots+a^n)=\lim\limits_{n\to\infty}\dfrac{1-a^{n+1}}{1-a}=\dfrac{1}{1-a}$.

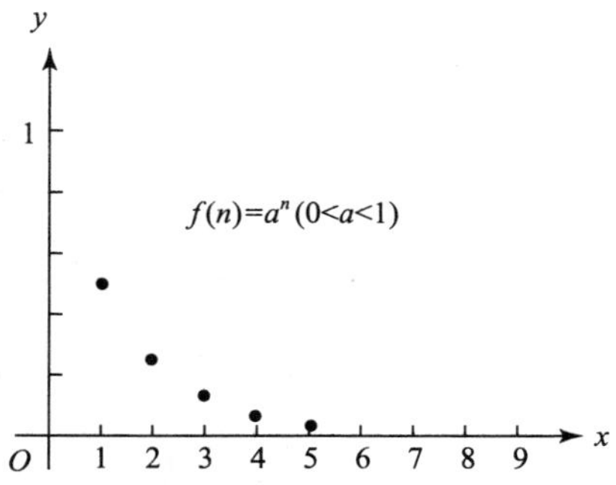

图 2.13

注：定理 2.1 的运算法则中，要求两个极限存在才能使用运算法则. 特别是除法运算法则 (2) 不仅要求分母的极限 $\lim\limits_{n\to\infty}b_n$ 存在且 $\lim\limits_{n\to\infty}b_n\neq 0$.

对不满足运算法则条件的，我们要通过适当的恒等变形把它变换成满足运算法则条件的形式，再应用运算法则，这也是极限计算的主要任务.

例 2.3　求下列极限：

(1) $\lim\limits_{n\to\infty}\dfrac{n^2-n+1}{2n^2+3n-2}$；　　(2) $\lim\limits_{n\to\infty}\dfrac{n^2-n+1}{2n^3+3n-2}$；

(3) $\lim\limits_{n\to\infty}\dfrac{\left(x_0+\dfrac{1}{n}\right)^2-x_0^2}{\dfrac{1}{n}}$；　　(4) $\lim\limits_{n\to\infty}n\left[\sqrt{1+\dfrac{1}{n}}-1\right]$.

解　(1) 式 $\dfrac{n^2-n+1}{2n^2+3n-2}$ 的分母和分子的极限都不存在（趋于∞），我们可以通过恒等变换（分子，分母同除以 n^2）将其转化为

$$\frac{1-\dfrac{1}{n}+\dfrac{1}{n^2}}{2+\dfrac{3}{n}-\dfrac{2}{n^2}},$$

又因为 $\lim\limits_{n\to\infty}\dfrac{1}{n}=\lim\limits_{n\to\infty}\dfrac{1}{n^2}=0$，易知上式分母的极限为 2，分子的极限为 1，所以用极限的运算法则得

$$\lim_{n\to\infty}\frac{n^2-n+1}{2n^2+3n-2}=\lim_{n\to\infty}\frac{1-\dfrac{1}{n}+\dfrac{1}{n^2}}{2+\dfrac{3}{n}-\dfrac{2}{n^2}}=\frac{1}{2};$$

(2) $\lim\limits_{n\to\infty}\dfrac{n^2-n+1}{2n^3+3n-2}=\lim\limits_{n\to\infty}\dfrac{\dfrac{1}{n}-\dfrac{1}{n^2}+\dfrac{1}{n^3}}{2+\dfrac{3}{n^2}-\dfrac{2}{n^3}}=\dfrac{0}{2}=0$；

(3) 这里分母极限为 0，不能直接用极限运算法则 (2)，我们需要通过恒等变换化成分母极限不为 0，再用极限运算法则. 即

$$\lim_{n\to\infty}\frac{\left(x_0+\dfrac{1}{n}\right)^2-x_0^2}{\dfrac{1}{n}}=\lim_{n\to\infty}\frac{2x_0\dfrac{1}{n}+\left(\dfrac{1}{n}\right)^2}{\dfrac{1}{n}}$$

$$=\lim_{n\to\infty}\left(2x_0+\frac{1}{n}\right)=2x_0;$$

（4）$\lim\limits_{n\to\infty}n\left(\sqrt{1+\frac{1}{n}}-1\right)$可以看成两个数列 $\{n\}$，$\left\{\sqrt{1+\frac{1}{n}}-1\right\}$乘积的极限，但第一个数列 $\{n\}$ 极限不存在，故不能用极限乘积运算法则；第二个数列为极限为零的无理式，我们通过恒等变换（分子、分母同时乘以无理式的共轭因式$\left(\sqrt{1+\frac{1}{n}}+1\right)$）将其转化为极限为零的有理式，并能与无穷数列 $\{n\}$ 相约，即

$$n\left(\sqrt{1+\frac{1}{n}}-1\right)=\frac{n\left(\sqrt{1+\frac{1}{n}}-1\right)\left(\sqrt{1+\frac{1}{n}}+1\right)}{\sqrt{1+\frac{1}{n}}+1}$$

$$=\frac{n\cdot\frac{1}{n}}{\sqrt{1+\frac{1}{n}}+1}=\frac{1}{\sqrt{1+\frac{1}{n}}+1},$$

再用极限运算法则有

$$\lim_{n\to\infty}n\left(\sqrt{1+\frac{1}{n}}-1\right)=\lim_{n\to\infty}\frac{1}{\sqrt{1+\frac{1}{n}}+1}=\frac{1}{2}.$$

2.2.3 数列极限的几何意义和精确的数学形式语言定义

数列极限的几何说明：如果用数轴上的点表示收敛数列$\{a_n\}$的各项，就不难发现，对于 a 的任何 ε 邻域 $U(a,\varepsilon)$（无论多么小），到一定的时候，$\{a_n\}$都落在邻域 $U(a,\varepsilon)$ 内. 即总存在正整数 N，使得所有下标大于 N 的一切 a_n，即点 a_{N+1}，a_{N+2}，…都落在邻域 $U(a,\varepsilon)$ 内，而只有有限个点（至多为 N）在这邻域之外（见图 2.14）.

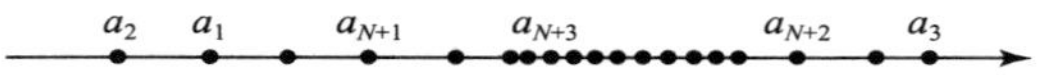

图 2.14

数列极限的几何说明用精确的数学形式语言定义如下.

定义 2.2（ε—N 定义） 设$\{a_n\}$是一个数列，a 是一个确定的数，若对任意的正数 ε，相应地存在正整数 N，使得当 $n>N$ 时，总有

$$|a_n-a|<\varepsilon,$$

则称**数列**$\{a_n\}$**收敛于** a，a 称为它的**极限.**

2.2.4 收敛数列的性质

运用数列极限的形式化定义（ε—N 定义），不难证明收敛数列的如下性质.

定理 2.2（唯一性） 若数列$\{a_n\}$收敛，则它的极限是唯一的.

定理 2.3（有界性） 若数列$\{a_n\}$收敛，则它是有界的，即存在正数 M，使得对于一切

正整数 n，总有 $|a_n|\leqslant M$.

定理 2.4（保号性） 如果 $\lim\limits_{n\to\infty}a_n=a$，且 $a>0(a<0)$，那么存在正整数 N_0，使得 $n>N_0$ 时，总有 $a_n>0$（或 $a_n<0$）.

定理 2.5（保不等式性） 若 $\{a_n\}$ 和 $\{b_n\}$ 是收敛数列，且存在正整数 N_0，使得 $n>N_0$ 时有 $a_n\leqslant b_n$，则 $\lim\limits_{n\to\infty}a_n\leqslant\lim\limits_{n\to\infty}b_n$.

定理 2.6（单调有界原理） 单调有界数列必有极限.

定理 2.7（夹逼准则） 设 $\lim\limits_{n\to\infty}b_n=\lim\limits_{n\to\infty}c_n=a$，若存在正整数 N_0，使得 $n>N_0$ 时有 $b_n\leqslant a_n\leqslant c_n$，则 $\lim\limits_{n\to\infty}a_n=a$.

§2.3　微积分方法及应用

极限及在极限基础上建立起来的微积分来源于现实并能广泛应用于现实．特别是圆的面积、平面图形面积、旋转体体积及曲线的切线和非匀速运动物体的瞬时速度、路程的计算等在极限与微积分的建立过程中均起到极其重要的作用．可以毫不夸张地说，极限与微积分就是为了解决这些方面的问题而产生的，之后再不断发展和完善．下面就通过上述几个方面的例子来帮助读者了解极限和微积分方法产生的过程及其应用.

2.3.1　微积分方法

我们先来观察以下现象：

如图 2.15 所示，设 L 是一条连续曲线，在曲线上任取很小的一曲线段 A_1A_2，发现它很接近直线段.

图 2.15

我们再将曲线段 A_1A_2 细分，如在 A_1A_2 中插入等分点 A_3，发现细分后的曲线段 A_1A_3 和 A_3A_2 比 A_1A_2 更接近直线段．如此可以继续细分下去，不难理解曲线段分（取）的越细，它越接近直线段.

另外，我们可以将任意的曲线段进行不断地细分，分成若干充分小的（长度无限接近零）曲线段．如不断用曲线段的中点对它们进行不断地细分，这个步骤可以无限地进行下去，使得每个细分的曲线段的长度无限接近（趋于）零，那么这些曲线段也就无限接近（趋于）直线段.

根据上述发现，数学家创立了一种先对曲线段无限细分，即使得细分后的每曲线段充分小，再用直线来近似代替细分后的每曲线段（即以直代曲），然后取极限（看无穷趋势）的数学方法，我们称此方法为微积分方法．用它能处理曲线的长度及曲边图形的面积、旋转体的体积计算等问题．下面利用微积分方法导出圆的周长的计算公式.

例 2.4 用微积分方法导出半径为 R 的圆的周长 L 的计算公式（极限形式）.

解 第一步：无限细分.

最常见也是最简单的方法是对圆周不断等分（见图 2.16），即先将圆周分成 2 等份［见图 2.16（b）］，然后取每份的中点将圆周分成 4 等份［见图 2.16（c）］，再取每份的中点将圆周分成 8 等份［见图 2.16（d）］，以此类推，无限进行下去，即可将圆周分成 2^n 等份（n=1，2，3，…）［见图 2.14（e）］，可以想象当 $n\to\infty$时，每份圆周都充分小.

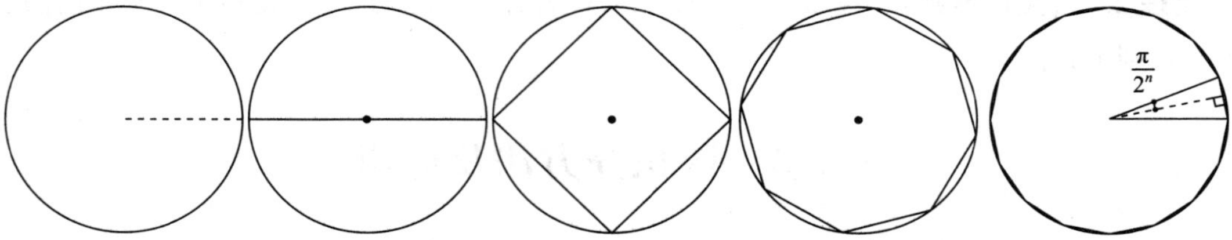

图 2.16

当圆周无限细分后，每个细分了的曲线段无限接近直线段，这时我们进行下一步——以直线近似代替曲线.

第二步：近似（以直代曲）.

依次连接相邻的分点，用分点的连线（直线段）近似地代替相应的曲线段，n 越大，分点的连线（直线段）越接近相应的曲线段，所以所有连线（直线段）的长度的和 L_n 也就越接近圆周的长度。由极限的定义，当 $n\to\infty$时，L_n 的（无穷趋势）极限为圆的周长 L.

不难计算，相邻的分点连线（直线段）的长度为 $L_n=2R\sin\left(\frac{\pi}{2^n}\right)$，故所有连线（直线段）的长度和为 $L_n=2^n\cdot 2R\sin\left(\frac{\pi}{2^n}\right)$.

第三步：取极限.

由此得圆的周长计算公式为

$$L=\lim_{n\to\infty}L_n=\lim_{n\to\infty}2^n\cdot 2R\sin\left(\frac{\pi}{2^n}\right).$$

至此，数学家们找到一种用直线近似代替曲线（以直代曲）或以不变量代替变化量（以不变代变）的数学方法，从而创立了微积分方法.

由上面求圆的周长的过程可知，微积分方法包含三个步骤：

第一步 无限细分；第二步 近似（以直代曲）；第三步 取极限（看趋势）.

这三个步骤缺一不可，近似是微积分方法的精髓，主要包括用直线近似代替曲线（简称以直代曲）和以不变的量近似代替变化的量（简称以不变代变），如上例就是用直线近似代替曲线；无限细分是近似的前提，没有无限细分，近似不可能通过无限接近（求极限）达到准确；最后一步需要通过看近似的极限得到准确的结果.

思考：用微积分方法导出圆的面积公式.

下面给出微积分方法在其他方面的一些应用，它们在微积分的创建和发展过程中起到了至关重要的作用.

2.3.2 微积分方法应用

1. 平面图形面积和旋转体体积

例 2.5 求由曲线 $y=x^2$，$0\leqslant x\leqslant 1$ 和直线 $x=0$，$x=1$，$y=0$ 所围曲边梯形的面积 S.

解 ①无限细分，分析：如果按例 2.4 的方法对曲线段 $y=x^2$，$0\leqslant x\leqslant 1$ 进行 n 等分，很难确定每个分点坐标的数学表示，同样也很难确定曲边梯形的近似多边形的面积，怎么办?

我们先在 x 轴上进行等分，即将 x 轴的区间 $[0,1]$ 细分成 n 等份，分点分别为$\frac{1}{n}$，$\frac{2}{n}$，…，$\frac{n-1}{n}$，每个小区间的长度为$\frac{1}{n}$；然后过各分点作平行 y 轴的直线与曲线 $y=x^2$ 相交，这样将曲边梯形分成 n 个小曲边梯形 S_i，其面积仍记为 $S_i(i=1,2,\cdots,n)$（见图 2.17）. 显然曲边梯形的面积 S 等于这 n 个小曲边梯形面积的和，即 $S=S_1+S_2+\cdots+S_n$.

②近似，如图 2.18 所示，依次连接曲线上相邻的交点，得 n 个小梯形 $A_i(i=1,2,\cdots,n)$，其面积仍记为 A_i，用每个小梯形的面积 $A_i=\frac{1}{2}\cdot\frac{1}{n}\left[\left(\frac{i-1}{n}\right)^2+\left(\frac{i}{n}\right)^2\right]$，近似代替小曲边梯形的面积 S_i（以直代曲），则 n 个小梯形的面积和 $W_n=A_1+A_2+\cdots+A_n$ 就近似曲边梯形的面积 S，其中

$$W_n=\frac{1}{2}\cdot\frac{1}{n}\left(\frac{1}{n}\right)^2+\frac{1}{2}\cdot\frac{1}{n}\left[\left(\frac{1}{n}\right)^2+\left(\frac{2}{n}\right)^2\right]+\cdots+\frac{1}{2}\cdot\frac{1}{n}\left[\left(\frac{n-1}{n}\right)^2+\left(\frac{n}{n}\right)^2\right].$$

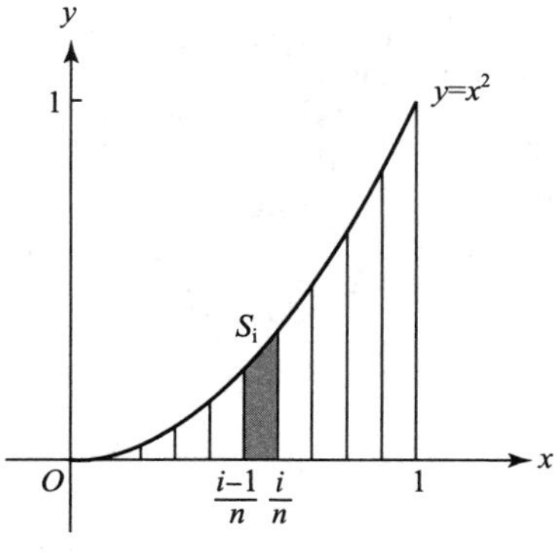

图 2.17

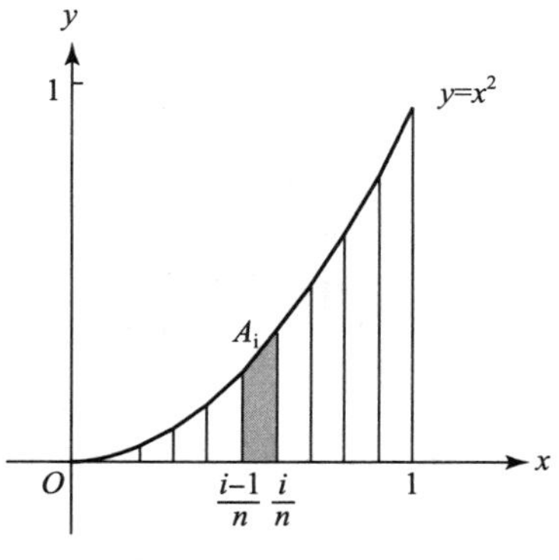

图 2.18

③取极限，当 n 越大时，n 个小梯形的面积和 W_n 就越接近曲边梯形的面积 S，由极限的定义，曲边梯形的面积 S 为 n 个小梯形的面积和 W_n 的极限，即

$$S=\lim_{n\to\infty}W_n.$$

所以

$$S=\lim_{n\to\infty}\left[\frac{1}{n}\cdot\left(\frac{1}{n}\right)^2+\frac{1}{n}\cdot\left(\frac{2}{n}\right)^2+\frac{1}{n}\cdot\left(\frac{3}{n}\right)^2+\cdots+\frac{1}{n}\cdot\left(\frac{n-1}{n}\right)^2+\frac{1}{2}\cdot\frac{1}{n}\right]$$

$$=\lim_{n\to\infty}\left\{\frac{1}{n}\left[\frac{1^2+2^2+\cdots+(n-1)^2}{n^2}\right]+\frac{1}{2}\cdot\frac{1}{n}\right\}$$

$$=\lim_{n\to\infty}\left[\frac{1}{6}\frac{(2n-1)(n-1)}{n^2}+\frac{1}{2}\cdot\frac{1}{n}\right]$$

$$=\lim_{n\to\infty}\frac{1}{6}\left(2-\frac{1}{n}\right)\left(1-\frac{1}{n}\right)+\frac{1}{2}\cdot\frac{1}{n}=\frac{1}{3}.$$

故曲边梯形的面积 S 为$\frac{1}{3}$.

思考： 上题解题过程的步骤②用了小梯形（面积）近似代替小曲边梯形（面积）. 我们还能用更简单的小矩形近似代替小曲边梯形（见图 2.19），试说明它的合理性，并据此计算曲边梯形的面积 S.

例 2.6　求一黄瓜顶部的体积 V（黄瓜顶部可看成曲线 $y=\sqrt{x}$，$0\leqslant x\leqslant 1$，绕 x 轴旋转一周所得的旋转体）.

解　①无限分割，将 x 轴的区间 [0，1] 上分成 n 个等分，分点分别为$\frac{1}{n}$，$\frac{2}{n}$，…，$\frac{n-1}{n}$，每个小区间的长度为$\frac{1}{n}$；过分点用垂直 x 轴的平面将旋转体截成 n 个小部分（即将黄瓜垂直切成小薄片），记为 V_1，V_2，…，V_n，其中第 i 部分 V_i 的体积仍记为 V_i，体积 V 等于 n 个小部分 V_1，V_2，…，V_n 的体积和，即 $V=V_1+V_2+\cdots+V_n$（见图 2.20）.

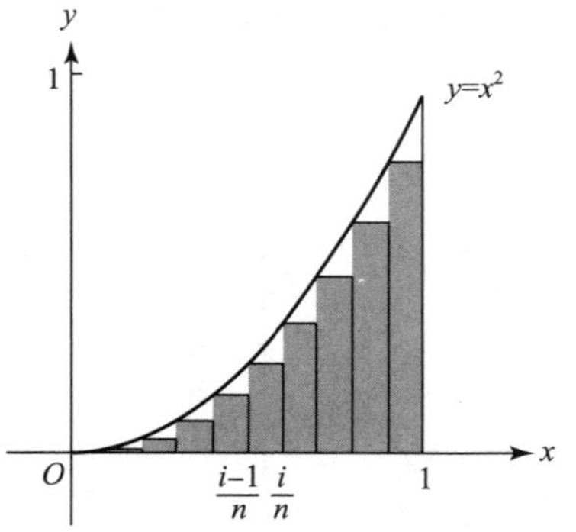

图 2.19

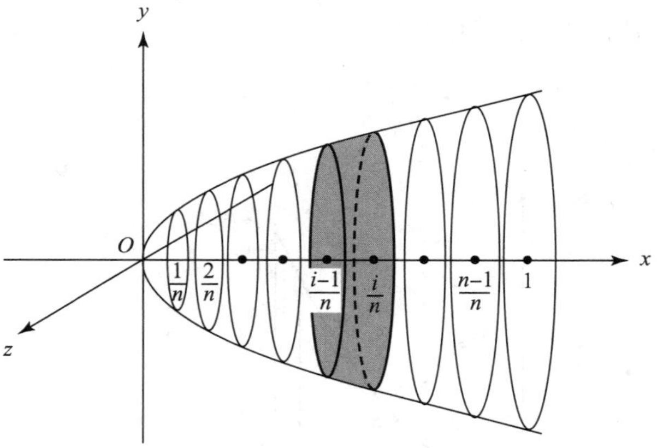

图 2.20

②近似，当 n 越大时，$V_i(i=1，2，\cdots，n)$ 越薄，这时 V_i（黄瓜薄片）就越接近圆柱体 T_i $\left(T_i\text{ 是以 } V_i \text{ 的右截面为底，}\frac{1}{n}\text{为高的圆柱体；其体积为 } T_i=\frac{1}{n}\pi\left(\sqrt{\frac{i}{n}}\right)^2=\pi\frac{i}{n^2}\right)$. 我们用 T_i 的体积近似 V_i 的体积，n 个小圆柱体的体积和 $W_n=T_1+T_2+\cdots+T_n$ 近似旋转体的体积 V. 其中

$$W_n=\pi\frac{1}{n^2}+\pi\frac{2}{n^2}+\cdots+\pi\frac{n}{n^2}=\frac{\pi}{2}\cdot\frac{n(n+1)}{n^2}.$$

③取极限，当 n 越大时，n 个小圆柱体的体积和 W_n 就越接近旋转体的体积 V，所以由

极限的定义有，旋转体的体积 V 等于 W_n 的极限，即

$$V=\lim_{n\to\infty}W_n$$
$$=\lim_{n\to\infty}\frac{\pi}{2}\cdot\frac{n(n+1)}{n^2}=\lim_{n\to\infty}\frac{\pi}{2}\cdot\frac{n+1}{n}=\frac{\pi}{2}.$$

故旋转体（黄瓜顶部）的体积 V 为 $\frac{\pi}{2}$.

下面用微积分方法讨论在微积分建立过程中起到重要作用的曲线斜率、曲线切线和变速直线运动的瞬时速度等问题.

2. 曲线的斜率与切线

研究函数，我们不仅要讨论函数的变化（单增或单减）情况，而且还需要关注函数变化（单增或单减）的快慢程度，即函数曲线的陡峭程度.

引例 2.2（背羊上山坡） 假设你即将背着一只打了麻醉药的羊走上山坡，那么你最关心的应该是山坡的陡峭程度. 但怎样确定山坡每一处的陡峭程度呢？

我们把山坡的轮廓放到坐标中（见图 2.21），山脚下位置的坐标设定为（0，0），即原点，并设山坡的轮廓曲线 l 是连续的，且曲线 l 的函数表达式为 $y=h(x)$. 下面讨论山坡曲线 $y=h(x)$ 在 $M(x_0, y_0)$ 处的陡峭程度.

先考虑直线的陡峭程度. 假设有两条从原点（0，0）起步的直线山坡 l_1 和 l_2（见图 2.22），不难看出山坡 l_2 比 l_1 更陡，怎么描述直线山坡的陡峭程度？

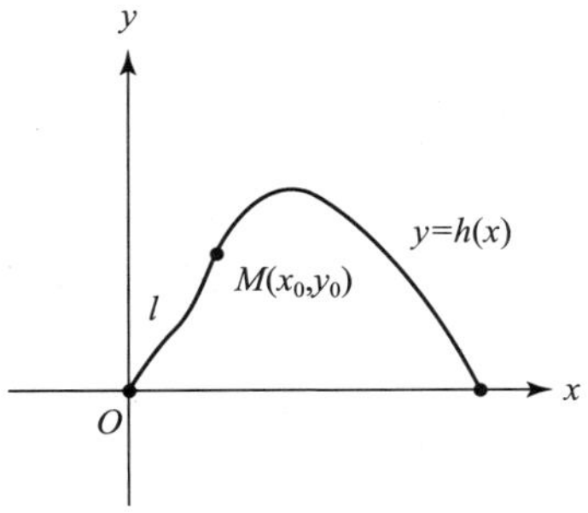

图 2.21

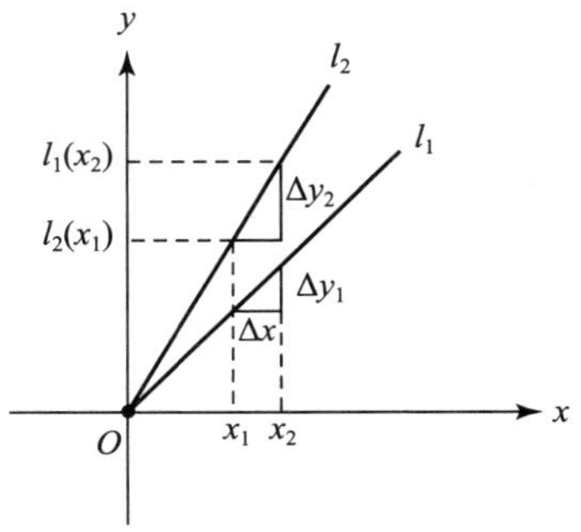

图 2.22

我们都知道直线的陡峭程度用直线的斜率描述，斜率的绝对值越大，表明直线越陡.

假设直线 l_1，l_2 的函数分别为 $y=l_1(x)$，$y=l_2(x)$，则它们的斜率分别为：

$$k_1=\frac{l_1(x_2)-l_1(x_1)}{x_2-x_1},\quad k_2=\frac{l_2(x_2)-l_2(x_1)}{x_2-x_1}, \tag{2.7}$$

其中 $(x_1, l_i(x_1))$，$(x_2, l_i(x_2))$ 是直线 $y=l_i(x)$ 上的任意两点，$(i=1, 2)$.

在式（2.7）中，若将 $\Delta x=x_2-x_1$ 称为自变量改变量、$\Delta y_i=l_i(x_2)-l_i(x_1)=l_i(x_1+\Delta x)-l_i(x_1)$ 称为函数的改变量，那么直线的斜率就等于函数改变量 Δy_i 除以自变量改变量 Δx 的商（见图 2.22），即

$$k_i=\frac{\Delta y_i}{\Delta x}. \tag{2.8}$$

不难发现：一条直线只有一个斜率，或说直线上的每一点的斜率相等.

下面我们用微积分方法给出山坡曲线 $y=h(x)$ 在 $M(x_0, y_0)$ 处的陡峭程度.

①无限细分（见图 2.23），在曲线（山坡 l）$M(x_0, y_0)$ 处附近取无限接近 M 的点列 $M_n\left(x_0+\frac{1}{n}, h\left(x_0+\frac{1}{n}\right)\right)$.

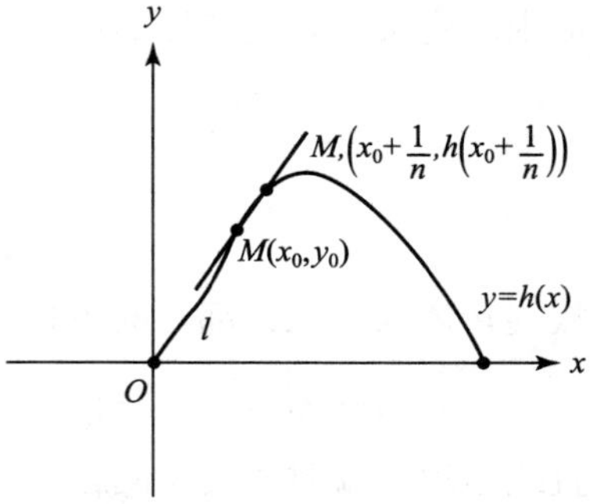

图 2.23

②近似，连接 M，M_n. 不难看出，当 n 越大时，曲线段 $\overset{\frown}{MM_n}$ 越小，直线段（曲线的割线）MM_n 越接近曲线段 $\overset{\frown}{MM_n}$. 所以我们用割线的 MM_n 的陡峭程度（斜率）$k_n=\dfrac{h\left(x_0+\frac{1}{n}\right)-h(x_0)}{\frac{1}{n}}$ 代替（近似）曲线 $M(x_0, y_0)$ 点附近的陡峭程度.

③取极限，显然当 n 越大时，割线 MM_n 的陡峭程度（斜率）越接近曲线在 M 点（附近）处的陡峭程度，所以我们定义曲线在 M 点处的斜率（陡峭程度）为割线 MM_n 斜率的极限（假设极限存在），即曲线在 M 点处的陡峭程度为

$$k=\lim_{n\to\infty}k_n=\lim_{n\to\infty}\frac{h\left(x_0+\frac{1}{n}\right)-h(x_0)}{\frac{1}{n}},$$

它是曲线在 M 点附近陡峭程度的最佳描述.

同时，我们称割线 MM_n 在 $n\to\infty$ 时的极限位置为曲线在 M 点的切线.

因此，曲线 $y=h(x)$ 的 $M(x_0, y_0)$ 处切线的斜率就是曲线 $y=h(x)$ 在 $M(x_0, y_0)$ 的斜率. 它表示曲线 $y=h(x)$ 在 $M(x_0, y_0)$ 处的陡峭程度或函数随自变量变化的快慢程度.

于是我们易得求曲线 $y=h(x)$ 上过点 $M(x_0, y_0)$ 的切线斜率 k 的方法：

①无限细分，在 M 附近取无限接近 M 的点列 $M_n\left(x_0+\frac{1}{n}, h\left(x_0+\frac{1}{n}\right)\right)$；

②近似，连接点 M、M_n 得曲线的割线 MM_n，计算割线 MM_n 的斜率

$$k_n=\frac{h\left(x_0+\frac{1}{n}\right)-h(x_0)}{\frac{1}{n}};$$

③取极限，当 $n\to\infty$ 时，割线 MM_n 斜率 k_n 的极限为点 M 的切线斜率 k，即

$$k=\lim_{n\to\infty}k_n=\lim_{n\to\infty}\frac{h\left(x_0+\frac{1}{n}\right)-h(x_0)}{\frac{1}{n}}, \text{（若极限存在）}.$$

例 2.7　求抛物线 $y=\sqrt{x}$ 在点 $A(1, 1)$ 处的切线方程.

解　在曲线上取一无限接近点 $A(1, 1)$ 的点列 $A_n\left[1+\frac{1}{n}, \sqrt{1+\frac{1}{n}}\right]$，计算曲线割线

AA_n 的斜率 k_n，

$$k_n=\frac{\sqrt{1+\frac{1}{n}}-1}{\frac{1}{n}},$$

则切线斜率为

$$k=\lim_{n\to\infty}\frac{\sqrt{1+\frac{1}{n}}-1}{\frac{1}{n}}=\frac{1}{2},$$

故切线方程为 $y-1=\frac{1}{2}(x-1)$.

思考： 怎样用微积分方法描述平面运动曲线的方向．如某质点绕单位圆逆时针运动，确定质点在圆上 $A(x_0,\ y_0)$ 点处的运动方向．

3. 瞬时速度和路程

研究天体运行规律，使得确定非匀速运动物体在某时刻或位置的瞬间速度（瞬时速度）与加速度（即速度瞬时变化率）等问题成为当务之急．

我们都知道速度有下面计算公式：

速度＝总路程/总时间．

这个公式只能计算某时间段的速度（即平均速度），因为公式中的时间长度不能为零，而运动物体在某时间点的速度（即瞬时速度）用上面的公式无法计算，因为时间点没有长度或长度为零．怎么确定某一时刻的瞬时速度呢？

我们先来看一个案例．

引例 2.3　有一辆汽车上高速公路后加速行驶，正好行驶到 2 分 30 秒时发生了交通事故，交警怀疑这辆汽车超速驾驶（时速达到或超过 130 公里/小时），当交警查看其速度记录仪时发现速度记录仪被撞坏了，但其路程记录仪完好，交警将路程记录仪的数据放到以时间为横坐标、路程为纵坐标的直角坐标系中，所得到的路程函数为 $S(t)=\frac{13}{30}t^2$（公里），你能否通过路程记录仪的数据判断发生交通事故时此车是否超速驾驶吗？

解　分析：这是个已知路程求某时刻的瞬时速度的问题．显然汽车速度是连续变化的(即时间段取的充分小时，其间的速度变化也充分小)．我们可以在 2 分 30 秒附近取一很小的时间段 Δt，比如取 2 分 29 秒到 2 分 30 秒时段，即 $\Delta t=1$ 秒，用这段时间的平均速度近似代替 2 分 30 秒的速度．交警有意见，说这个速度比实际速度要小．那我们再把时间段 Δt 再取小，如取 $\Delta t=0.1$ 秒，即用 2 分 39.9 秒到 2 分 30 秒这段时间的平均速度近似代替 2 分 30 秒的速度．交警还是有意见，但意见要小点．这时的平均速度更接近 2 分 30 秒的速度，而且发现当 Δt 取得越小，所得的平均速度越接近 2 分 30 秒的速度．

通过上面分析我们可以把 t_0 时刻的瞬时速度想成“在 t_0 附近充分小时段内的平均速度”．我们可以用微积分方法描述 $t_0=2.5$ 分时的瞬时速度．

①无限分割：在 t_0 处附近取无限接近 t_0 的点列 $t_n\left(t_n=t_0+\frac{1}{n}\right)$，得时段 $k_n=[t_0,\ t_n]$

(见图 2.24).

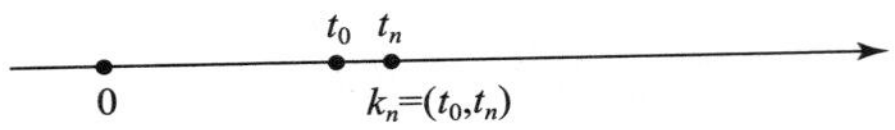

图 2.24

②近似，取极限：n 越大，t_n 越接近 t_0，时段 k_n 越小，从上面分析知，时段 k_n 内的平均速度 v_n 越接近 t_0 时的瞬时速度 v_0，所以由极限定义知 v_0 是 v_n 的极限，即 $v_0=\lim\limits_{n\to\infty}v_n$. 又 $v_n=\dfrac{S\left(t_0+\dfrac{1}{n}\right)-S(t_0)}{\dfrac{1}{n}}$，所以

$$v_0=\lim_{n\to\infty}\frac{S\left(t_0+\dfrac{1}{n}\right)-S(t_0)}{\dfrac{1}{n}}.$$

具体到**引例 2.3**，由 $S(t)=\dfrac{13}{30}t^2$ 有

$$\begin{aligned}v_0&=\lim_{n\to\infty}\frac{\dfrac{13}{30}\left(t_0+\dfrac{1}{n}\right)^2-\dfrac{13}{30}t_0^2}{\dfrac{1}{n}}\\&=\lim_{n\to\infty}\frac{\dfrac{13}{15}\cdot\dfrac{1}{n}t_0+\dfrac{13}{30}\left(\dfrac{1}{n}\right)^2}{\dfrac{1}{n}}\\&=\lim_{n\to\infty}\left(\frac{13}{15}t_0+\frac{13}{30}\cdot\frac{1}{n}\right)=\frac{13}{15}t_0=130\ (\text{公里/小时}).\end{aligned}$$

该汽车 2 分 30 秒时的速度为 130 公里/小时，属于超速行驶.

思考：同学们思考一下上述问题的反问题，速度记录仪是好的，路程记录仪被撞坏了，那么怎样通过速度记录仪的数据推算出汽车所走的路程?

例 2.8 假设汽车的速度记录仪的数据满足函数 $V(t)=t$（公里/分钟），其中 $0\leqslant t\leqslant t_0$，求汽车在时段 $[0,t_0]$ 上行驶的路程 S?

解 ①无限分割；将时段 $[0,t_0]$ n 等分，分成 n 个小时段$\left[0,\dfrac{t_0}{n}\right]$，$\left[\dfrac{t_0}{n},\dfrac{2t_0}{n}\right]$，…，$\left[\dfrac{(n-1)t_0}{n},t_0\right]$，每个小时段长度为$\dfrac{t_0}{n}$（见图 2.25).

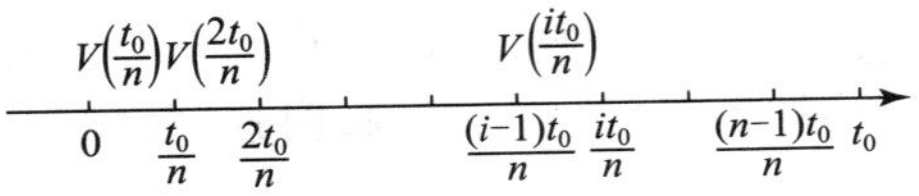

图 2.25

记第 i 个小时段 $k_i=\left[\frac{(i-1)t_0}{n},\ \frac{it_0}{n}\right]$行驶的路程为 $S_i(i=1,2,\cdots,n)$，则汽车在时段 $[0,t_0]$ 内行驶的路程 S 等于 n 个小时段行驶路程的和，即 $S=S_1+S_2+\cdots+S_n$.

②近似：当 n 越大时，小时段 $k_i(i=1,2,\cdots,n)$ 就越小，这时汽车在时段 k_i 上的速度变化就越小，这时我们认为在时段 k_i 内的汽车速度近似不变，我们可以取时段 k_i 内任意一个时间点的速度近似为整个时段的速度（以不变代变），在这里我们取时段 $k_i=\left[\frac{(i-1)t_0}{n},\ \frac{it_0}{n}\right]$右端点的速度 $V\left(\frac{it_0}{n}\right)=\frac{it_0}{n}$为其整个时段内 k_i 的速度，则汽车在时段 k_i 所行驶的路程 S_i 近似为 $A_i=\frac{it_0}{n}\cdot\frac{t_0}{n}(i=1,2,\cdots,n)$. 汽车在时段 $[0,t_0]$ 上行驶的路程 S 近似为 $W_n=A_1+A_2+\cdots+A_n$，即

$$\begin{aligned}W_n&=\frac{t_0}{n}\cdot\frac{t_0}{n}+\frac{2t_0}{n}\cdot\frac{t_0}{n}+\cdots+\frac{nt_0}{n}\cdot\frac{t_0}{n}\\&=\frac{1+2+\cdots+n}{n^2}t_0^2\\&=\frac{1}{2}\cdot\frac{n(n+1)}{n^2}t_0^2.\end{aligned}\tag{2.9}$$

③取极限：当 n 越大时，A_i 越接近 S_i，W_n 越接近汽车行驶的路程 S，根据极限的定义，S 就是 W_n 的极限，即

$$S=\lim_{n\to\infty}W_n,$$

$$S=\lim_{n\to\infty}\frac{1}{2}\frac{n(n+1)}{n^2}t_0^2=\frac{1}{2}t_0^2=3.125\text{ 公里}.$$

以上蕴涵了以不变代变的重要微积分思想.

思考：由上面微积分方法易得：速度为 $V=V(t)$（并设 $V(t)>0$ 且连续）的汽车在时段 $[0,t_0]$ 上行驶的路程 S 为

$$S=\lim_{n\to\infty}\left[V\left(\frac{t_0}{n}\right)\cdot\frac{t_0}{n}+V\left(\frac{2t_0}{n}\right)\cdot\frac{t_0}{n}+\cdots+V\left(\frac{nt_0}{n}\right)\cdot\frac{t_0}{n}\right],\text{（若极限存在）}.$$

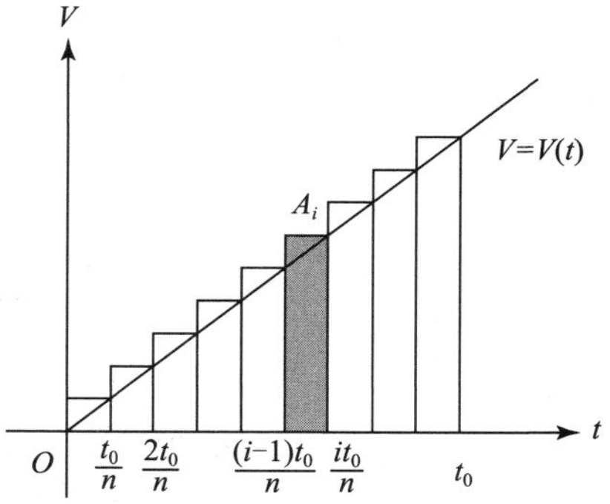

图 2.26

如图 2.26 所示，速度为 $V=V(t)(V(t)>0$ 且连续）的汽车在时段 $[0,t_0]$ 上行驶的路程 S 等于以 $V=V(t)$，$0\leqslant t\leqslant t_0$ 所围的曲边梯形面积，并由此快速得出例 2.8 的结果。同时，据此可说明微积分方法中以不变代变和以直代曲在本质上是一样的.

§ 2.4　函数极限

因为微积分的主要研究对象是函数，所以我们有必要讨论函数的极限问题.

2.4.1　函数极限的定义

1. 自变量趋于无穷大（$x\to\infty$）时的函数极限

1）当 $x\to+\infty$时，函数 $f(x)$ 的极限

设函数 $f(x)$ 定义在［a，$+\infty$）上，类似于数列的情形，研究当 x 无限增大时，对应的函数值 $f(x)$ 是否无限地接近于某一确定数 A.

如图 2.27 所示，函数 $f(x)=\frac{1}{x}$，当 x 无限增大时，对应的函数值 $f(x)$ 也无限接近 0. 即当 $x\to+\infty$时，$f(x)=\frac{1}{x}\to0$，我们就说当自变量 $x\to+\infty$时，函数 $f(x)=\frac{1}{x}$以零为极限.

定义 2.3　如果 x 取正值，并且无限增大，函数 $f(x)$ 无限地接近于某一确定的常数 a，则称常数 a 是函数 $f(x)$ 当 $x\to+\infty$时的极限，或称当 $x\to+\infty$时，函数 $f(x)$ 收敛于 a，记作 $\lim\limits_{x\to+\infty}f(x)=a$. 如 $\lim\limits_{x\to+\infty}\frac{1}{x}=0$.

例 2.9　根据图像考察函数极限 $\lim\limits_{x\to+\infty}\left(\frac{1}{2}\right)^x$.

解　如图 2.28 所示，从函数图像可以看出，当 x 无限增大时，$y=\left(\frac{1}{2}\right)^x$ 无限接近 0，所以 $\lim\limits_{x\to+\infty}\left(\frac{1}{2}\right)^x=0$.

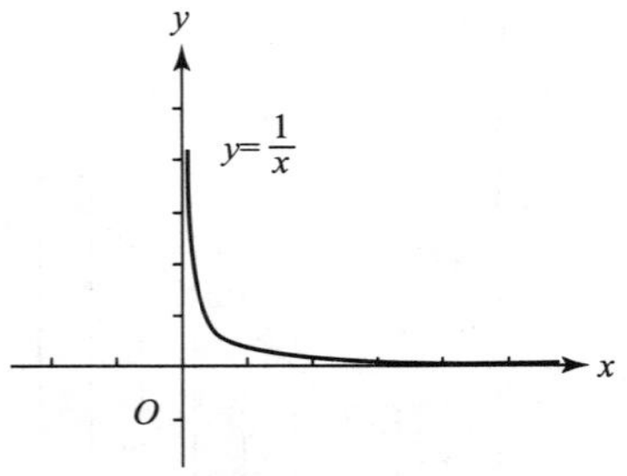

图 2.27

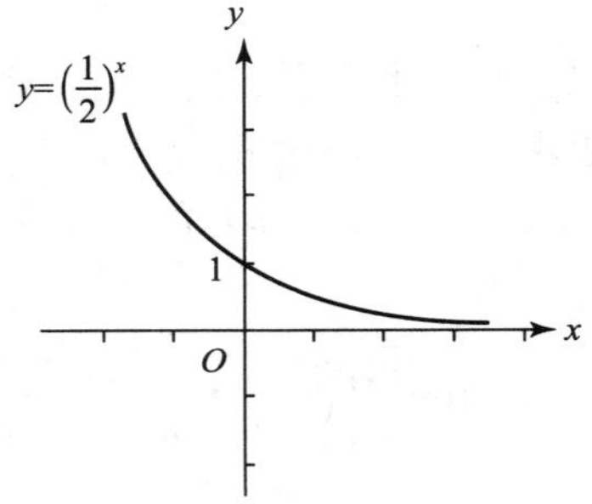

图 2.28

例 2.10　根据图像考察函数极限 $\lim\limits_{x\to+\infty}\sin x$.

解　观察图 2.29，不难看出，当 x 无限增大时，$y=\sin x$ 的值在-1 和 1 之间不断地上下摆动，不可能无限地接近某一个数，故 $\lim\limits_{x\to+\infty}\sin x$ 不存在.

类似地，我们可以定义当 $x\to-\infty$时函数 $f(x)$ 的极限.

2）当 $x\to-\infty$时，函数 $f(x)$ 的极限

定义 2.4　如果 x 取负值，并且绝对值无限增大，函数 $f(x)$ 无限地接近于某一确定的常数 a，则称常数 a 是函数 $f(x)$ 当 $x\to-\infty$时的极限，或称当 $x\to-\infty$时，函数 $f(x)$ 收敛于 a，记作 $\lim\limits_{x\to-\infty}f(x)=a$.

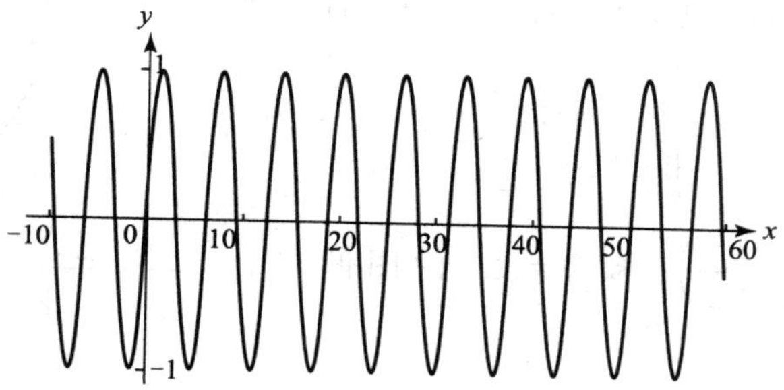

图 2.29

例 2.11　根据图像求下列函数极限：

（1）$\lim\limits_{x\to-\infty}\dfrac{1}{x}$；　（2）$\lim\limits_{x\to-\infty}2^x$.

解　（1）如图 2.30（a）所示，得出 $\lim\limits_{x\to-\infty}\dfrac{1}{x}=0$.

（2）如图 2.30（b）所示，得出 $\lim\limits_{x\to-\infty}2^x=0$.

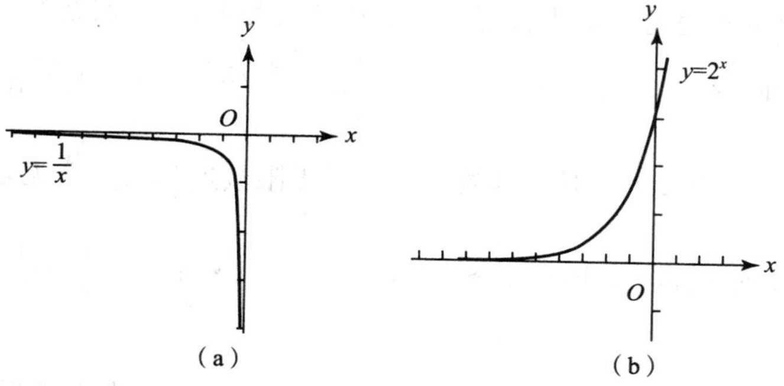

图 2.30

综合上述 1）和 2）我们可以定义当 $x\to\infty$ 时，函数 $f(x)$ 的极限.

3）当 $x\to\infty$ 时，函数 $f(x)$ 的极限

定义 2.5　如果 x 的绝对值无限增大，函数 $f(x)$ 无限地接近于某一确定的常数 a，则称常数 a 是函数 $f(x)$ 当 $x\to\infty$ 时的极限，或称当 $x\to\infty$ 时，函数 $f(x)$ 收敛于 a，记作 $\lim\limits_{x\to\infty}f(x)=a$.

由定义知：$x\to\infty$ 包含 $x\to+\infty$ 和 $x\to-\infty$ 两种情况，所以我们容易推出如下极限存在的判定定理.

定理 2.8　$\lim\limits_{x\to\infty}f(x)=a\Leftrightarrow\lim\limits_{x\to-\infty}f(x)=\lim\limits_{x\to+\infty}f(x)=a$.

例 2.12　求函数极限 $\lim\limits_{x\to\infty}\dfrac{1}{x}$.

解　因为 $\lim\limits_{x\to+\infty}\dfrac{1}{x}=0$，$\lim\limits_{x\to-\infty}\dfrac{1}{x}=0$，所以 $\lim\limits_{x\to\infty}\dfrac{1}{x}=0$.

例 2.13　作出函数 $y=\left(\frac{1}{2}\right)^x$ 和 $y=2^x$ 的图像，并判断下列极限：

（1）$\lim\limits_{x\to\infty}\left(\frac{1}{2}\right)^x$；　　（2）$\lim\limits_{x\to\infty}2^x$.

解　作函数 $y=\left(\frac{1}{2}\right)^x$ 和 $y=2^x$ 的图像（见图 2.31），

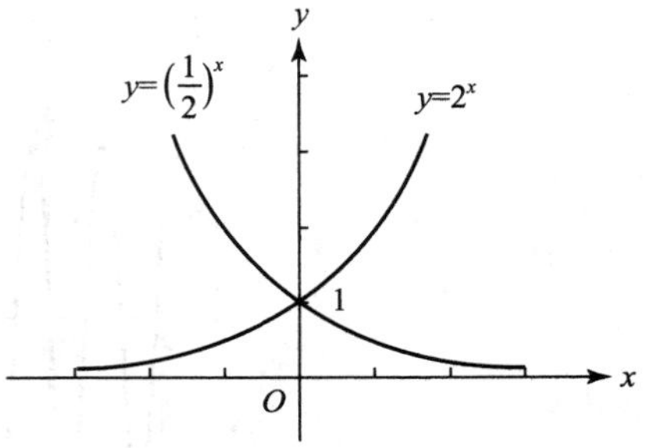

图 2.31

由图可以看出：

（1）$\lim\limits_{x\to+\infty}\left(\frac{1}{2}\right)^x=0$，$\lim\limits_{x\to-\infty}\left(\frac{1}{2}\right)^x=\infty$，故 $\lim\limits_{x\to\infty}\left(\frac{1}{2}\right)^x$ 不存在；

（2）$\lim\limits_{x\to-\infty}2^x=0$，$\lim\limits_{x\to+\infty}2^x=\infty$，故 $\lim\limits_{x\to\infty}2^x$ 也不存在.

2. 自变量趋于有限值（$x\to x_0$）时的函数极限

自变量趋于有限值时的函数极限是函数极限中非常重要和关键的极限类型，后续的连续函数和导数等概念其实都是通过这种类型的极限来定义的.

引例 2.4　讨论当 $x\to2$ 时，函数 $y=x+1$，$y=\frac{1}{x}$，$y=\sqrt{x}$，$y=2^x$ 的变化趋势.

解　题中 $x\to2$ 的意思是 x 无限接近 2 但不达到（等于）2，那么本例要讨论的就是当 x 无限接近 2 但不达到 2 时，函数 $y=x+1$，$y=\frac{1}{x}$，$y=\sqrt{x}$，$y=2^x$ 的变化趋势.

不难看出，当 x 无限接近 2 时，函数 $y=x+1$ 无限接近 3，$y=\frac{1}{x}$ 无限接近 $\frac{1}{2}$，$y=\sqrt{x}$ 无限接近 $\sqrt{2}$，$y=2^x$ 无限接近 4，即当 $x\to2$ 时，$y=x+1\to3$；$y=\frac{1}{x}\to\frac{1}{2}$；$y=\sqrt{x}\to\sqrt{2}$；$y=2^x\to2^2$.

定义 2.6　当 x 无限地接近 x_0 且 $x\neq x_0$ 时，函数 $f(x)$ 无限地接近于某一确定的常数 A，则称常数 A 是函数 $f(x)$ 当 $x\to x_0$ 时的极限，或称当 $x\to x_0$ 时，函数 $f(x)$ 收敛于 A. 记为 $\lim\limits_{x\to x_0}f(x)=A$，或 $f(x)\to A$，$(x\to x_0)$.

由定义有

$$\lim_{x\to2}x+1=3;\ \lim_{x\to2}\frac{1}{x}=\frac{1}{2};\ \lim_{x\to2}\sqrt{x}=\sqrt{2};\ \lim_{x\to2}2^x=4.$$

2.4.2　函数极限的运算法则

对于函数极限，也有与数列极限相同的运算法则（以 $x\to\Delta$ 表示前面学过的函数极限四种形式中的任何一种）.

定理 2.8（函数极限的四则运算法则）　若极限 $\lim\limits_{x\to\Delta}f(x)$ 与 $\lim\limits_{x\to\Delta}g(x)$ 皆存在，则 $f(x)\pm g(x)$ 与 $f(x)\cdot g(x)$ 当 $x\to\Delta$ 时极限也存在，且

（1）$\lim\limits_{x\to\Delta}[f(x)\pm g(x)]=\lim\limits_{x\to\Delta}f(x)\pm\lim\limits_{x\to\Delta}g(x)$；

(2) $\lim\limits_{x\to\Delta}f(x)\cdot g(x)=\lim\limits_{x\to\Delta}f(x)\cdot\lim\limits_{x\to\Delta}g(x)$；

(3) 又若$\lim\limits_{x\to\Delta}g(x)\neq 0$，则$\dfrac{f(x)}{g(x)}$当$x\to\Delta$时极限也存在，且

$$\lim_{x\to\Delta}\frac{f(x)}{g(x)}=\frac{\lim\limits_{x\to\Delta}f(x)}{\lim\limits_{x\to\Delta}g(x)}.$$

利用函数极限的四则运算法则，我们可以从已知的简单函数极限出发，求出较复杂函数的极限.

和数列极限运算法则一样，要求参加运算的函数极限存在，且运算（3）的分母的极限不为零. 若不满足上述条件，就必须通过恒等变换对它们进行转化，使其满足条件，然后再用运算法则.

例 2.14　求下列极限：

(1) $\lim\limits_{x\to -1}\dfrac{x^2-2x+5}{x^2+7}$；　(2) $\lim\limits_{x\to 2}\dfrac{x^3-8}{x-2}$；　(3) $\lim\limits_{x\to 1}\left(\dfrac{1}{1-x}-\dfrac{3}{1-x^3}\right)$；

(4) $\lim\limits_{x\to 0}\dfrac{\sqrt{1+x}-1}{x}$；　(5) $\lim\limits_{x\to 1}\dfrac{1}{x-1}$.

解　(1) $\lim\limits_{x\to -1}\dfrac{x^2-2x+5}{x^2+7}=\dfrac{\lim\limits_{x\to -1}(x^2-2x+5)}{\lim\limits_{x\to -1}(x^2+7)}$

$$=\frac{\lim\limits_{x\to -1}x^2-\lim\limits_{x\to -1}2x+\lim\limits_{x\to -1}5}{\lim\limits_{x\to -1}x^2+\lim\limits_{x\to -1}7}=\frac{1+2+5}{1+7}=1;$$

(2) $\lim\limits_{x\to 2}\dfrac{x^3-8}{x-2}$

$$=\lim_{x\to 2}\frac{(x-2)(x^2+2x+4)}{x-2}=\lim_{x\to 2}(x^2+2x+4)=12;$$

(3) $\lim\limits_{x\to 1}\left(\dfrac{1}{1-x}-\dfrac{3}{1-x^3}\right)$

$$=\lim_{x\to 1}\frac{x^2+x+1-3}{1-x^3}=\lim_{x\to 1}\frac{-(1-x)(2+x)}{(1-x)(1+x+x^2)}$$

$$=\lim_{x\to 1}\frac{-(2+x)}{1+x+x^2}=-1;$$

(4) $\lim\limits_{x\to 0}\dfrac{\sqrt{1+x}-1}{x}$

$$=\lim_{x\to 0}\frac{x}{x(\sqrt{1+x}+1)}=\lim_{x\to 0}\frac{1}{\sqrt{1+x}+1}=\frac{1}{2};$$

(5) $\lim\limits_{x\to 1}\dfrac{1}{x-1}=\infty$，或极限不存在.

例 2.15　设某产品的价格满足$P(t)=20-20\mathrm{e}^{-0.5t}$，试对该产品的长期价格做出预测.

解　由题意知，要求当$t\to+\infty$时，函数$P(t)$的极限. 因为

$$\lim_{t\to+\infty}(20-20\mathrm{e}^{-0.5t})=20,$$

所以该产品的长期价预测为 20 元.

2.4.3 两个重要极限

1. $\lim\limits_{x\to 0}\frac{\sin x}{x}=1$

对变量 x，取一组趋于 0 的数，观察$\frac{\sin x}{x}$的值的变化趋势（见表 2.1）.

表 2.1

x^x	± 1	± 0.1	± 0.01	± 0.001	$\pm 0.000\,1$	$\pm 0.000\,01$	…
$\frac{\sin x}{x}$	0.9	0.9	0.98	0.99	0.999	0.999 9	…

由表 2.1 可以看出，当 x 无限趋于 0 时，$\frac{\sin x}{x}$无限趋于 1.（证明从略）

我们可以利用上述重要极限和恒等变换、变量代换等来计算更复杂的极限.

例 2.16 求$\lim\limits_{x\to 0}\frac{\sin 3x}{x}$.

解 作变量代换，令 $t=3x$，当 $x\to 0$ 时，$t\to 0$，所以

$$\lim_{x\to 0}\frac{\sin 3x}{x}=\lim_{t\to 0}\frac{3\sin t}{t}=3.$$

例 2.17 求$\lim\limits_{x\to 0}\frac{1-\cos x}{x^2}$.

解 $\lim\limits_{x\to 0}\frac{1-\cos x}{x^2}=\lim\limits_{x\to 0}\frac{2\sin^2\frac{x}{2}}{x^2}$，令 $t=\frac{x}{2}$，则

$$\begin{aligned}\lim_{x\to 0}\frac{1-\cos x}{x^2}&=\lim_{x\to 0}\frac{2\sin^2\frac{x}{2}}{x^2}\\&=\lim_{t\to 0}\frac{2\sin^2 t}{4t^2}=\lim_{t\to 0}\frac{1}{2}\left(\frac{\sin t}{t}\right)^2=\frac{1}{2}.\end{aligned}$$

例 2.18 求半径为 R 的圆的周长 L 的公式.

解 由本章例 2.1 知半径为 R 的圆的周长 L 为

$$\begin{aligned}L&=\lim_{n\to\infty}2^n\cdot 2R\sin\frac{\pi}{2^n}\\&=\lim_{n\to\infty}2R\pi\left(\sin\frac{\pi}{2^n}\right)=2R\pi.\end{aligned}$$

2. $\lim\limits_{x\to\infty}\left(1+\frac{1}{x}\right)^x=\mathrm{e}$

对变量 x，取一组不断增大的数，观察$\left(1+\frac{1}{x}\right)^x$ 的值的变化趋势（见表 2.2）.

表 2.2

x	1	2	10	1 000	10 000	100 000	…
$\left(1+\frac{1}{x}\right)^x$	2	2.25	2.594	2.717	2.718 1	2.718 2	…

由表 2.2 可以看出，当 $x\to+\infty$ 时，$\left(1+\frac{1}{x}\right)^x$ 单调递增地趋近于一个确定的数（此结论可用单调有界原理证明），我们把这个确定的数记为 e，即 $\lim\limits_{x\to+\infty}\left(1+\frac{1}{x}\right)^x=\mathrm{e}$，其中 e=2.718 281 828…，是个无理数，e 在微积分中有非常重要的作用，是自然对数的底.

当 $x\to-\infty$ 时，函数 $\left(1+\frac{1}{x}\right)^x$ 有上述类似的变化趋势，它单调减小地趋近于 e.

综上所述有

$$\lim_{x\to\infty}\left(1+\frac{1}{x}\right)^x=\mathrm{e}. \tag{2.10}$$

在式（2.10）中，令 $\frac{1}{x}=t$，则当 $x\to\infty$ 时，有 $t\to0$，则式（2.10）变为

$$\lim_{t\to0}(1+t)^{\frac{1}{t}}=\mathrm{e}. \tag{2.11}$$

这类极限的计算常常需要用到下列初等数学的指数运算公式：

(1) $a^{k+s}=a^k\cdot a^s$；(2) $a^{ks}=(a^k)^s$（其中 $a\neq0$，1；a，k，s 为实数）.

例 2.19　求极限 $\lim\limits_{x\to\infty}\left(1+\frac{2}{x}\right)^x$.

解　令 $\frac{2}{x}=t$，则 $x=\frac{2}{t}$，当 $x\to\infty$ 时，有 $t\to0$，所以

$$\lim_{x\to\infty}\left(1+\frac{2}{x}\right)^x=\lim_{t\to0}(1+t)^{\frac{2}{t}}=\lim_{t\to0}\left[(1+t)^{\frac{1}{t}}\right]^2=\mathrm{e}^2.$$

例 2.20　求极限 $\lim\limits_{n\to\infty}\left(1-t\,\frac{r}{n}\right)^n$.

解　令 $-t\,\frac{r}{n}=y$，则 $n=-t\,\frac{r}{y}$，当 $n\to\infty$ 时，有 $y\to0$，所以

$$\begin{aligned}\lim_{n\to\infty}\left(1-t\,\frac{r}{n}\right)^n&=\lim_{y\to0}(1+y)^{-t\frac{r}{y}}\\&=\lim_{y\to0}(1+y)^{\frac{1}{y}\cdot(-tr)}=\lim_{y\to0}\left[(1+y)^{\frac{1}{y}}\right]^{-tr}=\mathrm{e}^{-tr}.\end{aligned}$$

例 2.21　消防队员戴的防毒面具的前端凸出部分内有一个盛满 CO 吸收剂的圆柱形装置，已知它吸收 CO 的量与 CO 的百分比浓度和吸收层厚度成正比$\left(\text{其中比例常数 } k=\frac{1}{2}\right)$.

(1) 今有 CO 含量 $r\%$ 的空气，通过厚度为 d 厘米的吸收层后，出口处的空气中 CO 的含量为多少？

(2) 今有 CO 含量 8% 的空气，通过的吸收层厚度为 6 厘米，出口处空气中 CO_2 的含量是多少？

（3）空气中 CO 含量安全值一般为 0.015%，火灾现场的 CO 含量一般为 0.36%，问防毒面具中的 CO 吸收层厚度至少为多少时，才可以确保消防队员的安全？

解 （1）分析：设通过吸收层的空气总量为 1 个单位，求过滤后空气中的 CO 含量，就是用吸收前的空气中的 CO 量（空气总量×CO 含量）减去吸收剂吸收 CO 的量除以空气总量.

由题设，吸收剂吸收 CO 的量与 CO 的含量（浓度）有关（成正比），而 CO 的含量（浓度）在吸收剂层的每个位置都不一样（离出口处越近越淡）. 吸收剂层每一处（厚度相同）吸收的 CO 的量都不同，怎么办？

我们可用微积分方法处理.

①无限分割，将吸收层等分成 n 小段，分别记为 V_1，V_2，…，V_n；每小段的厚度为$\frac{d}{n}$厘米. 我们依次求出空气通过吸收层每小段出口处的 CO 含量，最后第 n 小段 V_n 出口处的 CO 含量即为我们要求的最终结果.

②近似，n 越大，吸收层分割的越细（薄），这时我们认为每小段吸收层中空气 CO 的浓度（近似）不变（以不变代变），这样我们可以依次求出空气通过各小段出口处的 CO 含量.

由题设知，空气总量为 1 个单位，空气中的 CO 含量为 $r\%$，那么第一小段 V_1 吸收 CO 的量为 $k\cdot r\%\cdot\frac{d}{n}\cdot 1$（这里假设了整个 V_1 小段中的 CO 含量为 $r\%$），所以经过第一小段 V_1 过滤后的空气 CO 的浓度，即第一小段 V_1 出口处的 CO 浓度（近似）为

$$L_1=\left(r\%\cdot 1-k\cdot r\%\cdot\frac{d}{n}\cdot 1\right)/1=r\%\left(1-k\frac{d}{n}\right);$$

现将第一小段 V_1 出口（也是第二小段 V_2 的入口）处 CO 浓度 L_1 看成整个第二小段 V_2 中的 CO 浓度，这时 V_2 吸收 CO 的量为 $kL_1\frac{d}{n}\cdot 1$，所以第二小段 V_2 出口处的 CO 浓度为

$$L_2=\left(L_1\cdot 1-kL_1\frac{d}{n}\cdot 1\right)/1=L_1\left(1-k\frac{d}{n}\right)=r\%\left(1-k\frac{d}{n}\right)^2;$$

依此类推，第 n 小段 V_n 出口处的 CO 浓度为

$$L_n=L_{n-1}-kL_{n-1}\frac{d}{n}=L_{n-1}\left(1-k\frac{d}{n}\right)=r\%\left(1-k\frac{d}{n}\right)^n.$$

③取极限，显然 n 越大，每小段就越细，第 n 小段 V_n 出口处的 CO 浓度（近似）L_n 就越接近准确值 L. 所以根据极限定义有

$$L=\lim_{n\to\infty}L_n=\lim_{n\to\infty}r\%\left(1-k\frac{d}{n}\right)^n=r\%\mathrm{e}^{-kd},$$

即 CO 含量 $r\%$的空气，通过厚度为 d 厘米的吸收层后，出口处空气中 CO 的含量为 $r\%\mathrm{e}^{-kd}$.

（2）CO 含量 8%的空气，通过 6 厘米厚度的吸收层，出口处空气中 CO 的含量为

$$8\%\mathrm{e}^{-6k}=8\%\mathrm{e}^{-3}=0.125\%.$$

（3）依题意有

$$0.015\%=0.36\%\mathrm{e}^{-\frac{1}{2}d},$$

解得 $d=2\ln 24\approx 6.5$（cm），即防毒面具中的 CO 吸收层厚度为 6.5 cm 时，可以确保消防队员的安全而不会中毒.

2.4.4　经济中的极限问题

1. 连续复利

设有一笔存款，现值（本金）为 PV_0，年利率为 r，按复利计算，如果一年计息次数 n 无限增加且利息计息的时间间隔无限缩短（也叫立即结算、立即变现），即计息次数 $n\to\infty$，求 t 年后的未来值（本利和）FV_t. 这就是连续复利问题.

当现值（本金）为 PV_0、年利率为 r 时，如果一年计息次数 n 按复利计算，则 t 年后的未来值（本利和）FV_t 为

$$FV_t=PV_0\left(1+\frac{r}{n}\right)^{nt},$$

若按连续复利计算，即一年计息次数 $n\to\infty$，则 t 年后的未来值（本利和）FV_t 为

$$FV_t=\lim_{n\to\infty}PV_0\left(1+\frac{r}{n}\right)^{nt}=PV_0\mathrm{e}^{rt}.$$

即现值（本金）为 PV_0，年利率为 r，按连续复利计算，t 年后的未来值（本金）为

$$FV_t=PV_0\mathrm{e}^{tr}. \tag{2.12}$$

例 2.22　某银行推出两种储蓄产品：一种是年利率 5.2%的一年期普通产品，另一种是年利率 5%按连续复利计息的一年期产品，问你选择哪种产品？

解　设初始本金为 p 元，则第一种一年期普通产品的本利和为

$$p(1+r)=p(1+5.2\%)=1.052p;$$

第二种一年期连续复利产品的本利和为

$$p\mathrm{e}^{r}=p\mathrm{e}^{0.05}=1.051\ 3p.$$

经计算比较，第一种普通产品本利和更多，所以应选第一种普通产品.

思考：设本金为 10 000 元，年利率为 5%，用复利和连续复利分别计算并比较 2 年后的本利和.

从上面例子可以看出，连续复利与复利的本利和相差不大，而连续复利的计算公式相对简单，特别是在估算时（非准确计算）经济学家们经常用它，下面的最佳投资决策就是一个连续复利应用的例子.

2. 连续复利下的现值

由前面我们知道，若投资现值为 K 元，设年利率为 r，按连续复利计息，则 n 年后的未来值为 $K\mathrm{e}^{nr}$ 元，即 K 元现值 n 年后未来值为 $K\mathrm{e}^{nr}$. 反过来说，就是 n 年后未来值 $K\mathrm{e}^{nr}$ 的现值为 K 元. 那么已知 n 年后未来值 K，其现值为多少元？

设其现值为 PV_0，则 n 年后未来值为 $PV_0\mathrm{e}^{nr}$，所以有 $PV_0\mathrm{e}^{nr}=K$，解得 $PV_0=K\mathrm{e}^{-nr}$. 即 n 年后未来值 K 的现值为 $K\mathrm{e}^{-nr}$，也就是说，n 年后的 K 元相当于现在的 $K\mathrm{e}^{-nr}$ 元（r 为年利率，按连续复利计算）.

例 2.23　假设某酒厂有一定量的酒，若在现时出售，售价为 K 元，但如果把它储藏一段时间再卖，就可以高价出售. 已知酒的价值 V 是时间函数，即 $V=K\mathrm{e}^{\sqrt{t}}$，当 $t=0$（现时出

售）时，有 $V=K$，现假设酒的储藏费用为零，为使利润达到最大，该酒厂应在什么时候出售这些酒（设年利率为 $r=20\%$）？

解　为方便起见，我们按连续复利处理，这是个求最值的问题，本题要通过对不同时间酒的价值的比较，判断何时获利最大．但不同时间的酒的价值 $V(t)$ 难以比较，所以我们通常把不同时间的酒的价值 $V(t)$ 都转换成现值（$t=0$），然后再求其最大值．

t 年后的未来值 $V=Ke^{\sqrt{t}}$ 的现值为

$$V_0=Ke^{\sqrt{t}}e^{-tr}=Ke^{\sqrt{t}-tr},\tag{2.13}$$

下面求 V_0 的最大值，因为

$$V_0=Ke^{\sqrt{t}-tr}=Ke^{-\frac{1}{r}\left(t-r\sqrt{t}\right)}=Ke^{-\frac{1}{r}\left(\sqrt{t}-\frac{1}{2r}\right)^2+\frac{1}{4r^2}},$$

所以当 $\sqrt{t}=\dfrac{1}{2r}$，即 $t=\dfrac{1}{4r^2}$ 时，V_0 最大，最大值为 $Ke^{\frac{1}{4r^2}}$．

又 $r=20\%$，所以 $t=6\dfrac{1}{4}$，最大值为 $Ke^{\frac{25}{4}}$．

该酒厂在 $6\dfrac{1}{4}$ 年后出售这些酒获利最大，最大利润为 $Ke^{\frac{25}{4}}$．

2.4.5　分段函数的极限

例 2.24　设 $f(x)=\begin{cases}x+1, & x\geqslant 2,\\ 2^x, & x<2,\end{cases}$ 求 $\lim\limits_{x\to 2}f(x)$．

解　如图 2.32 所示，因为函数 $f(x)$ 在 $x=2$ 的左边（$x<2$）和右边（$x>2$）的表达式不同，所以讨论当 x 无限地接近 2，其函数的变化趋势时，需要分 $x=2$ 的左和右边考虑．

当 x 从 2 的右侧（$x>2$）无限地接近 2 时，函数 $f(x)$（表达式为 $f(x)=x+1$）无限地接近 3；而当 x 从 2 的左侧（$x<2$）无限地接近 2 时，函数 $f(x)$（表达式为 $f(x)=2^x$）无限地接近常数 4．即当 x 无限地接近 2 时，函数 $f(x)$ 不能无限地接近于一个确定的常数，因此 $\lim\limits_{x\to 2}f(x)$ 不存在．

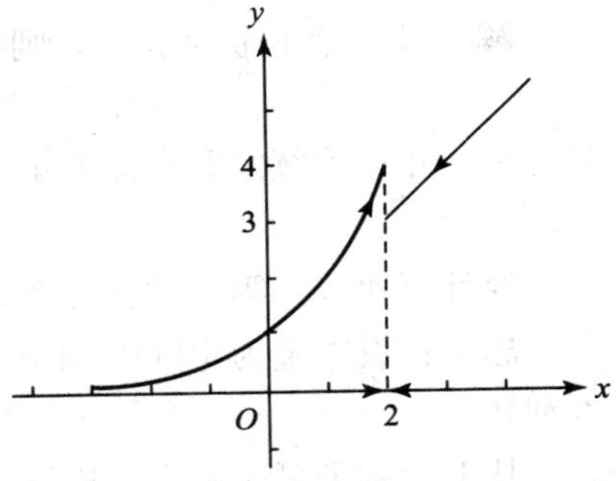

图 2.32

为更好地讨论分段函数的极限，我们给出以下左极限与右极限的概念和性质．

定义 2.7　如果 $x\neq x_0$，当 x 从 x_0 的右侧无限地接近 x_0 时，函数 $f(x)$ 无限地接近于某一确定的常数 A，则称常数 A 是函数 $f(x)$ 当 $x\to x_0$ 时的右极限，记为 $\lim\limits_{x\to x_0^+}f(x)=A$，或 $f(x_0^+)=A$．

定义 2.8　如果 $x\neq x_0$，当 x 从 x_0 的左侧无限地接近 x_0 时，函数 $f(x)$ 无限地接近于某一确定的常数 A，则称常数 A 是函数 $f(x)$ 当 $x\to x_0$ 时的左极限，记为 $\lim\limits_{x\to x_0^-}f(x)=A$，或 $f(x_0^-)=A$．

我们把左、右极限统称为单侧极限．

由左右极限的定义容易推出如下极限存在定理.

定理 2.9 $\lim\limits_{x\to x_0}f(x)$ 存在的充要条件为 $\lim\limits_{x\to x_0^+}f(x)$、$\lim\limits_{x\to x_0^-}f(x)$ 存在且 $\lim\limits_{x\to x_0^+}f(x)=\lim\limits_{x\to x_0^-}f(x)$.

例 2.29 已知 $f(x)=\begin{cases}x, & x\geqslant 2,\\ 4-x, & x<2,\end{cases}$ 求$\lim\limits_{x\to 2}f(x)$.

解 因为 $\lim\limits_{x\to 2^+}f(x)=\lim\limits_{x\to 2^+}x=2$，$\lim\limits_{x\to 2^-}f(x)=\lim\limits_{x\to 2^-}4-x=2$，

即

$$\lim_{x\to 2^+}f(x)=\lim_{x\to 2^-}f(x)=2,$$

所以

$$\lim_{x\to 2}f(x)=2.$$

例 2.30 已知 $f(x)=\dfrac{|x|}{x}$，问$\lim\limits_{x\to 0}f(x)$ 是否存在?

解 当 $x>0$ 时，$f(x)=\dfrac{|x|}{x}=\dfrac{x}{x}=1$；

当 $x<0$ 时，$f(x)=\dfrac{|x|}{x}=\dfrac{-x}{x}=-1$.

所以函数可以分段表示为 $f(x)=\begin{cases}1, & x>0,\\ -1, & x<0,\end{cases}$ 于是

$$\lim_{x\to 0^+}f(x)=1,\quad \lim_{x\to 0^-}f(x)=-1;$$

即 $\lim\limits_{x\to 0^+}f(x)\neq\lim\limits_{x\to 0^-}f(x)$，所以$\lim\limits_{x\to 0}f(x)$ 不存在.

2.4.6 函数极限的 $\varepsilon-\delta$ 定义和性质

1. 函数极限的 $\varepsilon-\delta$ 定义

定义 2.9（$\varepsilon-\delta$ 定义） 设函数 $f(x)$ 在 x_0 的某去心邻域内有定义，A 是一个确定的数. 若对任给的正数 ε，总存在某一正数 δ，使得当 $0<|x-x_0|<\delta$ 时，有

$$|f(x)-A|<\varepsilon,$$

则称 $f(x)$ 当 $x\to x_0$ 时以 A 为**极限**，记作

$$\lim_{x\to x_0}f(x)=A \text{ 或 } f(x)\to A(x\to x_0).$$

2. 函数极限的性质定理

函数极限 $\lim\limits_{x\to +\infty}f(x)$，$\lim\limits_{x\to -\infty}f(x)$，$\lim\limits_{x\to\infty}f(x)$，$\lim\limits_{x\to x_0}f(x)$，$\lim\limits_{x\to x_0^+}f(x)$，$\lim\limits_{x\to x_0^-}f(x)$ 都具有与数列极限相类似的一些性质. 我们以$\lim\limits_{x\to x_0}f(x)$ 为例给出函数极限性质.

定理 2.10（唯一性） 若极限$\lim\limits_{x\to x_0}f(x)$ 存在，则它是唯一的.

定理 2.11（局部有界性） 若$\lim\limits_{x\to x_0}f(x)$ 存在，则存在 x_0 的某去心邻域$\mathring{U}(x_0, \delta_0)$，使得 $f(x)$ 在$\mathring{U}(x_0, \delta_0)$ 内有界［这里$\mathring{U}(x_0)=(x_0-\delta, x_0)\cup(x_0, x_0+\delta)$］.

定理 2.12（局部保号性）

(1) 若$\lim\limits_{x\to x_0}f(x)=A>0(<0)$，则存在 x_0 的某一去心邻域$\mathring{U}(x_0, \delta_0)$，使得在$\mathring{U}(x_0,$

δ_0）内，$f(x)=A>0(<0)$；

(2) 若 $\lim\limits_{x\to x_0}f(x)$ 与 $\lim\limits_{x\to x_0}g(x)$ 皆存在，且在 x_0 的某去心邻域 $\mathring{U}(x_0,\delta_0)$ 内总有 $f(x)\leqslant g(x)$，则 $\lim\limits_{x\to x_0}f(x)\leqslant\lim\limits_{x\to x_0}g(x)$.

定理 2.13（夹逼定理） 若 $\lim\limits_{x\to x_0}f(x)$ 与 $\lim\limits_{x\to x_0}g(x)$ 皆存在且相等，即 $\lim\limits_{x\to x_0}f(x)=\lim\limits_{x\to x_0}g(x)=A$，又在 x_0 的某去心邻域 $\mathring{U}(x_0,\delta_0)$ 内有 $f(x)\leqslant h(x)\leqslant g(x)$，则 $\lim\limits_{x\to x_0}h(x)$ 存在且等于 A.

§2.5　无穷小量与无穷大量

无穷小量与无穷大量是微积分中非常重要的概念. 微积分最早被称为无穷小量数学. 前面介绍的对区间无限细分就是将其细分为无穷小量. 在后面要讨论的微积分的两个核心内容微分（导数）和积分其实可以理解为分别讨论自变量的无穷小改变量与相应的函数无穷小改变量之间的比较及无穷个无穷小量的和的问题.

2.5.1　无穷小量

定义 2.10 极限为零的变量称为无穷小量.

例如，数列 $\left\{\dfrac{1}{n}\right\}$ 是当 $n\to\infty$ 时的无穷小量；函数 $(x-1)^2$ 是当 $x\to1$ 时的无穷小量；函数 $\dfrac{1}{\sqrt{x}}$ 是当 $x\to+\infty$ 时的无穷小量等.

将有限区间 $[a,b]$ n 等分，分成的 n 个小区间，当 $n\to\infty$ 时，都是无穷小区间.

在论及具体的无穷小量时应当指明其极限过程，否则会含义不清. 例如，$u=x^2$，当 $x\to0$ 时是无穷小量，当 $x\to1$ 时便不是无穷小量. 不可把无穷小量与“很小的量”混为一谈，非零的常量不管有多小均不是无穷小量.

零由于可以看作恒取零的变量且极限是零，故可视其为无穷小量.

下面不加证明地给出无穷小量的性质.

定理 2.14（无穷小量的性质）

(1) 有限个无穷小的代数和仍然是一个无穷小；

(2) 有限个无穷小的乘积仍然是一个无穷小；

(3) 无穷小与有界量（函数）的乘积是无穷小.

推论： 常数与无穷小的乘积仍是无穷小.

例 2.31 求极限：$\lim\limits_{x\to0}x\sin\dfrac{1}{x}$.

解 因为当 $x\to0$ 时，x 是无穷小，且对一切 $x\neq0$ 总有 $\left|\sin\dfrac{1}{x}\right|\leqslant1$，即 $\sin\dfrac{1}{x}$ 是有界量，所以由定理 2.14 中 (3) 有 $x\sin\dfrac{1}{x}$ 是当 $x\to0$ 时的无穷小，即

$$\lim_{x\to 0} x\sin\frac{1}{x}=0.$$

2.5.2　无穷小量的比较

无穷小的比较在微积分中有非常重要的作用，比如高阶无穷小必要的时候（如在微分定义中）可以舍去；复杂无穷小可以用其简单的等价无穷小替换等．它们都是微积分思想的精髓．

x，$3x$，x^3 都是当 $x\to 0$ 时的无穷小，考虑这三个无穷小趋于零的速度，其趋向于零的快慢程度的差异见表 2.3.

表 2.3

x	0.1	0.01	0.001	$\cdots\to 0$
$3x$	0.3	0.03	0.003	$\cdots\to 0$
x^3	0.001	0.000 001	0.000 000 001	$\cdots\to 0$

从表 2.3 中数值看，当 $x\to 0$ 时，

（1）x^3 比 $3x$ 更快地趋向零，$3x$ 比 x^3 更慢地趋向零，这种快慢存在档次上的差别.

（2）而 $3x$ 与 x 趋向零的快慢虽有差别，但是相差不大，不存在档次上的差别.

怎样确定无穷小趋向于零的快慢程度呢？我们引入下面无穷小比较的概念.

定义 2.11　设 $\lim\alpha=0$，$\lim\beta=0$，且 $\beta\neq 0$.

（1）如果 $\lim\dfrac{\alpha}{\beta}=0$，则称在这个极限过程中 α 是比 β **高阶的无穷小**，记作 $\alpha=o(\beta)$.

（2）如果 $\lim\dfrac{\alpha}{\beta}=c\neq 0$，则称在这个极限过程中 $\alpha(x)$ 与 $\beta(x)$ 是**同阶无穷小**，记作 $\alpha=O(\beta)$.

（3）如果 $\lim\dfrac{\alpha}{\beta}=1$，则称在这个极限过程中 $\alpha(x)$ 与 $\beta(x)$ 是**等价无穷小**，记作 $\alpha\sim\beta$.

例如当 $x\to 0$ 时，$\dfrac{x^3}{x}\to 0$，则 x^3 是比 x 高阶的无穷小，所以 $x^3=o(x)$，$(x\to 0)$；又如 $\lim\limits_{x\to 0}\dfrac{\sin x}{x}=1$，则 $\sin x$ 与 x 是等价无穷小，所以有 $\sin x\sim x$，$(x\to 0)$.

例 2.32　证明 α，β 为不恒为零的等价无穷小的充分必要条件是无穷小 α 与 β 相差一个（它们的）高阶无穷小.

证明　必要性：α，β 为等价无穷小，即有 $\lim\dfrac{\alpha}{\beta}=1\Rightarrow\lim\dfrac{\alpha}{\beta}-1=0\Rightarrow\lim\dfrac{\alpha-\beta}{\beta}=0\Rightarrow$ $\alpha-\beta=o(\beta)$，即 α 与 β 相差一个（它们的）高阶无穷小.

充分性：上述证明步骤是可逆的，所以同理可证.

2.5.3　常用的等价无穷小量

下面给出一些常用的等价无穷小：

（1）$\sin x \sim x$，$(x\to 0)$；　（2）$\sqrt{1+x}-1\sim \frac{x}{2}$，$(x\to 0)$；

（3）$e^x-1\sim x$，$(x\to 0)$；　（4）$\ln(1+x)\sim x$，$(x\to 0)$；

（5）$\arcsin x\sim x$，$(x\to 0)$.

例 2.33　利用等价无穷小求下列极限：

（1）$\lim\limits_{x\to 0}\frac{\sqrt{1+x}-1}{\sin x}$；（2）$\lim\limits_{x\to 0}\frac{\ln^2(1+x)}{1-\cos x}$.

解　（1）因为 $\sqrt{1+x}-1\sim \frac{1}{2}x$，$\sin x\sim x$，$(x\to 0)$，所以

$$\lim_{x\to 0}\frac{\sqrt{1+x}-1}{\sin x}=\lim_{x\to 0}\left(\frac{\sqrt{x+1}-1}{\frac{1}{2}x}\right)\cdot\left(\frac{\frac{1}{2}x}{x}\right)\cdot\left(\frac{x}{\sin x}\right)=\lim_{x\to 0}\frac{\frac{1}{2}x}{x}=\frac{1}{2},$$

或

$$\lim_{x\to 0}\frac{\sqrt{1+x}-1}{\sin x}=\lim_{x\to 0}\frac{\frac{1}{2}x}{x}=\frac{1}{2}.$$

（2）由于 $\ln(1+x)\sim x$，所以 $\ln^2(1+x)\sim x^2$；又 $1-\cos x=2\sin^2\frac{x}{2}\sim\frac{x^2}{2}$，所以

$$\lim_{x\to 0}\frac{\ln^2(1+x)}{1-\cos x}=\lim_{x\to 0}\frac{x^2}{\frac{x^2}{2}}=2.$$

2.5.4　无穷大量

函数 $f(x)=\frac{1}{x}$，当 $x\to 0$ 时，$\left|\frac{1}{x}\right|$无限增大，这时我们称$\frac{1}{x}$是当 $x\to 0$ 时的无穷大量.

定义 2.12　如果当 $x\to x_0$（或 $x\to\infty$）时，对应的函数值的绝对值 $|f(x)|$ 无限增大，就称函数 $f(x)$ 为当 $x\to x_0$（或 $x\to\infty$）时的**无穷大量**（简称为**无穷大**）.

例如$\frac{1}{x-1}$，当 $x\to 1$ 时是无穷大量；$x\to\infty$时是无穷大量.

定理 2.15（无穷小量与无穷大量的关系）　若 $u\neq 0$，则 u 是无穷大量的充分必要条件是 $\frac{1}{u}$是无穷小量.

如变量$\frac{1}{n^2}(n\to\infty)$，$\sin x(x\to 0)$，$x(x\to 0)$，$x-2(x\to 2)$ 是无穷小量，则变量 $n^2(n\to\infty)$，$\frac{1}{\sin x}(x\to 0)$，$\frac{1}{x}(x\to 0)$，$\frac{1}{x-2}(x\to 2)$ 均为无穷大量.

所以，要判断某个变量是否为无穷大量，只要看它的倒数是否为无穷小量即可.

§2.6　函数的连续性

2.6.1　函数的连续性概念

现实世界中很多变量的变化是连续不断的，如人的身高、气温、物体运动的速度和路程、金属丝加热时长度的变化等，都是连续变化的．这种现象反映在数学上就是函数的连续性，是微积分中非常重要且不可或缺的概念．

在前面用微积分方法计算变速运动的路程时，特别要求运动速度是连续变化的，即当任取一充分小的时间段时，该时间段的速度变化也要充分小（因为要把该时间段的速度看成近似不变），这是连续变化（函数）的本质属性．

一般地，我们在用微积分方法处理函数 $y=f(x)$ 时，非常关注这样一个问题：给自变量 x 一个无穷小改变量 Δx 时（即 $\Delta x\to 0$），相应的函数 y 的改变量 $\Delta y=[f(x+\Delta x)-f(x)]$ 是否为无穷小（即 $\Delta y\to 0$）．这就是函数的连续性问题．下面给出函数的连续性定义．

定义 2.14　设函数 $f(x)$ 在 x_0 的某邻域内有定义，若当 x_0 处的改变量 $\Delta x\to 0$ 时，相应的函数 $f(x)$ 改变量 $\Delta y\to 0$，即

$$\lim_{\Delta x\to 0}\Delta y=\lim_{\Delta x\to 0}[f(x_0+\Delta x)-f(x_0)]=0, \tag{2.14}$$

则称 $f(x)$ 在 x_0 连续．

在式 (2.14) 中，若令 $x=x_0+\Delta x$，则 $x\to x_0$，$(\Delta x\to 0)$，且 $\Delta y=f(x_0+\Delta x)-f(x_0)=f(x)-f(x_0)$，得连续函数的另一定义．

定义 2.15　设函数 $f(x)$ 在 x_0 的某邻域内有定义，若

$$\lim_{x\to x_0}f(x)=f(x_0), \tag{2.15}$$

则称 $f(x)$ 在 x_0 连续．

$f(x)$ 在 x_0 连续可表述为：函数 $f(x)$ 在 x_0 点的极限等于其在该点的函数值．

由左右极限的概念，类似有下列左右连续的概念．

定义 2.16　设函数 $f(x)$ 在 x_0 的某左邻域内有定义，且

$$\lim_{x\to x_0^-}f(x)=f(x_0),$$

则称 $f(x)$ 在 x_0 左连续；

设函数 $f(x)$ 在 x_0 的某右邻域内有定义，且

$$\lim_{x\to x_0^+}f(x)=f(x_0),$$

则称 $f(x)$ 在 x_0 右连续．

利用单侧极限与极限的关系立刻推出：

定理 2.16　函数 $f(x)$ 在 x_0 处连续的充要条件是 $f(x)$ 在 x_0 既是左连续，又是右连续．

例 2.34　讨论分段函数

$$f(x)=\begin{cases}x+1, & x\leqslant 1,\\ 2^x, & x>1,\end{cases}$$

在 $x=1$ 处的连续性.

解 因为

$$\lim_{x\to1^-}f(x)=\lim_{x\to1^-}(x+1)=2,$$

$$\lim_{x\to1^+}f(x)=\lim_{x\to1^+}2^x=2,$$

而 $f(1)=2$，所以 $\lim\limits_{x\to1^-}f(x)=f(1)$，$\lim\limits_{x\to1^+}f(x)=f(1)$，故函数 $f(x)$ 在 $x=0$ 左连续且右连续，从而函数在 $x=1$ 处连续.

例 2.35 讨论分段函数

$$f(x)=\begin{cases}\sqrt{x}, & x\geqslant0,\\ 2^x, & x<0,\end{cases}$$

在 $x=0$ 处的连续性.

解 因为 $\lim\limits_{x\to0^-}f(x)=\lim\limits_{x\to0^-}2^x=1$，$\lim\limits_{x\to0^+}f(x)=\lim\limits_{x\to0^+}\sqrt{x}=0$，$\lim\limits_{x\to0^-}f(x)$ 与 $\lim\limits_{x\to0^+}f(x)$ 不相等，所以 $\lim\limits_{x\to0}f(x)$ 不存在，故 $f(x)$ 在 $x=0$ 处不连续.

如果函数 $f(x)$ 在开区间 (a,b) 内每一点都连续，则称 $f(x)$ 在 (a,b) 内连续，或说它是 (a,b) 内的连续函数.

如果 $f(x)$ 在 (a,b) 内连续，且左端点 $x=a$ 右连续，在右端点 $x=b$ 左连续，则称 $f(x)$ 在闭区间 $[a,b]$ 上连续，或说它是 $[a,b]$ 上的连续函数.

在定义区间上的连续函数简称连续函数.

从几何直观上看，$f(x)$ 在 $[a,b]$ 上连续，则其图像是一条无间断的曲线，即从点 $A(a,f(a))$ 到点 $B(b,f(b))$ 的一笔画成的曲线（见图 2.33).

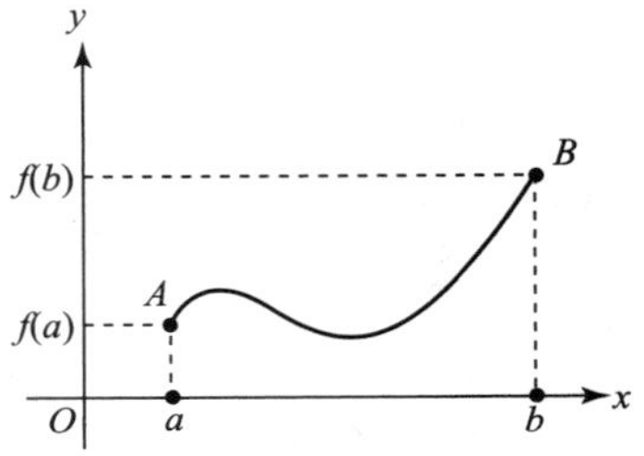

图 2.33

定理 2.17 基本初等函数在其定义域上连续.

三、连续函数的有关定理

根据连续函数的定义，可以从函数极限的运算性质中推出如下性质.

定理 2.18（四则运算的连续性） 设 $f(x)$ 与 $g(x)$ 在点 x_0 处连续，则 $f(x)\pm g(x)$，$f(x)g(x)$，$\dfrac{f(x)}{g(x)}[g(x_0)\neq0]$ 在 x_0 处也连续.

证明 由条件知

$$\lim_{x\to x_0}f(x)=f(x_0),\quad \lim_{x\to x_0}g(x)=g(x_0),$$

于是

$$\lim_{x\to x_0}[f(x)\pm g(x)]=\lim_{x\to x_0}f(x)\pm\lim_{x\to x_0}g(x)=f(x_0)\pm g(x_0),$$

即 $f(x)\pm g(x)$ 在 x_0 处连续．类似地可以证明积与商也在 x_0 处连续.

定理 2.19（复合函数的连续性） 设 $g[f(x)]$ 在 x_0 的某邻域上有定义，$f(x)$ 在 x_0 处连续，$g(y)$ 在 $y_0=f(x_0)$ 处连续，则 $g[f(x)]$ 在 x_0 处连续.

证明 由于 $\lim\limits_{x\to x_0}f(x)=f(x_0)$，$\lim\limits_{y\to y_0}g(y)=g(y_0)$，于是

$$\lim_{x\to x_0}g[f(x)]\xlongequal{y=f(x)}\lim_{y\to y_0}g(y)=g(y_0)=g[f(x_0)],$$

因此，$g[f(x)]$ 在 x_0 处连续.

若 $f(x)$，$g(y)$ 是连续函数，则

$$\lim_{x\to x_0} g[f(x)]=g[\lim_{x\to x_0} f(x)]=g[f(x_0)].$$

例 2.36 求下列极限：

(1) $\lim\limits_{x\to 0}\sqrt{3-\dfrac{\sin x}{x}}$；　(2) $\lim\limits_{x\to 0}\dfrac{\ln(1+x)}{x}$.

解 (1) $\lim\limits_{x\to 0}\sqrt{3-\dfrac{\sin x}{x}}=\sqrt{\lim\limits_{x\to 0}\left(3-\dfrac{\sin x}{x}\right)}=\sqrt{3-1}=\sqrt{2}$.

(2) $\lim\limits_{x\to 0}\dfrac{\ln(1+x)}{x}=\lim\limits_{x\to 0}\ln(1+x)^{\frac{1}{x}}=\ln\lim\limits_{x\to 0}(1+x)^{\frac{1}{x}}=\ln e=1$.

定理 2.20（初等函数的连续性定理） 初等函数在其定义域内连续.

2.6.2 间断点及其分类

1. 间断点定义

定义 2.17 如果函数 $f(x)$ 在 x_0 的某去心邻域内有定义，且在 x_0 处不连续，则称 $f(x)$ 在 x_0 间断或不连续，并称 x_0 为 $f(x)$ 的间断点或不连续点.

根据函数 $f(x)$ 在 x_0 处连续的定义，我们知道，如果函数 $y=f(x)$ 在点 x_0 处是连续的，则必须同时满足下面三个条件：

(1) 函数 $f(x)$ 在 x_0 点及邻域内有定义；

(2) $\lim\limits_{x\to x_0} f(x)$ 存在；

(3) $\lim\limits_{x\to x_0} f(x)=f(x_0)$.

当三个条件中有任何一个不成立，即满足下列条件之一时：

(1) 函数 $f(x)$ 在 x_0 处没定义；

(2) $\lim\limits_{x\to x_0} f(x)$ 不存在；

(3) $\lim\limits_{x\to x_0} f(x)$ 存在，但不等于 $f(x_0)$.

函数 $f(x)$ 在 x_0 处不连续，点 x_0 为函数 $f(x)$ 的间断点或不连续点.

2. 间断点分类

(1) 第一类间断点：$f(x_0^-)$ 与 $f(x_0^+)$ 都存在的间断点称为第一类间断点.

在第一类间断点中，有以下两种情形：

① $f(x_0^+)=f(x_0^-)\neq f(x_0)$（或 $f(x_0)$ 无定义），这种间断点称为可去间断点. 只要重新定义 $f(x_0)$［或补充定义 $f(x_0)$］，令 $f(x_0)=f(x_0^+)=f(x_0^-)$，函数 $f(x)$ 在 x_0 点就连续.

例如 $x=0$ 是函数 $f(x)=\dfrac{\sin x}{x}$ 的可去间断点. 这是因为 $f(0^-)=f(0^+)=1$，而 $f(0)$ 无定义.

这时我们可以补充定义 $f(0)=1$，于是便得到一个连续的函数（见图 2.34）. 即

$$F(x)=\begin{cases}\dfrac{\sin x}{x}, & x\neq 0,\\ 1, & x=0,\end{cases}$$

这样便把间断点 $x=0$“去掉”了.

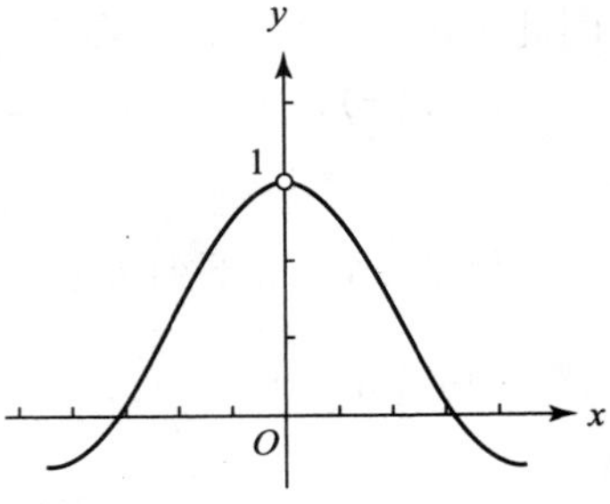

图 2.34

②$f(x_0^-)\neq f(x_0^+)$，这种间断点称为跳跃间断点.

例如函数 $f(x)=\begin{cases}2x, & x>0,\\ x+1, & x\leqslant 0,\end{cases}$ 在 $x=0$ 处有 $\lim\limits_{x\to 0^+}2x=0$，$\lim\limits_{x\to 0^-}(x+1)=1$，即 $f(0^+)\neq f(0^-)$，所以 $x=0$ 是函数 $f(x)$ 的跳跃间断点.

(2) 第二类间断点：$f(x_0^-)$ 与 $f(x_0^+)$ 中至少有一个不存在的间断点（注意，无穷大属于不存在之列），即第二类间断点.

在第二类间断点中，也有以下两种情形：

①若其中一个为∞，则称 x_0 为无穷间断点；

②若其中一个为振荡，则称 x_0 为振荡间断点.

例如函数

$$f(x)=\begin{cases}\dfrac{1}{x}, & x\neq 0,\\ 1, & x=0,\end{cases}$$

因为$\lim\limits_{x\to 0}\dfrac{1}{x}$不存在（均为无穷大），即在 $x=0$ 点的左、右极限都不存在（均为无穷大），所以 $x=0$ 是函数的第二类间断点且为无穷间断点，如图 2.35 所示.

又如设 $f(x)=\begin{cases}\sin\dfrac{1}{x}, & x\neq 0,\\ 0, & x=0,\end{cases}$ 当 $x\to 0^{\pm}$ 时，$\dfrac{1}{x}\to\infty$，$\sin\dfrac{1}{x}$不趋向任何数，也不趋向无穷大，当 x 从左右充分靠近 0 时，$\sin\dfrac{1}{x}$的值在 $+1$ 与 -1 之间无限振荡，如图 2.36 所示，因此 $x=0$ 是 $f(x)$ 的第二类间断点且为振荡间断点.

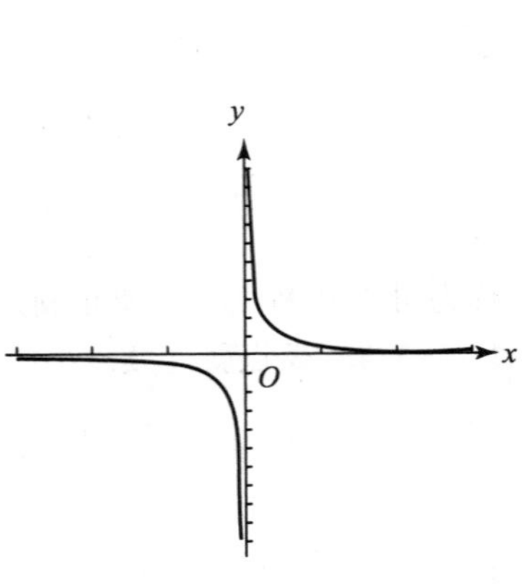

图 2.35

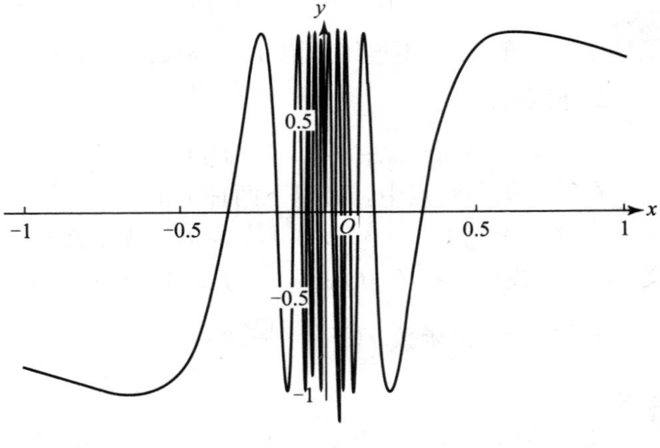

图 2.36

2.6.3　闭区间上连续函数的性质

前面关于连续函数的性质其实只是它的局部性质，即它在每个连续点的某邻域内所具有的性质．如果在闭区间上讨论连续函数，则它还具有许多整个区间上的特性，即整体性质．这些性质，对于开区间上的连续函数或闭区间上的非连续函数，一般是不成立的．本节将给出闭区间上连续函数的几个重要的基本性质，并从几何直观上对它们加以解释（略去证明）．

先介绍函数 $f(x)$ 的最大值与最小值概念．最大值与最小值问题在微积分理论中占有重要地位，在微积分创立过程中起到了重要的作用，是微积分应用的主要内容．

定义 2.18　设 $f(x)$ 的定义域是 D，$x_0\in D$，若对每个 $x\in D$ 都有 $f(x)\leqslant f(x_0)$，则称 $f(x_0)$ 是 $f(x)$ 在 D 上的最大值；若对每个 $x\in D$ 都有 $f(x)\geqslant f(x_0)$，则称 $f(x_0)$ 是 $f(x)$ 在 D 上的最小值．最大值与最小值统称为最值．

定理 2.21（最大值最小值定理）　闭区间上的连续函数必能取到最大值和最小值．

几何直观上看（见图 2.37），因为闭区间上的连续函数的图像是包括两端点的一条不间断的曲线，因此它必定有最高点 P 和最低点 Q，P 与 Q 的纵坐标正是函数的最大值和最小值．

推论 2.5（有界性定理）　若 $f(x)$ 在闭区间 $[a，b]$ 上连续，则 $f(x)$ 在 $[a，b]$ 上有界．

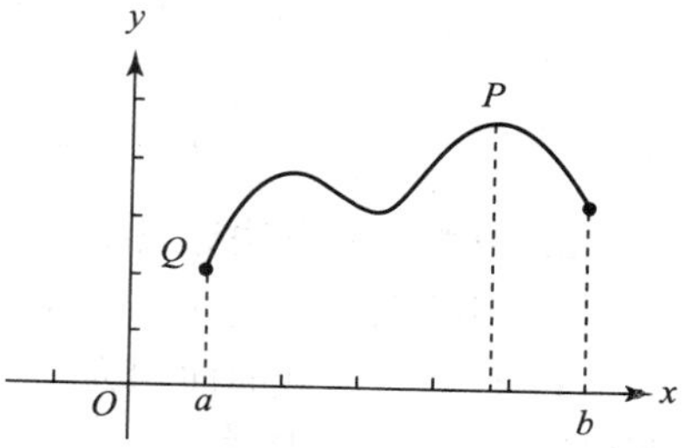

图 2.37

定理 2.22（介值定理）　若 $f(x)$ 在闭区间 $[a，b]$ 上连续，m 与 M 分别是 $f(x)$ 在闭区间 $[a，b]$ 上的最小值和最大值，u 是介于 m 与 M 之间的任一实数，即 $m\leqslant u\leqslant M$，则在 $[a，b]$ 上至少存在一点 γ，使得 $f(\gamma)=u$.

介值定理的几何意义（见图 2.38）：介于两条水平直线 $y=m$ 与 $y=M$ 之间的任意一条直线 $y=u$ 与 $y=f(x)$ 的图像曲线至少有一个交点．

推论 2.6（零点存在定理）　若 $f(x)$ 在闭区间 $[a，b]$ 上连续，且 $f(a)$ 与 $f(b)$ 异号，则在 $(a，b)$ 内至少有一个根，即至少存在一点 γ 使得 $f(\gamma)=0$.

推论的几何意义（见图 2.39）：一条连续曲线，若其上的点的纵坐标由负值变到正值或由正值变到负值，则曲线至少要穿过 x 轴一次．

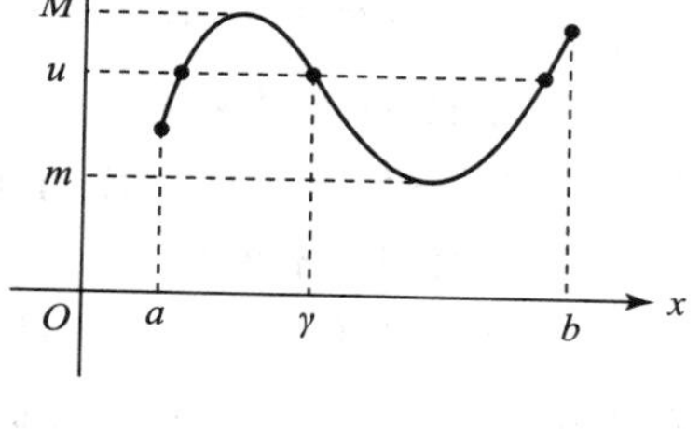

图 2.38

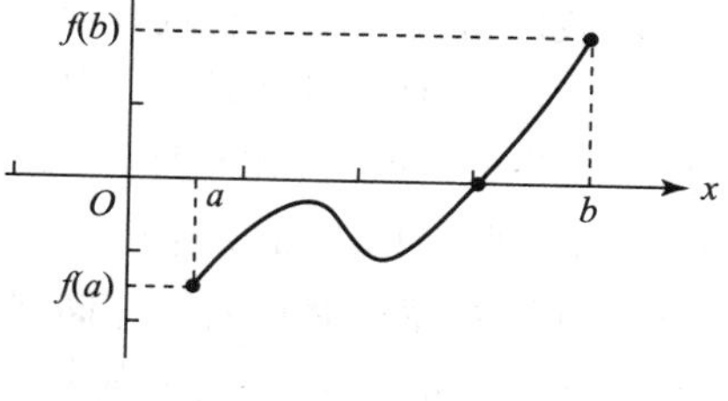

图 2.39

使 $f(x)=0$ 的点称为函数 $y=f(x)$ 的零点．如果 $x=\xi$ 是函数 $f(x)$ 的零点，即 $f(\xi)=0$，那么 $x=\xi$ 就是方程 $f(x)=0$ 的一个实根；反之方程 $f(x)=0$ 的一个实根 $x=\xi$ 就是函数

$f(x)$ 的一个零点．因此，求方程 $f(x)=0$ 的实根与求函数 $f(x)$ 的零点是一回事．正因为如此，推论 2.6 通常也称为方程根的存在定理．

例 2.37 证明方程 $x^5-3x=1$ 在区间（1，2）内有一个根．

证明 记 $f(x)=x^5-3x-1$，因 $f(x)$ 在 $[1, 2]$ 上连续且 $f(1)=-3$，$f(2)=25$，所以 $f(1)f(2)<0$，故由推论 2.6 知，存在 $\xi\in(1, 2)$ 使 $f(\xi)=\xi^5-3\xi-1=0$，即 $\xi^5-3\xi=1$，这表明题设中的方程在（1，2）内有根 ξ．

习题 2

1. 计算下列极限：

（1）$\lim\limits_{n\to\infty}\dfrac{n^3-4n^2+1}{3n^2+2n-1}$；（2）$\lim\limits_{n\to\infty}\dfrac{(n+3)^4}{3n^4+2n-1}$；（3）$\lim\limits_{n\to\infty}(\sqrt{n^2+4n}-n)$；

（4）$\lim\limits_{n\to\infty}\left[\dfrac{4}{5}+\left(\dfrac{4}{5}\right)^2+\left(\dfrac{4}{5}\right)^3+\cdots+\left(\dfrac{4}{5}\right)^n\right]$；（5）$\lim\limits_{n\to\infty}\dfrac{1}{n^4}(1^3+2^3+3^3+\cdots+n^3)$．

2. 用微积分方法导出半径为 R 的圆的面积公式（极限形式）．

3. 用微积分方法导出半径为 R 的球体的体积公式．

4. 有一个横截面面积为 20 m^2、深为 5 m 的水池装满了水，要把水池内的水全部吸到池面以上 10 m 的水塔中去，要做多少功？

5. 设有一底面（底朝上）半径为 2、深为 1 的圆锥形装满水的水塔，求将水塔中水抽干所做的功．

6. （1）求曲线 $y=x^3$ 在点 $A(-1, -1)$ 处的切线方程；

（2）求圆 $x^2+y^2=2$ 在点 $A(1, 1)$ 处的切线方程．

7. 求曲线 $y=\sqrt{x}$ 的最陡峭之处．

8. 求余弦曲线（山坡）$y=\cos x$，$0\leqslant x\leqslant\dfrac{\pi}{2}$ 的最陡峭和最平坦之处．

9. 假设火箭的发射速度为 $V=10t^2$ 公里/秒，求火箭 10 秒钟所飞行的距离．

10. 如何由 $V-t$ 图像确定路程？

11. 某汽车以 $V(t)=80-2t$（米/分钟）的速度做直线运动，求该汽车在时段 $[10, 30]$ 上所行驶的路程．

12. 火箭以初速度 4 000 米/秒垂直向上发射，问 10 秒钟能飞行多少路程？

13. 我国古代天文学家就开始用微积分方法通过观察行星的速度计算行星所运行的距离．天文学家 5 月 1 日 0 时测得某行星的速度为 23.4 公里/秒，5 月 12 日 0 时又测得它的速度为 24.6 公里/秒，再在 5 月 31 日 0 时测得该行星的速度为 27.4 公里/秒，估计该行星 5 月 1 日 0 时到 5 月 31 日 0 时所运行的距离（假设行星的速度一个月内变化不大）．

14. 计算仓库存储物品的存储费时，一般仓库标出的是每单位重量单位时间的存储价格（如每吨每天 5 元），我们需要先算出存储物品折合的存储总重量时间数（重量 w 和存储时间 t 的乘积），我们称其为时储总量，如存储 3 吨物品 5 天的时储总量为 15 吨．

假设某商家现存货 300 吨，并每天均匀取出 10 吨，30 天后取完，求这批货的时储总量．如按每吨每天 5 元收存储费，则该商家需要交多少存储费？

15. 用一根长 10 米、重 5 千克的均匀铁链从 10 米深的井里将 50 千克的物体拉到井上，问需要做多少功?

16. 有两个力量相当的力士，其中一个人可将弹簧拉长 10 厘米，问两个人合力能把该弹簧拉长多少厘米 [弹簧的弹力满足胡克定律 $f(x)=kx$，k 为弹力系数，x 弹簧拉长（压缩）的长度]?

17. 用一根长 10 米、重 10 千克的均匀圆台形的实心塑料软管，其两头的半径分别为 0.5 厘米和 1 厘米，从 10 米深的井里将一 20 千克的物体拉到井上，问需要做多少功? 若是空心的塑料软管呢?

18. 用夹逼定理求下列极限：

(1) $\lim\limits_{n\to\infty}\left(\dfrac{1}{\sqrt{n^2+1}}+\dfrac{1}{\sqrt{n^2+2}}+\cdots+\dfrac{1}{\sqrt{n^2+n}}\right)$;

(2) $\lim\limits_{n\to\infty}\left(\dfrac{1}{n^2+1}+\dfrac{2}{n^2+2}+\cdots+\dfrac{n}{n^2+n}\right)$.

19. 计算下列极限

(1) $\lim\limits_{x\to-1}\dfrac{x^2+2x+1}{x^2-x-2}$;　(2) $\lim\limits_{x\to3}\dfrac{\sqrt{5x+1}-4}{\sqrt{2x-2}-2}$;　(3) $\lim\limits_{x\to+\infty}\dfrac{3^x+4^x}{5^x-2^x}$

(4) $\lim\limits_{x\to\infty}\dfrac{(x-1)^7(4x+1)^9}{(2x+3)^{16}}$;　(5) $\lim\limits_{x\to+\infty}\sqrt{(x+a)(x+b)}-x$;

(6) $\lim\limits_{x\to0}\dfrac{\sin3x}{\sin5x}$;　(7) $\lim\limits_{x\to0}\dfrac{1-\cos2x}{x^2}$;　(8) $\lim\limits_{x\to\infty}x\sin\dfrac{1}{x}$;

(9) $\lim\limits_{x\to\infty}\left(1-\dfrac{2}{x}\right)^{3x}$;　(10) $\lim\limits_{x\to0}(1+2x)^{\frac{1}{3x}}$;　(11) $\lim\limits_{x\to\infty}\left(\dfrac{x+1}{x+2}\right)^{x}$;

(12) $\lim\limits_{h\to0}\dfrac{\sin(x+h)-\sin x}{h}$;　(13) $\lim\limits_{h\to0}\dfrac{\ln(x+h)-\ln x}{h}$.

20. 设容器内有 100 千克的盐水，含盐量为 10 千克，现以 10 千克/分钟的速度注入自来水，同时以 10 千克/分钟的速度抽出混合均匀的盐水，问 10 分钟后容器内的盐水含盐量为多少?

21. 由实验知，某种细菌繁殖的速度与当时已有的数量 A_0 成正比，即 $V=kA_0$($k>0$ 为比例常数)，问经过时间 t 以后细菌的数量是多少?

思考题：表 2.4 是收集到的数据

表 2.4

天数	细菌数
5	936
10	2 190

问开始时细菌数为多少? 60 天细菌数为多少?

22. 设生产汽车挡泥板的成本函数为 $C(x)=60+\sqrt{1+x^2}$元，每对的售价为 30 元，当生产稳定、产量充分大时，估算其每对挡泥板的利润.

23. 设初始本金为 1 万元，年利率为 5%，用复利和连续复利分别计算并比较 2 年后的本利和.

24. 某企业家准备在银行存一笔钱，为母校设立一项长期学生奖励基金，每年奖励 10 名优秀学生，每人 1 万元，问该企业家最少要存多少钱（设年利率为 5%，按复利计算）？

25. 求曲线 $y=\sqrt{x^2+x+2}-\sqrt{x^2+1}$ 的水平渐近线.

26. 计算 $\lim\limits_{x\to 0}\dfrac{x}{|x|}$.

27. 证明极限 $\lim\limits_{x\to 0}\dfrac{2^{\frac{1}{x}}}{2^{\frac{1}{x}}-1}$ 不存在.

28. 比较下列无穷小：

(1) $\sqrt{x-1}$ 与 $\sqrt{x}-1$，$(x\to 1^+)$；

(2) $\cos(x_0+\Delta x)-\cos x_0$ 与 Δx，$(\Delta x\to 0)$；

(3) $3x^3-5x^2+x$ 与 x^4+2x^3+x，$(x\to 0)$.

29. 计算下列极限：

(1) $\lim\limits_{x\to 0}\dfrac{1-\cos 2x}{\sqrt{1+x^2}-1}$；　(2) $\lim\limits_{x\to 0}\dfrac{\tan^2 x}{e^{-x^2}-1}$.

30. 讨论下列函数间断点及类型：

(1) $f(x)=\dfrac{x^2-1}{x^2-3x-2}$；　(2) $f(x)=\dfrac{x}{\sin x}$；　(3) $f(x)=\dfrac{\sqrt{x+1}-2}{x^2-3x}$.

31. 设 $f(x)=\begin{cases} x\sin\dfrac{1}{x}, & x<0, \\ a+x^2, & x\geqslant 0 \end{cases}$ 为连续函数，求常数 a.

32. 证明方程 $2e^x-7x=1$ 有一正根.

第三章 导数与微分

我们知道，通过函数及其图像可以讨论两变量之间的变化情况，如当自变量变化（增加或减少）时，函数的变化情况（增加还是减少），即函数的单调性. 但很多时候，我们还要进一步理解函数变化的快慢程度. 当我们用线性函数的形式表示两变量之间的关系时，函数变量随自变量变化而变化的快慢程度将表示为函数的“斜率”. 而对更一般的非线性函数来说，这种变化的快慢程度将被表示为函数的“导数”. 导数只是非线性函数斜率的一般化表达.

§3.1 导数的定义

3.1.1 问题引入

在上一章我们用微积分方法计算了抛物线和圆的切线斜率与方程，下面我们用同样的方法来计算一般函数 $y=f(x)$ 在 $M(x_0, y_0)$ 处的切线斜率，并给出更一般的曲线切线斜率公式. 它是导数概念的原型.

引例 3.1 求曲线 $y=f(x)$ 在 $M(x_0, y_0)$ 处的切线斜率.

解 如图 3.1 所示，在曲线上取一无限接近 $M(x_0, y_0)$ 的点列 $M_n\left(x_0+\frac{1}{n}, f\left(x_0+\frac{1}{n}\right)\right)$，连接点 M，M_n 得过 $M(x_0, y_0)$ 的一族曲线割线 MM_n，计算割线 MM_n 的斜率 k_n，

$$k_n=\frac{f\left(x_0+\frac{1}{n}\right)-f(x_0)}{\left(x_0+\frac{1}{n}\right)-x_0},$$

则 $y=f(x)$ 在 $M(x_0, y_0)$ 处的切线斜率为

$$k=\lim_{n\to\infty}\frac{f\left(x_0+\frac{1}{n}\right)-f(x_0)}{\frac{1}{n}} \text{（若极限存在）}.$$

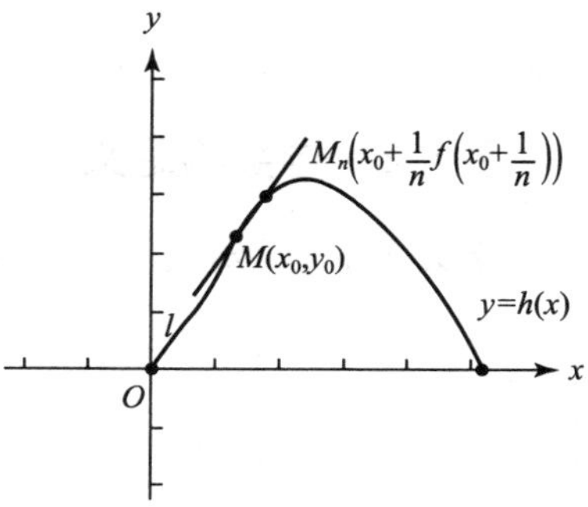

图 3.1

上式中用变量 Δx 替代 $\frac{1}{n}$，再令 $\Delta x\to 0$，可以得到更

一般的切线斜率公式

$$k=\lim_{\Delta x\to 0}\frac{f(x_0+\Delta x)-f(x_0)}{\Delta x}\ （若极限存在）. \tag{3.1}$$

接下来再用上述同样的方法计算路程函数 $S=S(t)$ 的瞬时速度.

引例 3.2 已知物体做直线运动的路程函数 $S=S(t)$，求 $t=t_0$ 时的瞬时速度.

解 如图 3.2 所示，在 t_0 处附近取无限接近 t_0 的点列 $t_n\left(t_n=t_0+\frac{1}{n}\right)$，得时段序列 $k_n=[t_0,t_n]$.

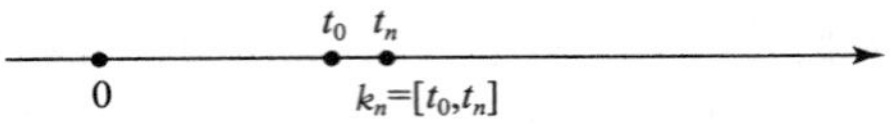

图 3.2

计算时段 k_n 内的平均速度

$$v_n=\frac{S\left(t_0+\frac{1}{n}\right)-S(t_0)}{\frac{1}{n}}.$$

当 n 充分大时，时段 k_n 内的平均速度 v_n 无限接近 $t=t_0$ 时的速度，则 $t=t_0$ 时的瞬时速度为

$$v=\lim_{n\to\infty}\frac{S\left(t_0+\frac{1}{n}\right)-S(t_0)}{\frac{1}{n}}\ （若极限存在）.$$

同样将上式中的 $\frac{1}{n}$ 用变量 $\Delta t(\Delta t\to 0)$ 来代替，得瞬时速度的一般表达式

$$v=\lim_{\Delta t\to 0}\frac{S(t_0+\Delta t)-S(t_0)}{\Delta t}\ （若极限存在）. \tag{3.2}$$

上述两个极限 (3.1) 和 (3.2)，不考虑它们的几何背景和力学背景，它们的数学本质是一样的，都表示函数的改变量 $[\Delta y=f(x_0+\Delta x)-f(x_0),\ \Delta S=S(t_0+\Delta t)-S(t_0)]$ 与自变量的改变量 $(\Delta x,\ \Delta t)$ 之比 $\left(\frac{\Delta y}{\Delta x},\ \frac{\Delta S}{\Delta t}\right)$，即当自变量的改变量趋于 0 时的极限，我们把这类极限称为函数的导数.

3.1.2 导数的定义

定义 3.1 设函数 $y=f(x)$ 在 $x=x_0$ 处的某个邻域有定义，若极限

$$\lim_{\Delta x\to 0}\frac{\Delta y}{\Delta x}=\lim_{\Delta x\to 0}\frac{f(x_0+\Delta x)-f(x_0)}{\Delta x}$$

存在，则称此极限值为函数 $y=f(x)$ 在 $x=x_0$ 处的导数，记为 $f'(x_0)$ 或 $y'|_{x=x_0}$，$\left.\frac{\mathrm{d}y}{\mathrm{d}x}\right|_{x=x_0}$，$\left.\frac{\mathrm{d}f(x)}{\mathrm{d}x}\right|_{x=x_0}$.

即

$$f'(x_0)=\lim_{\Delta x\to 0}\frac{f(x_0+\Delta x)-f(x_0)}{\Delta x},$$

或

$$f'(x_0)=\lim_{\Delta x\to 0}\frac{\Delta y}{\Delta x}, \tag{3.3}$$

并称函数 $y=f(x)$ 在 $x=x_0$ 处可导. 如果极限（3.3）不存在，则称函数 $y=f(x)$ 在 $x=x_0$ 处不可导.

在式（3.3）中令 $x=x_0+\Delta x$，有 $\Delta x=x-x_0$，且 $x\to x_0$，则得导数的另一表达形式

$$f'(x_0)=\lim_{x\to x_0}\frac{f(x)-f(x_0)}{x-x_0}. \tag{3.4}$$

如果函数 $y=f(x)$ 在开区间 I 内每点处都可导，则称函数 $y=f(x)$ 在开区间 I 内可导.

函数 $y=f(x)$ 在开区间 I 内每点处的导数 $y=f'(x)$ 称为 $y=f(x)$ 在 I 内的导函数.

一般地，我们把导函数简称为导数. 在求导数时，若没有指明是求在某一定点的导数，则指求导函数.

3.1.3　可导与连续的关系

函数可导与连续之间的重要性质：可导一定连续，即若函数 $y=f(x)$ 在 $x=x_0$ 处可导，则函数 $y=f(x)$ 在 $x=x_0$ 处连续.

事实上，因为函数 $y=f(x)$ 在 $x=x_0$ 处可导，由导数定义知

$$\lim_{\Delta x\to\infty}\frac{f(x_0+\Delta x)-f(x_0)}{\Delta x}=f'(x_0)$$

成立，所以有

$$\begin{aligned}\lim_{\Delta x\to 0}f(x_0+\Delta x)-f(x_0)&=\lim_{\Delta x\to 0}\frac{f(x_0+\Delta x)-f(x_0)}{\Delta x}\cdot\Delta x\\&=\lim_{\Delta x\to 0}\frac{f(x_0+\Delta x)-f(x_0)}{\Delta x}\cdot\lim_{\Delta x\to 0}\Delta x=f'(x_0)\cdot 0=0.\end{aligned}$$

由连续函数的定义知函数 $y=f(x)$ 在 $x=x_0$ 处连续.

3.1.4　导数在实际应用中的意义

（1）导数 $f'(x_0)$ 表示函数曲线 $y=f(x)$ 在 $M(x_0, y_0)$ 处的斜率（切线斜率），我们称之为导数的几何意义.

由此可得曲线 $y=f(x)$ 在 $M(x_0, y_0)$ 处的切线方程为

$$y-f(x_0)=f'(x_0)(x-x_0).$$

（2）导数 $f'(x_0)$ 也表示曲线 $y=f(x)$ 在 $M(x_0, y_0)$ 处的陡峭程度或变化率，即在 $M(x_0, y_0)$ 处函数随自变量变化而变化的快慢程度或函数对自变量的变化敏感度.

具体而言，若假设 $S=S(t)$ 是物体做直线运动的路程函数，则 $S'(t_0)$ 表示 $t=t_0$ 时路程对时间的变化率（单位时间的路程），我们称其为瞬时速度.

又若 $Q=Q(p)$ 是需求函数，则 $Q'(p_0)$ 表示当 $p=p_0$ 时需求对价格的变化率，即表示 $p=p_0$ 时的需求变化对价格变化的敏感（影响）程度.

如 $Q'(2)=-6$ 表示当价格为 2，价格变化（增加或减少）1 个单位时，需求量变化（减少或增加）6 个单位；$Q'(3)=-28$ 表示当价格为 3，价格变化（增加或减少）1 个单位时，需求量变化（减少或增加）28 个单位．这时我们知道价格为 3 时的价格变化对需求量变化的敏感（影响）程度比价格为 2 时的价格变化对需求量变化的影响（敏感）程度要大.

(3) 函数 $y=f(x)$ 在 $x=x_0$ 处变化率 $f'(x_0)$ 是函数在 $x=x_0$ 处的平均变化率 $\dfrac{f(x_0+\Delta x)-f(x_0)}{\Delta x}$ 当 Δx 充分小时的最佳近似，即

$$f'(x_0)\approx\frac{f(x_0+\Delta x)-f(x_0)}{\Delta x}\ (当\ \Delta x\ 充分小). \tag{3.5}$$

在实际应用中，Δx 充分小可根据实际情况而定，如在一些以产品数量 q 为自变量的经济函数中，如收益函数 $L=L(q)$、成本函数 $C=C(q)$、利润函数 $R=R(q)$ 等，自变量（产品数量 q）的改变量 $\Delta q=1$ 就可以认为是充分小了．所以由式（3.5）有

$$L'(q_0)\approx L(q_0+1)-L(q_0), \tag{3.6}$$

$$C'(q_0)\approx C(q_0+1)-C(q_0), \tag{3.7}$$

$$R'(q_0)\approx R(q_0+1)-R(q_0), \tag{3.8}$$

即 $L'(q_0)[C'(q_0),\ R'(q_0)]$（近似）表示当产量 $q=q_0$ 时，再生产一个产品所引起的总收益（成本，利润）增加量，或生产第 q_0+1 个产品所获得的收益（成本、利润）.

换句话说，$L'(q_0)[C'(q_0),\ R'(q_0)]$ 可（近似）表示当产量 $q=q_0$ 时，额外再生产一个产品所引起的总收益（成本、利润）增加值，这就是后面我们要讲的边际收益（成本、利润）.

例 3.1 设某产品的收益函数为 $L(q)=-\dfrac{1}{1\,000}(q^2-40\,000q+50\,000\,000)$，求生产第 10 001 个产品和第 13 578 个产品的利润增加值.

解 由式（3.6），生产第 10 001 个产品和第 13 578 个产品的利润增加值分别（近似）为 $L'(10\,000)$ 和 $L'(13\,577)$．又

$$L'(q)=-\frac{1}{1\,000}(2q-40\,000),$$

所以 $L'(10\,000)=20$（元），$L'(13\,577)=12.87$（元），即生产第 10 001 个产品的利润增加值为 20 元，生产第 13 578 个产品的利润增加值为 12.87 元.

§ 3.2 导数的计算和求导法则

在这里我们要讨论导数的计算问题，给出基本初等函数的导数．解决初等函数的导数计算问题，首先讨论用导数的定义计算导数.

3.2.1 用定义计算导数

例 3.2 求常函数 $f(x)=C$（C 为常数）的导数.

解　由导数的定义可知

$$f'(x)=\lim_{\Delta x\to 0}\frac{f(x+\Delta x)-f(x)}{\Delta x}=\lim_{\Delta x\to 0}\frac{C-C}{\Delta x}=0,$$

即常函数的导数为 0.

例 3.3　求函数 $f(x)=x^2$ 的导数.

解　由导数的定义可知

$$f'(x)=\lim_{\Delta x\to 0}\frac{f(x+\Delta x)-f(x)}{\Delta x}=\lim_{\Delta x\to 0}\frac{(x+\Delta x)^2-x}{\Delta x}$$

$$=\lim_{\Delta x\to 0}\frac{2x\cdot\Delta x+(\Delta x)^2}{\Delta x}=\lim_{\Delta x\to 0}(2x\cdot+\Delta x)=2x,$$

即 $(x^2)'=2x$.

例 3.4　求函数 $f(x)=\sqrt{x}$ 的导数.

解　由导数的定义

$$f'\ (x)=\lim_{\Delta x\to 0}\frac{f(x+\Delta x)-f(x)}{\Delta x}=\lim_{\Delta x\to 0}\frac{\sqrt{x+\Delta x}-\sqrt{x}}{\Delta x}$$

$$=\lim_{\Delta x\to 0}\frac{(\sqrt{x+\Delta x}-\sqrt{x})(\sqrt{x+\Delta x}+\sqrt{x})}{\Delta x(\sqrt{x+\Delta x}+\sqrt{x})}$$

$$=\lim_{\Delta x\to 0}\frac{\Delta x}{\Delta x(\sqrt{x+\Delta x}+\sqrt{x})}=\frac{1}{2\sqrt{x}},$$

即 $(\sqrt{x})'=\frac{1}{2\sqrt{x}}$.

例 3.5　求函数 $f(x)=\sin x$ 的导数.

解　由导数的定义

$$f'(x)=\lim_{\Delta x\to 0}\frac{f(x+\Delta x)-f(x)}{\Delta x}=\lim_{\Delta x\to 0}\frac{\sin(x+\Delta x)-\sin x}{\Delta x}$$

$$=\lim_{\Delta x\to 0}\frac{\sin x\cos(\Delta x)+\cos x\sin(\Delta x)-\sin x}{\Delta x}$$

$$=\lim_{\Delta x\to 0}\left[\frac{\sin x\cos(\Delta x)-\sin x}{\Delta x}+\cos x\ \frac{\sin(\Delta x)}{\Delta x}\right]$$

$$=\lim_{\Delta x\to 0}\left[\sin x\ \frac{\cos(\Delta x)-1}{\Delta x}+\cos x\ \frac{\sin(\Delta x)}{\Delta x}\right]$$

$$=\sin x\ \lim_{\Delta x\to 0}\frac{\cos(\Delta x)-1}{\Delta x}+\cos x\ \lim_{\Delta x\to 0}\frac{\sin(\Delta x)}{\Delta x}=\cos x,$$

即 $(\sin x)'=\cos x$，同理可得 $(\cos x)'=-\sin x$.

例 3.6　求对数函数 $f(x)=\log_a^x$ 的导数.

解　由导数的定义

$$f'(x)=\lim_{\Delta x\to 0}\frac{f(x+\Delta x)-f(x)}{\Delta x}=\lim_{\Delta x\to 0}\frac{\log_a(x+\Delta x)-\log_a x}{\Delta x}$$

$$=\lim_{\Delta x\to 0}\frac{\log_a\left(\frac{x+\Delta x}{x}\right)}{\Delta x}=\lim_{\Delta x\to 0}\log_a\left(\frac{x+\Delta x}{x}\right)\frac{1}{\Delta x}=\lim_{\Delta x\to 0}\log_a\left(1+\frac{\Delta x}{x}\right)\frac{1}{\Delta x}$$

$$=\lim_{\Delta x\to 0}\log_a\left[\left(1+\frac{\Delta x}{x}\right)^{\frac{x}{\Delta x}}\right]^{\frac{1}{x}}=\log_a e^{\frac{1}{x}}=\frac{1}{x}\log_a e=\frac{1}{x\ln a},$$

即 $(\log_a x)'=\dfrac{1}{x\ln a}$，特别地 $(\ln x)'=\dfrac{1}{x}$.

我们看到用导数的定义计算导数不是一件容易的事情，就算是计算最简单的基本初等函数的导数也不容易. 下面我们介绍导数的四则运算法则和复合函数求导法则，这些法则能更好地帮助我们计算导数.

3.2.2 导数的运算法则

定理 3.1（四则运算法则） 设函数 $u=u(x)$，$v=v(x)$ 都是可导函数，则

（1）代数和 $u(x)\pm v(x)$ 可导，且

$$[u(x)\pm v(x)]'=u'(x)\pm v'(x).$$

（2）乘积 $u(x)\cdot v(x)$ 可导，且

$$[u(x)\cdot v(x)]'=u'(x)\cdot v(x)+u(x)\cdot v'(x).$$

特别地，当 C 是常数时，$[Cu(x)]'=Cu'(x)$.

（3）若 $v(x)\neq 0$，商 $\dfrac{u(x)}{v(x)}$ 可导，且

$$\left[\frac{u(x)}{v(x)}\right]'=\frac{u'(x)v(x)-u(x)v'(x)}{[v(x)]^2}.$$

特别地，$\left[\dfrac{1}{v(x)}\right]'=-\dfrac{v'(x)}{[v(x)]^2}$.

我们这里只给出（3）的证明，其他的作为练习.

（3）证明

$$\left(\frac{u(x)}{v(x)}\right)'=\lim_{\Delta x\to 0}\left[\frac{u(x+\Delta x)}{v(x+\Delta x)}-\frac{u(x)}{v(x)}\right]/\Delta x$$

$$=\lim_{\Delta x\to 0}\frac{u(x+\Delta x)v(x)-v(x+\Delta x)u(x)}{v(x+\Delta x)v(x)\Delta x}$$

$$=\lim_{\Delta x\to 0}\frac{u(x+\Delta x)v(x)-u(x)v(x)-v(x+\Delta x)u(x)+u(x)v(x)}{v(x+\Delta x)v(x)\Delta x}$$

$$=\lim_{\Delta x\to 0}\frac{1}{v(x+\Delta x)v(x)}\left[v(x)\frac{u(x+\Delta x)-u(x)}{\Delta x}-u(x)\frac{v(x+\Delta x)+v(x)}{\Delta x}\right],$$

又 $v(x)$ 可导，所以连续，即有 $\lim\limits_{\Delta x\to 0}v(x+\Delta x)=v(x)$，故上式求极限得

$$\left[\frac{u(x)}{v(x)}\right]'=\frac{u'(x)v(x)-u(x)v'(x)}{v^2(x)}.$$

例 3.7 设 $y=x^2\sin x+2\cos x+1$，求 y'.

解 由导数的代数和及乘法运算法则得

$$y'=(x^2\sin x+2\cos x+1)'=(x^2\sin x)'+(2\cos x)'+(1)'$$

$$=x^2(\sin x)'+(x^2)'\sin x+2(\cos x)'$$
$$=x^2\cos x+2x\sin x-2\sin x.$$

例 3.8　设 $y=\tan x$，求 y'.

解　由商的导数运算法则得

$$y'=\left(\frac{\sin x}{\cos x}\right)'=\frac{(\sin x)'\cos x-\sin x(\cos x)'}{\cos^2 x}$$
$$=\frac{\cos^2 x+\sin^2 x}{\cos^2 x}=\frac{1}{\cos^2 x},$$

即 $(\tan x)'=\dfrac{1}{\cos^2 x}$.

同理可得

$$(\cot x)'=-\frac{1}{\sin^2 x};\ (\sec x)'=\sec x\cdot\tan x;$$
$$(\csc x)'=-\csc x\cdot\cot x.$$

例 3.9　设 $y=\dfrac{x^2}{x+\ln x}$，求 y'，$y'|_{x=1}$.

解　由商的导数运算法则得

$$y'=\left(\frac{x^2}{x+\ln x}\right)'=\frac{(x^2)'(x+\ln x)-x^2(x+\ln x)'}{(x+\ln x)^2}$$
$$=\frac{2x(x+\ln x)-x^2\left(1+\dfrac{1}{x}\right)'}{(x+\ln x)^2}=\frac{x^2+x(2\ln x-1)}{(x+\ln x)^2},$$
$$y'|_{x=1}=\frac{x^2+x(2\ln x-1)}{(x+\ln x)^2}\bigg|_{x=1}=0.$$

3.2.3　复合函数的求导法则

定理 3.2（连锁法则）　设函数 $u=\varphi(x)$ 在点 x 可导，而函数 $y=f(u)$ 在对应的点 u 可导，则复合函数 $y=f[\varphi(x)]$ 在点 x 可导，且

$$[f(\varphi(x))]'=f'(u)\varphi'(x)=f'[\varphi(x)]\varphi'(x);$$

或记作

$$\frac{\mathrm{d}y}{\mathrm{d}x}=\frac{\mathrm{d}y}{\mathrm{d}u}\cdot\frac{\mathrm{d}u}{\mathrm{d}x}.$$

证明　$[f(\varphi(x))]'=\lim\limits_{\Delta x\to 0}\dfrac{f[\varphi(x+\Delta x)]-f[\varphi(x)]}{\Delta x}$,

又 $u=\varphi(x)$，记 $\Delta u=\varphi(x+\Delta x)-\varphi(x)$，则 $\varphi(x+\Delta x)=\varphi(x)+\Delta u=u+\Delta u$，所以

$$[f(\varphi(x))]'=\lim_{\Delta x\to 0}\frac{f[\varphi(x+\Delta x)]-f[\varphi(x)]}{\Delta x}$$
$$=\lim_{\Delta x\to 0}\frac{f(u+\Delta u)-f(u)}{\Delta u}\cdot\frac{\Delta u}{\Delta x}$$
$$=\lim_{\Delta x\to 0}\frac{f(u+\Delta u)-f(u)}{\Delta u}\cdot\frac{\varphi(x+\Delta x)-\varphi(x)}{\Delta x}.$$

再由 $u=\varphi(x)$ 可导知 $u=\varphi(x)$ 连续，所以由 $\Delta x\to 0$ 可得 $\Delta u=\varphi(x+\Delta x)-\varphi(x)\to 0$，因此

$$[f(\varphi(x))]'=\lim_{\Delta u\to 0}\frac{f(u+\Delta u)-f(u)}{\Delta u}\cdot\lim_{\Delta x\to 0}\frac{\varphi(x+\Delta x)-\varphi(x)}{\Delta x}$$
$$=f'(u)\varphi'(x)=f'(\varphi(x))\varphi'(x).$$

上式就是复合函数的导数公式，可表述为：复合函数的导数等于已知函数对中间变量的导数乘以中间变量对自变量的导数.

复合函数的导数公式可推广到有限个函数复合的情形.

例如，由 $y=f(u)$，$u=\varphi(v)$，$v=\psi(x)$ 可导，则复合函数 $y=f[\varphi(\psi(x))]$ 也可导，且 $\dfrac{dy}{dx}=\dfrac{dy}{du}\cdot\dfrac{du}{dv}\cdot\dfrac{dv}{dx}$.

例 3.10　设 $y=\sin 3x$，求 y'.

解　这是一个复合函数的导数，函数由 $y=\sin u$ 和 $u=3x$ 复合而成，于是由连锁法则得

$$y'=(\sin u)'_u(3x)'_x=\cos u\cdot 3=3\cos 3x.$$

例 3.11　设 $y=\ln^2\left(\dfrac{x}{3}\right)$，求 y'.

解　题设函数由 $y=u^2$，$u=\ln v$，$v=\dfrac{x}{3}$ 复合而成，于是由连锁法则得

$$y'=(u^2)'(\ln v)'\left(\frac{x}{3}\right)'=2u\cdot\left(\frac{1}{v}\right)\cdot\frac{1}{3}$$
$$=\frac{2}{3}\cdot\frac{x}{3}\ln\frac{x}{3}=\frac{2}{9}x\ln\frac{x}{3}.$$

例 3.12　设 (1) $y=f(-x)$；(2) $y=f(\sin x)$；(3) $y=\ln\varphi(x)$；(4) $y=\sin\varphi(x)$；求 y'.

解　(1) 函数由 $y=f(u)$ 和 $u=-x$ 复合而成，所以由连锁法则有

$$y'=f'(-x)(-1).$$

(2) 函数由 $y=f(u)$ 和 $u=\sin x$ 复合而成，所以由连锁法则有

$$y'=f'(\sin x)\cos x.$$

(3) 函数由 $y=\ln u$ 和 $u=\varphi(x)$ 复合而成，所以由连锁法则有

$$y'=\frac{1}{u}\varphi'(x)=\frac{1}{\varphi(x)}\varphi'(x).$$

(4) 函数由 $y=\sin u$ 和 $u=\varphi(x)$ 复合而成，所以由连锁法则有

$$y'=\cos u\varphi'(x)=\cos\varphi(x)\cdot\varphi'(x).$$

例 3.13　求幂函数 $f(x)=x^\alpha$ 的导数.

解　对幂函数 $f(x)=x^\alpha$ 两边取自然对数得

$$\ln f(x)=\ln x^\alpha=\alpha\ln x,$$

两边求关于 x 的导数得

$$\frac{f'(x)}{f(x)}=a\frac{1}{x},$$

解得

$$f'(x)=a\frac{1}{x}f(x),$$

即

$$f'(x)=\alpha x^{\alpha-1}.$$

例 3.14　求指数函数 $f(x)=a^x(a>0，a\neq1)$ 的导数.

解　对指数函数 $f(x)=a^x$ 两边取自然对数得

$$\ln f(x)=\ln a^x=x\ln a,$$

两边求关于 x 的导数得

$$\frac{1}{f(x)}f'(x)=\ln a,$$

解得

$$f'(x)=f(x)\ln a=a^x\ln a.$$

即

$$(a^x)'=a^x\ln a.$$

特别有 $(\mathrm{e}^x)'=\mathrm{e}^x$.

注：函数 e^x 是唯一一个导数等于它自己的函数.

例 3.15　求反三角函数 $f(x)=\arcsin x$ 的导数 $f'(x)$.

解　由 $f(x)=\arcsin x$ 得 $x=\sin f(x)$，对 $x=\sin f(x)$ 的两边求关于 x 的导数得 $1=\cos f(x)f'(x)$，则有

$$f'(x)=\frac{1}{\cos f(x)},$$

又由 $x=\sin f(x)$，有 $\cos f(x)=\sqrt{1-\sin^2 f(x)}=\sqrt{1-x^2}$，

所以

$$f'(x)=\frac{1}{\sqrt{1-x^2}},$$

即

$$(\arcsin x)'=\frac{1}{\sqrt{1-x^2}}.$$

同理可得

$$(\arccos x)'=-\frac{1}{\sqrt{1-x^2}}，(\arctan x)'=\frac{1}{1+x^2}，(\mathrm{arccot}x)'=-\frac{1}{1+x^2}.$$

至此，我们得到了所有基本初等函数的导数，现归纳如下.

3.2.4　基本初等函数的导数公式

(1) $(C)'=0$，(C 为常数)；

(2) $(x^\alpha)'=\alpha x^{\alpha-1}$，($\alpha$ 为实数)；

(3) $(a^x)'=a^x\ln a$，$(a\neq1，a>0)$；

(4) $(\mathrm{e}^x)'=\mathrm{e}^x$；

(5) $(\log_a^x)'=\dfrac{1}{x\ln a}$ $(a\neq1，a>0)$；

(6) $(\ln x)'=\dfrac{1}{x}$；

(7) $(\sin x)'=\cos x$；

(8) $(\cos x)'=-\sin x$；

(9) $(\tan x)'=\dfrac{1}{\cos^2 x}$；

(10) $(\cot x)'=-\dfrac{1}{\sin^2 x}$；

(11) $(\arcsin x)'=\dfrac{1}{\sqrt{1-x^2}}$；

(12) $(\arccos x)'=-\dfrac{1}{\sqrt{1-x^2}}$；

(13) $(\arctan x)'=\dfrac{1}{1+x^2}$； (14) $(\operatorname{arccot} x)'=-\dfrac{1}{1+x^2}$.

现在，已有基本初等函数的导数公式、导数的四则运算法则和复合函数求导法则，在求初等函数的导数时，只要将其按基本初等函数的四则运算和复合函数分解，便可求出导数.

例 3.16 设 $y=x+\sqrt{\sin x+2x}$，求 y'.

解
$$\begin{aligned}y'&=(x)'+(\sqrt{\sin x+2x})'\\&=1+\frac{1}{2\sqrt{\sin x+2x}}(\sin x+2x)'\\&=1+\frac{1}{2\sqrt{\sin x+2x}}(\cos x+2).\end{aligned}$$

例 3.17 设 $y=\ln(x+\sqrt{1+x^2})$，求 y'.

解
$$\begin{aligned}y'&=\frac{1}{x+\sqrt{1+x^2}}(x+\sqrt{1+x^2})'\\&=\frac{1}{x+\sqrt{1+x^2}}\left[1+\frac{1}{2\sqrt{1+x^2}}(1+x^2)'\right]\\&=\frac{1}{x+\sqrt{1+x^2}}\left(1+\frac{2x}{2\sqrt{1+x^2}}\right)\\&=\frac{1}{x+\sqrt{1+x^2}}\cdot\frac{\sqrt{1+x^2}+x}{\sqrt{1+x^2}}=\frac{1}{\sqrt{1+x^2}}.\end{aligned}$$

3.2.5 隐函数的导数

由二元方程 $F(x, y)=0$ 确定 y 是 x 的函数关系，我们称 y 是 x 的隐函数.

下面用例子说明求隐函数 y 对自变量 x 的导数的方法.

例 3.18 若方程 $xe^y+e^x-y=2$ 确定 y 是 x 的函数，求 y' 和 $y'(0)$.

解 方程两边求 x 的导数，因为 y 是 x 的函数，所以 e^y 是复合函数，于是有
$$e^y+xe^yy'+e^x-y'=0,$$
解得
$$y'=\frac{e^y+e^x}{1-xe^y}.$$
又由题设方程有当 $x=0$ 时，$y=-1$，所以
$$y'(0)=\left.\frac{e^y+e^x}{1-xe^y}\right|_{\substack{x=0\\y=-1}}=e^{-1}+1.$$

§3.3 导数的应用

导数来源于实际，我们不仅要学会求导数，更重要的是要理解其含义并能很好地应用它解决实际问题.

3.3.1　求曲线的斜率

非线性函数 $y=f(x)$ 在 $M(x_0, y_0)$ 处的斜率（陡峭程度）就是曲线 $y=f(x)$ 在 (x_0, y_0) 处的切线斜率，即导数.

例 3.19　求函数 $y=\sqrt{1-x^2}$ 在 (x_0, y_0) 处的切线斜率和方程.

解　函数 $y=\sqrt{1-x^2}$ 在 (x_0, y_0) 处的切线斜率为 $y'|_{x=x_0}=\dfrac{x_0}{\sqrt{1-x_0^2}}$，切线方程为

$$y-y_0=\frac{x_0}{\sqrt{1-x_0^2}}(x-x_0).$$

例 3.20　某山坡轮廓线为 $y=\sin x(0\leqslant x\leqslant \pi)$，求山坡最陡处和最平坦处的陡峭程度.

解　曲线段 $y=\sin x(0\leqslant x\leqslant \pi)$ 最陡处和最平坦处就是其斜率绝对值（陡峭程度）的最大处和最小处，曲线 $y=\sin x(0\leqslant x\leqslant \pi)$ 的斜率为 $y'=\cos x(0\leqslant x\leqslant \pi)$，斜率绝对值的最大值点为 $x=0$ 和 $x=\pi$，这两点的斜率为 1，即 $x=0$ 处和 $x=\pi$ 处最陡，坡度为 45°；又斜率最小处为 $x=\dfrac{\pi}{2}$，此处的斜率为 $y'\left(\dfrac{\pi}{2}\right)=0$，即 $x=\dfrac{\pi}{2}$ 处的坡度为 0°.

3.3.2　物体运动速度和加速度

例 3.21　一物体以每秒 50 米的发射速度垂直射向空中，t 秒后达到的高度为

$$s=50t-5t^2 \text{（米）},$$

求：(1) 该物体达到的最大高度是多少？

(2) 这时的物体运动的加速度是多少？

解　(1) 这是一个垂直上抛运动，物体达到的最大高度是其速度为 0 的高度，

易知时刻 t 的速度为 $v=\dfrac{ds}{dt}=50-10t$，由 $v=0$，得 $t=5$ 秒，此时物体达到的最大高度为 $s=50\times5-5\times5^2=125$（米）.

(2) 加速度是速度的变化率（导数），故物体运动的加速度为 $a=\dfrac{dv}{dt}=-10$ 米/秒^2.

例 3.22　设汽车沿公路行驶的距离函数为 $s=\dfrac{1}{300}(t^3-45t^2+600t)$（千米），其中时间 t 的单位为分钟，问该汽车在运行途中由于某种原因是否走了回头路？如是，它走了多长时间的回头路？

解　汽车在运行途中走了回头路的充分必要条件为其速度为负.

又汽车速度函数为

$$v=s'=\frac{1}{300}(3t^2-90t+600)=\frac{1}{100}(t^2-30t+200),$$

由 $v<0$，得 $10\leqslant t\leqslant 20$，这说明汽车在运行途中从 $t=10$ 分钟到 $t=20$ 分钟时在走回头路，共走了 10 分钟的回头路.

3.3.3　相关变化率

在现实生活中，有很多变量随时间变化而变化，如温度的变化，细菌的繁殖，人口的增长，物体在受力情况下的运动，行星运动问题涉及的速度、加速度等. 它们都可以看成时间的函数.

设变量 $x=x(t)$ 及 $y=y(t)$ 都是关于时间 t 的可导函数，而变量 y 与 x 间存在某种关系，从而它们的变化率$\frac{\mathrm{d}x}{\mathrm{d}t}$与$\frac{\mathrm{d}y}{\mathrm{d}t}$也存在一定的关系，这两个相互依赖的变化率称为相关变化率.

如果我们由几何或物理学等方面的知识，得到 $y(t)$ 与 $x(t)$ 之间的一个函数关系 $y=f(x)$，且 $y=f(x)$ 可导，那么由复合函数的求导法则，有$\frac{\mathrm{d}y}{\mathrm{d}t}=f'(x)\frac{\mathrm{d}x}{\mathrm{d}t}$，这说明变化率$\frac{\mathrm{d}y}{\mathrm{d}t}$可以通过变化率$\frac{\mathrm{d}x}{\mathrm{d}t}$得到，下面给出两个相关变化率的应用.

例 3.23　有一半径为 5 厘米的气球（球形），现在我们以每秒 10 立方厘米的速度向气球中充气（假设气体在气球中不被压缩），求此时气球半径的增加速度？

解　设气球的半径为 R，体积为 V，这是一个已知体积的增加速度$\frac{\mathrm{d}V}{\mathrm{d}t}=10$（$\mathrm{cm}^3/\mathrm{s}$），求半径的增加速度$\frac{\mathrm{d}R}{\mathrm{d}t}$的问题，即关于体积 V 和半径 R 的相关变化率问题.

我们要给出体积 V 和半径 R 关系

$$V=\frac{4}{3}\pi R^3,$$

再两边对变量 V 和 R 求关于时间 t 的导数得

$$\frac{\mathrm{d}V}{\mathrm{d}t}=4\pi R^2\ \frac{\mathrm{d}R}{\mathrm{d}t},$$

由题设$\frac{\mathrm{d}V}{\mathrm{d}t}=10\ \mathrm{cm}^3/\mathrm{s}$，$R=5\ \mathrm{cm}$，解得

$$\frac{\mathrm{d}R}{\mathrm{d}t}=\frac{1}{4\pi R^2}\cdot\frac{\mathrm{d}V}{\mathrm{d}t}=\frac{1}{10\pi}\ (\mathrm{cm/s}).$$

例 3.24　如图 3.3（a）所示，有一高 10 米、底半径为 4 米的圆锥形容器（底朝上放置），有一只虫子不小心掉在容器壁离地面垂直距离 5 米的位置上，现在我们用水龙头以每分钟 5 立方米的速度往该容器中注水，当水涨到 5 米即将淹到虫子时. 虫子以每分钟 40 厘米的速度沿容器壁直线向上爬行，问这只虫子能逃生吗？

解　分析：虫子要想逃生，就要使其当水涨到 5 米时的爬行的垂直速度必须大于水上涨的速度. 给出的是圆锥形容器中水的体积增长速度，求圆锥形容器中水升高的速度. 所以我们要给出圆锥形容器水容量与水面高度之间的关系.

设圆锥形容器水容量为 V，水面高度为 h 米，则水面半径为 $d=\frac{2}{5}h$，如图 3.3（b）所示，则有

$$V=\frac{1}{3}\pi\left(\frac{2}{5}h\right)^2h=\frac{1}{3}\pi\cdot\frac{4}{25}h^3.$$

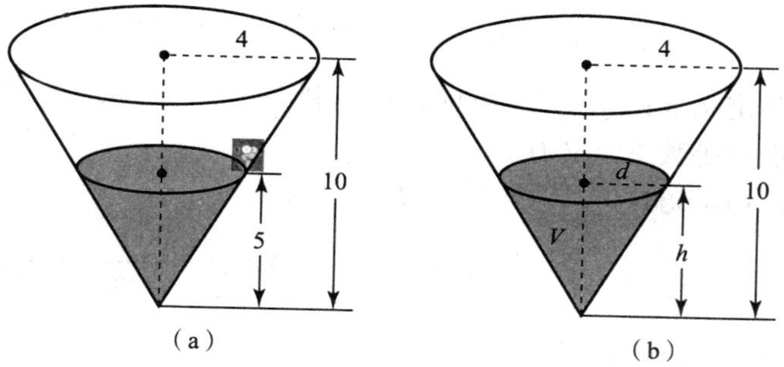

图 3.3

即$\frac{dV}{dt}=\pi\frac{4}{25}h^2\frac{dh}{dt}$，又$\frac{dV}{dt}=5$，$h=5$，得$\frac{dh}{dt}=\frac{5}{4\pi}$（米/分钟），水涨到 5 米时，水上涨速度为$\frac{5}{4\pi}$米/分钟，虫子的爬行垂直速度为$0.4\times\frac{h}{\sqrt{1+\left(\frac{2}{5}\right)^2}h}$，因为$\frac{dh}{dt}=\frac{5}{4\pi}<0.4\times\frac{1}{\sqrt{1+\left(\frac{2}{5}\right)^2}}$（米/分钟），即水涨到 5 米时，水上涨速度小于虫子的爬行垂直速度，且水上涨速度是越来越慢的，所以水淹不到虫子，虫子能逃生.

3.3.4　导数在经济中的应用

1. 边际分析

引例 3.3　某房地产开发商预计投资 5 000 万元建一栋 30 层的商品楼，投资回报率为 25%，但投完 4 500 万元，建到 29 层时就没钱了，还差 500 万元，他打算去借，但借款年利率高达 80%，假设商品楼还需要一年交付使用，请帮他决策一下是否可借?

从整体来看，投资回报率为 25%，而借款年利率高达 80%，所以肯定是不合适的.

我们可用利用经济学的边际分析，只考虑当下额外增加的一笔投资（贷款 500 万）所引起的（边际）利润是否大于零，若大于零，可借；否则，不可借.

这笔（当下额外增加的）投资的（边际）成本是借款本金与利息之和，为 500+500×80%=900（万元）. 但如果不借这笔款，整栋楼就建不起来，没有任何收益，所以这笔额外增加的投资带来的（边际）收益是整栋楼的收益，为 5 000×25%=1 250（万元），于是这笔投资的（边际）利润为 1 250－900=350（万元），明显利润大于零，所以建议开发商去借.

结合上例，我们可以给出边际利润的定义.

边际利润初等数学定义：设利润函数 $L=L(q)$，那么 $q=q_0$ 时的边际利润 $L_b(q_0)$ 定义为生产了 q_0 产品后，再生产单位（1 个）产品所带来的利润，即生产第 $q=q_0+1$ 个产品所带来的利润，记为

$$L_b(q_0)\overset{\Delta}{=}L(q_0+1)-L(q_0).$$

它表示此时利润的增长（变化）速度.

例 3.25　假设某产品的利润函数为

$$L(q)=\frac{1}{1\ 000}(q^2-40\ 000q+50\ 000\ 000),$$

用边际利润初等数学定义求在 $q=10\ 000$ 时的边际利润.

解 由边际利润初等数学定义有

$$\begin{aligned}L_b(10\ 000)&=L(10\ 001)-L(10\ 000)\\&=-\frac{1}{1\ 000}(-20\ 000+1)=20-\frac{1}{1\ 000}\ (\text{元}).\end{aligned}$$

即在 $q=10\ 000$ 时的边际利润为 $20-\frac{1}{1\ 000}$（元）.

在前面的导数在实际应用中的意义部分中可知利润函数 $L=L(q)$ 的导数 $L'(q_0)$ 是边际利润 $L_b(q_0)$ 的最佳近似，即

$$L'(q_0)\approx L_b(q_0)=L(q_0+1)-L(q_0).$$

由此我们给出下面边际利润的高等数学的定义：利润函数 $L=L(q)$ 在 $q=q_0$ 处的导数 $L'(q_0)$ 称为函数 $L=L(q)$ 当 $q=q_0$ 时的边际利润；利润函数 $L=L(q)$ 的导函数 $L'(q)$ 称为其边际利润函数.

上面例 3.25 的高等数学定义的边际利润函数为

$$L'(q)=-\frac{1}{1\ 000}(2q-40\ 000),$$

在 $q=10\ 000$ 处的边际利润为

$$L'(10\ 000)=-\frac{1}{1\ 000}(2\times 10\ 000-40\ 000)=20\ (\text{元}).$$

与上面用初等定义求的边际利润 $L_b(10\ 000)=20-\frac{1}{1\ 000}$元相比，只差$\frac{1}{1\ 000}$，相差很小，所以用导数 $L'(q)$ 来定义 $L(q)$ 在点 $q=q_0$ 处的边际利润是非常简单有效的方法.

同样我们可以给出边际成本、边际收益、边际需求等经济函数的边际值的定义.

更一般地，我们把经济函数 $y=f(x)$ 的导函数 $f'(x)$ 称为 $f(x)$ 的边际函数，在 $x=x_0$ 处的导数 $f'(x_0)$ 称为函数在 $x=x_0$ 处的边际值.

例 3.26 设某种产品的需求函数为 $x(p)=3\ 000e^{-0.02p}$，

(1) 求产品的边际需求函数，并说明其经济意义；

(2) 求收益函数和边际收益函数；

(3) 产品生产到多少时，收益不增反降?

解 (1) 边际需求函数为 $x'(p)=-60e^{-0.02p}$，其经济意义为：当价格为 p 时，单位价格的变化导致的需求量变化为$-60e^{-0.02p}$，表示价格的变动对需求的影响程度.

(2) 收益函数 $R(x)=x\cdot p=-50x(\ln x-\ln 3\ 000)$，其中 x 为产品数量，则其边际收益函数为

$$R'(x)=x\cdot p=-50(\ln x-\ln 3\ 000)-50=-50\left(\ln x-\ln\frac{3\ 000}{e}\right);$$

(3) 根据边际收益的定义，当边际收益 $R'(x)<0$ 时，产品的收益不增反降，所以当产品量 $x>\frac{3\ 000}{e}$时，产品的收益不增反降.

2. 需求弹性分析

经济学家通常关心价格变动对需求的影响程度，一般用边际需求函数 $F'(p)$ 或平均变化率$\frac{\Delta x}{\Delta p}$衡量需求对价格的敏感度，其数值越大，说明价格变动对需求的影响越大. 但这一敏感性指标高度依赖于需求量和价格所采用的单位.

下面我们来看一个具体的案例：

引例 3.4　据报道 2014 年一季度中国上海的汽油价格从 6.75 元上升到 7 元，汽油消费量从 1 200 万升下降到 1 100 万升，而同一时期，美国纽约的汽油价格从 0.9 美元上升到 1 美元，消费量由 418 万加仑下降到 332 万加仑.

我们想要知道上述两个地区中哪个地区的汽油消费量对价格的敏感度更大或说明油价变动对消费量的影响更大 .

我们知道衡量需求对价格的敏感度一般采用边际需求或需求的平均变化率，此题设的条件适合用需求的平均变化率. 上海地区的汽油消费量对价格的平均变化率（敏感度）为

$$\frac{\Delta x}{\Delta p}=\frac{1\ 100-1\ 200}{7-6.75}=-400,$$

纽约地区的汽油消费量对价格的平均变化率（敏感度）为

$$\frac{\Delta x}{\Delta p}=\frac{332-418}{1-0.9}=-860.$$

从平均变化率的数值结果来看，似乎美国纽约油价变动对消费量影响更大，但他们用的是不同的单位系统，所以不能直接比较. 要比较就必须将两种情况换算成相同的单位系统，这对大多数人来说并不容易.

我们这里介绍一种解决问题的方法——以变量变动百分比代替上面变量变动绝对数.

变量的变动百分比就是用变量的变动绝对数除以初始量：

$$\frac{p_1-p_0}{p_0}=\frac{\Delta p}{p_0}.$$

事实上，在很多情况下，用变动百分比衡量变量的变化程度更合理.

例如：有两件价值分别为 100 元和 1 000 元的衣服，它们都降价 10 元，哪件衣服降价更厉害？显然是 100 元一件的衣服.

为什么呢？用它们的变动（降价）百分比就很能说明问题，100 元一件的衣服降了$\frac{\Delta p}{p_0}=\frac{10}{100}=10\%$，而 1 000 元一件的衣服只降了$\frac{\Delta p}{p_0}=\frac{10}{1\ 000}=1\%$.

我们再回到前面的引例 3.4，用变动百分比代替变动绝对数. 由于变动百分比公式中的分子和分母的单位相同，故单位可在相除中相互抵消，例如美国纽约的汽油价格从 0.9 美元上升到 1 美元，则价格变动的百分比为$\frac{1-0.9}{0.9}=\frac{1}{9}=11.1\%$，即价格变动了 11.1%.

这样，无论价格单位选择是美元还是人民币元、法郎或英镑结果都是 11.1%，与所给的价格单位无关.

我们把需求的平均变化率中的需求量和价格的变动量都用变动百分比来代替，即用需求

量的变动率（百分比）除以价格的变动率（百分比）

$$\frac{\Delta x}{x}\Big/\frac{\Delta p}{p}$$

来衡量需求对价格的敏感度．这一敏感性指标被称为需求的价格弹性，简称为需求弹性，一般用 ε 表示．它的经济意义为价格每变动百分之一所带来的需求量变动的百分数，即

$$\varepsilon=\frac{\Delta x}{x}\Big/\frac{\Delta p}{p}, \tag{3.9}$$

化简得

$$\varepsilon=\frac{\Delta x}{\Delta p}\cdot\frac{p}{x}. \tag{3.10}$$

如引例 3.4 的中国上海的需求弹性为

$$\frac{-100/1\ 200}{0.25/6.75}=-\frac{27}{12}\approx-2.25,$$

即价格每上涨 1%带来的需求量减少 2.25%．

而美国纽约的需求弹性为

$$\frac{-86/418}{0.1/0.9}\approx-1.85,$$

即价格每上涨 1%带来的需求量减少 1.85%．说明中国上海的油价变动对消费量影响更大．

需求弹性和边际需求一样也是用来衡量需求对价格的敏感度的指标．

例 3.27 设某城市乘客对公交车需求对价格弹性为－0.6（即价格上涨 1%，日乘客量下降 0.6%），已知票价为 1 元，日乘客量为 55 万元．为降低车厢内的拥挤程度，提高乘客的舒适度，公交公司准备提高票价，计划提价后日乘客量能减少 10 万人，则新票价为多少？

解 设新票价为 x 元，价格变化百分比为$\frac{x-1}{1}$，乘客量变化百分比为$-\frac{10}{55}$，需求对价格弹性为$-\frac{10}{55}/(x-1)$，根据题意得

$$-\frac{10}{55}/(x-1)=-0.6,$$

解得

$$x=1\frac{10}{33}\approx1.3\ (\text{元}).$$

即新票价为 1.3 元．

在经济理论中，研究经济现象和行为都要建立其数学模型，这些模型大多是函数模型，为了方便使用，我们一般用函数的导数 $x'(p)$ 来替代需求的价格弹性初等定义（3.10）中的平均变化率$\frac{\Delta x}{\Delta p}$，用 $x(p)$ 替代 x 从而得需求的价格弹性的微分形式

$$\varepsilon(p)=\frac{x'(p)p}{x(p)}. \tag{3.11}$$

因为需求是价格减函数，$x'(p)$ 是负数，所以，需求的价格弹性为负．

例 3.28 设某商品的需求函数为 $x=3\ 000\mathrm{e}^{-0.02p}$，分别求价格 $p=100$，$p=40$，$p=50$ 时的需求弹性，并解析其经济含义．

解　需求弹性为

$$\varepsilon=\frac{x'(p)p}{x(p)}=\frac{3\ 000\times(-0.02)e^{-0.02p}p}{3\ 000e^{-0.02p}}=-0.02p,$$

所以有：

$\varepsilon|_{p=100}=-2$，其经济含义是当价格为100时，价格每上涨1%带来的需求量减少2%；

$\varepsilon|_{p=40}=-0.8$，其经济含义是当价格为40时，价格每上涨1%带来的需求量减少0.8%；

$\varepsilon|_{p=1}=-1$，其经济含义是当价格为50时，价格每上涨1%带来的需求量减少1%.

经济学将需求弹性分成三种形态：

(1) 单位弹性：$\varepsilon=-1(|\varepsilon|=1)$，需求量的相对变化与价格的相对变化基本相等.

(2) 富有弹性：$\varepsilon<-1(|\varepsilon|>1)$，需求量的相对变化大于价格的相对变化，价格的变化对需求量的影响较大．这时适当的降价会使需求量有较大幅度的上升（如衣服等日常用品).

(3) 缺乏弹性：$-1<\varepsilon<0(|\varepsilon|<1)$，需求量的相对变化小于价格的相对变化，价格的变化对需求量的影响较小．这时适当涨价不会使需求量有太大的下降（油、食盐等必需品).

如上例$\varepsilon|_{p=100}=-2$，属于富有弹性状态，此时价格变化1%，需求量变化2%，这时适当降价会使需求量有较大幅度的上升，建议降价.

$\varepsilon|_{p=40}=-0.8$，属于缺乏弹性状态，此时价格变化1%，需求量变化0.8%，这时适当涨价不会使需求量有较大的下降，建议涨价.

理论上使$\varepsilon|_{p=50}=-1$，即单位弹性状态的价格为最合理的价格，这时需求量的相对变化与价格相对变化基本相等.

通过需求弹性可以研究商品价格的合理性.

3. 边际收益与需求弹性的关系

若已知需求函数$x=x(p)$，则收益R可以表示为价格p的函数，即

$$R(p)=p\cdot x(p),$$

则边际收益为

$$\begin{aligned}R'(p)&=x(p)+p\cdot x'(p)\\&=x(p)\left[1+\frac{x'(p)p}{x(p)}\right]=x(p)[1+\varepsilon(p)],\end{aligned}$$

又需求弹性$\varepsilon<0$，所以边际收益与需求弹性的关系为

$$R'(p)=x(p)(1-|\varepsilon|).\tag{3.12}$$

于是我们有下列重要的结论：

(1) 当需求弹性$|\varepsilon(p)|<1$时，属于缺乏弹性状态，边际收益$R'(p)>0$，这时收益随价格同向变动，价格提升，收益增长，此时应采取提价策略.

(2) 当需求弹性$|\varepsilon(p)|>1$时，属于富有弹性状态，边际收益$R'(p)<0$，这时收益随价格反向变动，价格提升，收益减少，此时应采取降价策略.

(3) 当需求弹性$|\varepsilon(p)|=1$时，属于单位弹性状态，边际收益$R'(p)=0$，这时的价格使收益最大，此时价格为最合理的价格.

§3.4　高阶导数

3.4.1　二阶导数

函数 $y=f(x)$ 的导数 $y=f'(x)$ 的导数 $y=[f'(x)]'$ 称为 $y=f(x)$ 的二阶导数，记为 y''，$y=f''(x)$，或 $\frac{d^2y}{dx^2}$.

例 3.29　自由落体的运动方程为 $s=\frac{1}{2}gt^2$，求其瞬时速度和瞬时加速度.

解　瞬时速度为路程的导数，即

$$v=s'=gt.$$

瞬时加速度为路程的二阶导数，即

$$a=s''=g.$$

3.4.2　*n* 阶导数

类似地，二阶导数 $y=f''(x)$ 的导数就称为 $y=f(x)$ 的三阶导数，记为

$$y=f'''(x)，y'''\text{或}\frac{d^3y}{dx^3}.$$

一般地，我们定义 $y=f(x)$ 的 $(n-1)$ 阶导数的导数为 $y=f(x)$ 的 n 阶导数，记为 $y=f^{(n)}(x)$，$y^{(n)}$ 或 $\frac{d^ny}{dx^n}$.

例 3.30　求 $y=x^5$ 的各阶导数.

解　$y'=5x^4$，$y''=20x^3$，$y'''=60x^2$，$y^{(4)}=120x$，$y^{(5)}=120$，$y^{(6)}=y^{(7)}=\cdots=0$.

例 3.31　求 $y=e^x$ 的各阶导数.

解　$y'=e^x$，$y''=e^x$，$y'''=e^x$，$y^{(n)}=e^x$，$\cdots$.

例 3.32　已知 $y=\sin 2x$，求 $y^{(99)}(0)$.

解　因为 $y'=2\cos 2x$，$y''=-2^2\sin 2x$，$y'''=-2^3\cos 2x$，

$y^{(4)}=2^4\sin 2x$，$y^{(4n)}=2^{4n}\sin 2x$，$y^{(4n+1)}=2^{4n+1}\cos 2x$，$y^{(4n+2)}=-2^{4n+2}\sin 2x$，$y^{(4n+3)}=-2^{4n+3}\cos 2x$，$(n=1,2,\cdots)$.

所以　$y^{(99)}(x)=y^{(24\times 4+3)}(x)=-2^{99}\cos 2x$，即

$$y^{(99)}(0)=-2^{99}\cos 0=-2^{99}.$$

§3.5　分段函数的导数

例 3.33　判断函数 $f(x)=|x|$ 在 $x=0$ 处是否可导；若可导，求其导数.

解　$f(x)=|x|=\begin{cases} x, & x\geqslant 0, \\ -x, & x<0, \end{cases}$ 要计算 $x=0$ 处的导数，由导数定义即要考虑极限

$$\lim_{\Delta x\to 0}\frac{f(0+\Delta x)-f(0)}{\Delta x}=\lim_{\Delta x\to 0}\frac{f(\Delta x)}{\Delta x},$$

是否存在，由分段函数的极限方法有

$$\lim_{\Delta x\to 0^+}\frac{f(\Delta x)}{\Delta x}=\lim_{\Delta x\to 0^+}\frac{\Delta x}{\Delta x}=1,$$

$$\lim_{\Delta x\to 0^-}\frac{f(\Delta x)}{\Delta x}=\lim_{\Delta x\to 0^+}\frac{-\Delta x}{\Delta x}=-1,$$

由极限存在条件知$\lim\limits_{\Delta x\to 0}\frac{f(\Delta x)}{\Delta x}$不存在，所以函数 $f(x)=|x|$ 在 $x=0$ 处的导数不存在，即 $f(x)=|x|$ 在 $x=0$ 处不可导.

类似左、右极限的定义和性质，我们给出以下左、右导数的定义和性质.

定义 3.2　设函数 $y=f(x)$ 在 $x=x_0$ 处的某左邻域有定义，若极限

$$\lim_{\Delta x\to 0^-}\frac{f(x_0+\Delta x)-f(x_0)}{\Delta x}$$

存在，则称此极限值为函数 $y=f(x)$ 在 $x=x_0$ 处的左导数，记为 $f'(x_0^-)$，即

$$f'(x_0^-)=\lim_{\Delta x\to 0^-}\frac{f(x_0+\Delta x)-f(x_0)}{\Delta x}. \tag{3.13}$$

设函数 $y=f(x)$ 在 $x=x_0$ 处的某右邻域有定义，若极限

$$\lim_{\Delta x\to 0^+}\frac{f(x_0+\Delta x)-f(x_0)}{\Delta x}$$

存在，则称此极限值为函数 $y=f(x)$ 在 $x=x_0$ 处的右导数，记为 $f'(x_0^+)$，即

$$f'(x_0^+)=\lim_{\Delta x\to 0^-}\frac{f(x_0+\Delta x)-f(x_0)}{\Delta x}. \tag{3.14}$$

定理 3.4　函数 $y=f(x)$ 在 $x=x_0$ 处可导的充分必要条件为函数 $y=f(x)$ 在 $x=x_0$ 处左、右导数存在且相等.

例 3.34　函数 $f(x)=\begin{cases}x^2+1, & x\geqslant 1,\\ 2x, & x<1,\end{cases}$ 在 $x=1$ 处是否可导；若可导，求其导数.

解　因为

$$f'(1^-)=\lim_{\Delta x\to 0^-}\frac{f(1+\Delta x)-f(1)}{\Delta x}=\lim_{\Delta x\to 0^-}\frac{2(1+\Delta x)-1}{\Delta x}=2,$$

$$f'(1^+)=\lim_{\Delta x\to 0^+}\frac{f(1+\Delta x)-f(1)}{\Delta x}=\lim_{\Delta x\to 0^+}\frac{[(1+\Delta x)^2+1]-2}{\Delta x}=2,$$

所以由定理 3.4 知函数 $f(x)$ 在 $x=1$ 处可导，且 $f'(1)=2$.

§3.6　微　　分

3.6.1　微分概念

导数是讨论函数改变量 Δy 与自变量改变量 Δx 的商当自变量改变量 Δx 趋于 0 时的极限问题；连续是讨论当自变量改变量 Δx 趋于 0 时，函数改变量 Δy 是否也趋于 0 的问题. 在微积分中，非常关心函数改变量 Δy 与自变量改变量 Δx 的关系问题，这里

$$\Delta y=f(x_0+\Delta x)-f(x_0),$$

显然改变量 Δy 是关于 Δx 的函数，且是一个比 $f(x)$ 更复杂的表达式.

如函数 $y=x^2$，则改变量 Δy 与 Δx 的关系为

$$\Delta y=(x_0+\Delta x)^2-x_0^2=2x_0\Delta x+(\Delta x)^2. \tag{3.15}$$

微分就是将函数改变量 Δy 线性简单化，即将 Δy 分成 Δx 的线性（主要）部分和 Δx 的高阶无穷小（次要）部分，然后舍去 Δx 的高阶无穷小部分，将 Δy 近似表示为 Δx 的线性形式，达到化繁为简的目的.

如式（3.15）所示，Δy 可分为两部分：第一部分为 $2x_0\Delta x$，是 Δx 的线性部分（主要部分）；第二部分为 $(\Delta x)^2$，是 Δx 的高阶无穷小部分（$\Delta x\to 0$）（次要部分），即 $(\Delta x)^2=o(\Delta x)$（$\Delta x\to 0$）.

当 Δx 充分小时，次要部分是 Δx 的高阶无穷小，我们将它忽略，而用线性部分 $2x\Delta x$ 近似地表示 Δy，即 $\Delta y\approx 2x\Delta x$（$\Delta y$ 线性简单化）.

我们把 Δx 的线性部分 $2x\Delta x$ 称为 $y=x^2$ 的微分，记为 $\mathrm{d}y$，即 $\mathrm{d}y=2x\Delta x$. 也就是说函数的微分 $\mathrm{d}y$ 是改变量 Δy 的线性近似，它们之间相差一个 Δx 的高阶无穷小，而且 $\mathrm{d}y$ 比 Δy 简单很多.

定义 3.3 对于自变量在点 x_0 处的改变量 Δx，如果函数 $y=f(x)$ 的相应改变量 Δy 可以表示为 Δx 的线性部分与高阶无穷小的和，即

$$\Delta y=A(x_0)\Delta x+o(\Delta x)(\Delta x\to 0),$$

其中 $A(x_0)$ 与 Δx 无关，则称函数 $y=f(x)$ 在点 x_0 处可微，并称线性部分 $A(x_0)\Delta x$ 为函数 $y=f(x)$ 在点 x_0 处的微分，记为 $\mathrm{d}y$ 或 $\mathrm{d}f(x)$，即 $\mathrm{d}y=A(x_0)\Delta x$.

注： 微分 $\mathrm{d}y$ 是函数增量 Δy 的线性近似.

例 3.35 判断函数 $f(x)=\sqrt{x}$ 在点 $x_0(x_0>0)$ 处的可微性，若可微，求 x_0 处的微分.

解 分析：看函数的改变量

$$\Delta y=\sqrt{x_0+\Delta x}-\sqrt{x_0}$$

能否表示成 Δx 的线性部分与高阶无穷小部分之和.

因为
$$\begin{aligned}\Delta y&=\frac{1}{\sqrt{x_0+\Delta x}+\sqrt{x_0}}\Delta x\\&=\frac{1}{2\sqrt{x_0}}\Delta x+\left(\frac{1}{\sqrt{x_0+\Delta x}+\sqrt{x_0}}-\frac{1}{2\sqrt{x_0}}\right)\Delta x,\end{aligned}$$

显然 $\frac{1}{2\sqrt{x_0}}\Delta x$ 是 Δx 的线性部分，又

$$\left[\left(\frac{1}{\sqrt{x_0+\Delta x}+\sqrt{x_0}}-\frac{1}{2\sqrt{x_0}}\right)\Delta x\right]\Big/\Delta x=\left(\frac{1}{\sqrt{x_0+\Delta x}+\sqrt{x_0}}-\frac{1}{2\sqrt{x_0}}\right)\to 0,\ (\Delta x\to 0),$$

即 $\left(\frac{1}{\sqrt{x_0+\Delta x}+\sqrt{x_0}}-\frac{1}{2\sqrt{x_0}}\right)\Delta x$ 是 Δx 的高阶无穷小部分.

所以 Δy 表示为 Δx 的线性部分 $\frac{1}{2\sqrt{x_0}}\Delta x$ 与高阶无穷小部分 $\left(\frac{1}{\sqrt{x_0+\Delta x}+\sqrt{x_0}}-\frac{1}{2\sqrt{x_0}}\right)\Delta x$ 之和，即函数 $y=\sqrt{x}$ 在点 $x_0(x_0>0)$ 处可微，且微分为 $\mathrm{d}y=\frac{1}{2\sqrt{x_0}}\Delta x$.

注： 显然 dy 要比 Δy 简单.

是否所有的函数的改变量 Δy 都能在一定的条件下表示为自变量的改变量 Δx 线性部分与高阶无穷小部分的和？线性部分是什么？下面的定理很好地回答了这些问题.

定理 3.5　函数 $y=f(x)$ 在点 x_0 处可微的充分必要条件是函数 $y=f(x)$ 在点 x_0 处可导. 且

$$dy=f'(x_0)\Delta x. \tag{3.16}$$

证明充分性：若函数 $y=f(x)$ 在点 x_0 处可导，由导数定义（3.3）有

$$\lim_{\Delta x\to 0}\frac{\Delta y}{\Delta x}-f'(x_0)=0,$$

即有

$$\lim_{\Delta x\to 0}\frac{\Delta y-f'(x_0)\Delta x}{\Delta x}=0,$$

由极限的无穷小表示有 $\Delta y-f'(x_0)\Delta x=o(\Delta x)$，即有

$$\Delta y=f'(x_0)\Delta x+o(\Delta x)\ (\Delta x\to 0),$$

即 Δy 能表示为 Δx 线性部分与高阶无穷小部分的和，由微分的定义知 $y=f(x)$ 在点 x_0 处可微，且 $dy=f'(x_0)\Delta x$.

必要性：若函数 $y=f(x)$ 在点 x_0 处可微，则

$$\Delta y=A(x_0)\Delta x+o(\Delta x)(\Delta x\to 0),$$

即有

$$\frac{\Delta y-A(x_0)\Delta x}{\Delta x}\to 0(\Delta x\to 0),$$

所以

$$\frac{\Delta y}{\Delta x}\to A(x_0)(\Delta x\to 0).$$

由导数的定义知 $y=f(x)$ 在点 x_0 处可导，且 $f'(x_0)=A(x_0)$.

于是由上述**定理 3.5** 可得

$$d(x^2)=(x^2)'\Delta x=2x\Delta x,\ d(\sqrt{x})=(\sqrt{x})'\Delta x=\frac{1}{2\sqrt{x}}\Delta x,$$

注： 上述定理不但给出了可微的一个充要条件，而且还给出了非常简单的求函数微分的公式.

又由上述定理有自变量 x 的微分 $dx=(x)'\Delta x=\Delta x$，即自变量的微分等于自变量的改变量. 所以式（3.16）可表示为

$$dy=f'(x)dx, \tag{3.17}$$

即函数 $y=f(x)$ 在点 x 处微分等于 $y=f(x)$ 在点 x 处的导数与自变量 x 的微分的积. 由式（3.17）有

$$\frac{dy}{dx}=f'(x), \tag{3.18}$$

即函数的微分 dy 与自变量的微分 dx 之商等于该函数的导数. 因此导数又称为微商.

我们可以应用公式（3.18）计算函数的微分.

例 3.36 设 $y=e^{\sin x}$，求 dy.

解 用公式 $dy=f'(x)dx$ 得

$$dy=(e^{\sin x})'dx=e^{\sin x}\cdot\cos x dx.$$

3.6.2 微分的几何意义

从图 3.4 中可以看出，给函数 $y=f(x)$ 的 x_0 点一改变量 Δx，相应函数的改变量 $\Delta y=f(x_0+\Delta x)-f(x_0)$ 等于 QN，而函数的微分 $dy=f'(x_0)\Delta x=\tan\alpha\Delta x$ 等于 QP，QP 是曲线在 x_0 处的切线 T 的改变量.

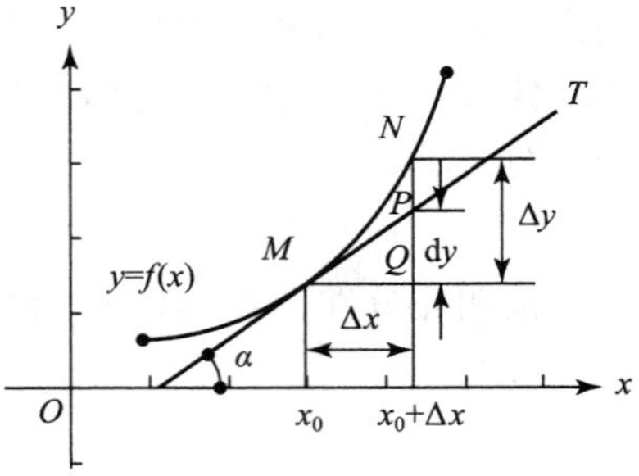

图 3.4

即微分的几何意义：函数曲线 $f(x)$ 在 x_0 处的微分是曲线 x_0 处的切线的改变量.

3.6.3 微分的运算法则

因为 $df(x)=f'(x)dx$，所以根据导数公式和导数运算法则，就得到相应的微分公式和微分运算法则.

1. 微分基本公式

(1) $d(C)=0$（C 为任意常数）；

(2) $d(x^\alpha)=\alpha x^{\alpha-1}dx$（$\alpha$ 为任意实数）；

(3) $d(a^x)=\ln a\cdot a^x dx$（$a\neq1$，$a>0$）；

(4) $d(e^x)=e^x dx$；

(5) $d(\log_a^x)=\dfrac{1}{x\ln a}dx$（$a\neq1$，$a>0$）；

(6) $d(\ln x)=\dfrac{1}{x}dx$；

(7) $d(\sin x)=\cos x dx$；

(8) $d(\cos x)=-\sin x dx$；

(9) $d(\tan x)=\dfrac{1}{\cos^2 x}dx$；

(10) $d(\cot x)=-\dfrac{1}{\sin^2 x}dx$；

(11) $d(\arcsin x)=\dfrac{1}{\sqrt{1-x^2}}dx$；

(12) $d(\arccos x)=-\dfrac{1}{\sqrt{1-x^2}}dx$；

(13) $d(\arctan x)=\dfrac{1}{1+x^2}dx$；

(14) $d(\text{arccot}\, x)=-\dfrac{1}{1+x^2}dx$.

2. 函数的和、差、积、商的微分运算法则

(1) $d[u(x)\pm v(x)]=du(x)\pm dv(x)$；

(2) $d[u(x)\cdot v(x)]=v(x)du(x)+u(x)dv(x)$；

(3) $d[cu(x)]=cdu(x)$；

(4) $d\left[\dfrac{u(x)}{v(x)}\right]=\dfrac{v(x)du(x)-u(x)dv(x)}{v^2(x)}$，$v(x)\neq0$.

例 3.37 设 $y=\dfrac{e^{2x}}{x^2}$，求 dy.

解 用微分运算法则有

$$dy=\frac{x^2\cdot d(e^{2x})-e^{2x}d(x^2)}{x^4}$$

$$=\frac{x^2\cdot 2e^{2x}dx-2xe^{2x}dx}{x^4}=\frac{2e^{2x}(x-1)}{x^3}dx.$$

3.6.4 微分的应用

在现实世界中，有时两变量之间的函数关系很难直接用表达式表示出来，但可以通过微积分方法给出函数的微分关系，再由微分关系通过后面要讲的积分给出函数关系，所以微分是微积分理论和应用中的两个核心内容之一.

在这里我们给出几个实际应用问题的函数的微分的例子.

例 3.38 已知物体自由落体运动的速度为 $v(t)=gt$，求其路程函数 $S=S(t)$ 的微分.

解 如图 3.5 所示，对任意的时刻 t，考虑时间区间 $[t, t+\Delta t]$，Δt 充分小，由微积分方法知，该时间区间的速度认为（近似）不变（以不变代变），取该时间区间左端点 t 处的速度 $v(t)=gt$ 为整个区间的速度，则该区域的路程近似为 $\Delta S(t)\approx v(t)\Delta t=gt\Delta t$，下面说明 $gt\Delta t$ 是 $S(t)$ 的微分，即 $dS(t)=gt\Delta t$ 或 $dS(t)=gtdt$.

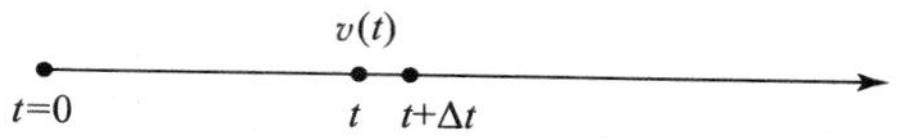

图 3.5

事实上，时间区间 $[t, t+\Delta t]$ 所走的路程 $\Delta S(t)$ 满足

$$gt\cdot\Delta t\leqslant\Delta S(t)\leqslant g(t+\Delta t)\cdot\Delta t,$$

即有

$$gt\cdot\Delta t\leqslant\Delta S\leqslant gt\cdot\Delta t+g(\Delta t)^2,$$

即有

$$0\leqslant\Delta S-gt\cdot\Delta t\leqslant g(\Delta t)^2,$$

即有

$$0\leqslant\frac{\Delta S-gt\cdot\Delta t}{\Delta t}\leqslant g\Delta t,$$

由夹逼定理有

$$\frac{\Delta S-gt\cdot\Delta t}{\Delta t}\to 0,\ (\Delta t\to 0),$$

由极限的无穷小表示得

$$\Delta S-gt\cdot\Delta t=o(\Delta t),$$

即有

$$\Delta S=gt\cdot\Delta t+o(\Delta t),$$

由微分定义得 $dS(t)=gt\Delta t$ 或 $dS(t)=gtdt$.

例 3.39 有一油井，预计原油单位产量为 $p(t)=300-60\sqrt{t}$ 桶/月，假设原油的价格为每桶 60 美元，且原油生产出来就被出售，求这口井 t 个月后总收入 $R(t)$ 的微分.

解 对任意时刻 t，考虑时段 $[t, t+\Delta t]$，由微积分方法知，该时段的原油的单位产量认为不变（以不变代变），并取为 $p(t)=300-60\sqrt{t}$（桶/月）（即时段左端点 t 时刻的值），则该时段的原油产量为（$300-60\sqrt{t}$）Δt，所以得该时段 $[t, t+\Delta t]$ 的收入 $\Delta R(t)$（近似）为 $60\times(300-60\sqrt{t})\Delta t$，同理上例易证

$$\mathrm{d}R(t)=60\times(300-60\sqrt{t})\Delta t，或\ \mathrm{d}R(t)=60\times(300-60\sqrt{t})\mathrm{d}t.$$

例 3.40　设容器内有 100 升的盐水，含盐量为 10 千克，现以 10 升/分钟的速度注入自来水，同时以 10 升/分钟的速度抽出混合均匀的盐水，求容器内含盐量 $y(t)$ 的微分.

解　列方程的平衡式：

盐的改变量=注入的盐量−抽出的盐量.

对任意的时刻 t，考虑时间段 $[t, t+\Delta t]$，由微积分方法知，该时段的盐水中的含盐量认为不变（近似），并取为 $y(t)$（即时段左端点 t 时刻的值），则由平衡式有该时段的盐的改变量 $\Delta y(t)$（近似）为 $0-10\times\dfrac{y(t)}{100}\Delta t=-0.1y(t)\Delta t$.

同理例 3.38 可证

$$\mathrm{d}y=-0.1y(t)\Delta t\ 或\ \mathrm{d}y(t)=-0.1y(t)\mathrm{d}t.$$

注：从上述三个实例可以看出，通过微积分方法的以不变代变思想所得到的函数增量的线性近似都为函数的微分，这为我们求实际应用问题的函数的微分提供了一种有效的方法. 下面再给出通过以直代曲思想得到函数的微分的例子.

例 3.41　设曲线 $y=x^2$，$y=0$，$x=t$，$(0\leqslant t\leqslant a)$ 所围的曲边梯形面积为 $S(t)$ [如图 3.6（a）阴影部分]，求 $S(t)$ 的微分.

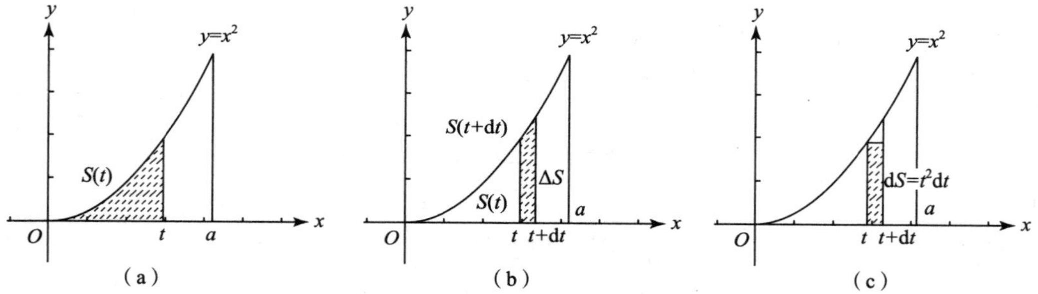

图 3.6

解　任取 $x=t$ 和 $x=t+\mathrm{d}t$，则 $\Delta S(t)=S(t+\mathrm{d}t)-S(t)$ 为图 3.6（b）所示阴影部分的面积，由微积分方法知，$\Delta S(t)$ 可由矩形 [如图 3.6（c）所示的阴影部分，且面积为 $t^2\mathrm{d}t$] 来近似，即 $\Delta S(t)\approx t^2\mathrm{d}t$.

下面说明矩形面积 $t^2\mathrm{d}t$ 是 $S(t)$ 的微分，即 $\mathrm{d}S(t)=t^2\mathrm{d}t$.

事实上，不难看出

$$t^2\mathrm{d}t\leqslant\Delta S(t)\leqslant(t+\mathrm{d}t)^2\mathrm{d}t,$$

整理得

$$0\leqslant\frac{\Delta S(t)-t^2\mathrm{d}t}{\mathrm{d}t}\leqslant(2t+\mathrm{d}t)\mathrm{d}t,$$

由夹逼定理有

$$\frac{\Delta S(t)-t^2\mathrm{d}t}{\mathrm{d}t}\to 0,\ (\mathrm{d}t\to 0),$$

由极限的无穷小表示得

$$\Delta S(t)-t^2\mathrm{d}t=o(\mathrm{d}t),$$

由微分的定义有 $\mathrm{d}S(t)=t^2\mathrm{d}t$.

注：在后面定积分中微元法的微元的获得也是通过以直代曲和以不变代变的如上微积分方法得到的. 这种求实际应用问题的函数微分的方法非常重要，希望大家熟悉掌握.

习题 3

1. 求下列函数的导数

(1) $y=x^3\sqrt[5]{x}$；　(2) $y=x^2\ln x$；　(3) $y=3\mathrm{e}^x\cos x$；

(4) $y=\dfrac{\mathrm{e}^x}{x^2}+\ln 3$；　(5) $s=\dfrac{1+\sin t}{1+\cos t}$；　(6) $y=(2x+5)^4$；

(7) $y=\cos(4-3x)$；　(8) $y=\mathrm{e}^{-3x^2}$；　(9) $y=\ln(x+x^2)$；

(10) $y=\sqrt{a^2-x^2}$；　(11) $y=\ln(x+\sqrt{a^2+x^2})$.

2. 已函数在给定点的导数 $\rho=\theta\sin\theta+\dfrac{1}{2}\cos 2\theta$，求 $\left.\dfrac{\mathrm{d}\rho}{\mathrm{d}\theta}\right|_{\theta=\frac{\pi}{4}}$.

3. 设 $y=f(x)$ 设为偶函数，证明其导函数 $y=f'(x)$ 为奇函数.

4. 求曲线 $x^3-xy+y^3=1$ 在（1，1）处的切线方程.

5. 求函数 $y=\sqrt{1-x^2}$ 在（x_0，y_0）处的切线斜率和方程.

6. 求曲线段 $y=\sin x$，$\left(0\leqslant x\leqslant\dfrac{\pi}{2}\right)$最陡处和最平坦处的陡峭程度.

7. 设球半径 r 以 1 cm/s 的速度等速增加，求当球半径 $r=10$ cm 时，其体积增加的速度.

8. 有 A 点一个气球以 3 米/秒的速度垂直往上升，距离 A 点 40 米处站一个人，问当气球上升到 30 米时，那个人观察到的气球的速度为多少？

9. 某人高 1.8 米，在水平路面上以每秒 1.6 米的速度走向一街灯，若此街灯在路面上方 5 米处，则人影端点移动的速度为多少？

10. 一架飞机沿抛物线 $y=x^2+1$ 的轨道向地面俯冲，如图 3.7 所示，x 轴取在地面上，机翼到地面的距离以 100 米/秒的固定速度减少，问机翼离地面 2 501 米时，机翼的影子在地面上运动的速度是多少？

11. 从上海开往南京的长途汽车即将出发，无论哪家公司的汽车，统一票价均为 100 元（含乘客 15 元中餐）. 一名匆匆赶来的乘客看见一家国有公司的车上尚有空位，要求以 50 元上车，被拒绝了. 他又找到一家有空位的私人公司汽车，售票员立马同意他以 50 元乘车. 如何看待这两家公司的行为？

12. 某化工厂日产能力最高为 1 000 吨，每日产品的总成本 C（单位：元）是日产量 x（单位：吨）的函数

$$C=C(x)=1\ 000+7x+50\sqrt{x}\quad x\in[0,\ 1\ 000],$$

（1）求当日产量为 100 吨时的总成本及平均成本；

（2）求当日产量为 100 吨时的边际成本，并解释边际成本的经济意义.

13. 设某产品的成本函数和收入函数分别为 $C(x)=100+5x+2x^2$，$R(x)=200x+x^2$，其中 x 表示产品的产量，求：

（1）边际成本函数、边际收入函数和边际利润函数；

（2）问生产销售第 26 个单位产品会有多少利润？

14. 某煤炭公司每天生产 x 吨的总成本函数为 $C(x)=2\ 000+450x+0.02x^2$，如果每吨煤的销售价格为 490 元，求

（1）每天生产 x 吨后再多生产一吨煤的成本；

（2）求边际利润、最大利润.

15. 设某种产品的需求函数为 $x(p)=1\ 000\times2^{-0.1p}$，

（1）求产品的边际需求函数，并说明其经济意义；

（2）求收益函数和边际收益函数；

（3）产品生产到多少时，收益不增反而减少？

16. 已知生产汽车挡泥板的成本函数为 $C(x)=10+\sqrt{1+x^2}$ 美元，每对的售价为 5 美元，当生产稳定，产量很大时，估算其每对挡泥板的利润.

17. $y=5(x+1)^3-2^x+3\mathrm{e}^x$，求 $y^{(4)}(0)$.

18. 求 $f(x)=\dfrac{3}{5-x}$ 的 n 阶导数.

19. 讨论函数 $y=\begin{cases}x^2+2, & x\geqslant1,\\ 3x, & x<1\end{cases}$ 在 $x=1$ 处的导数.

20. 设函数 $y=\begin{cases}x^2+2, & x<0,\\ ax+b, & x\geqslant0\end{cases}$ 在 $x=0$，处可导，求 a，b 的值.

21. 求下列函数微分：

（1）$y=\mathrm{e}^{3-x}$；

（2）$y=\ln\cos x$；

（3）$y=\sqrt{x^2-2x}$；

（4）$y=\sin2x-x\sqrt{x^2-2x}$；

（5）$y=\dfrac{a^{2x}}{\sqrt{x^2-1}}+2x$.

22. 用微分求 $y=\sqrt[3]{1.02}$ 的近似值.

23. 求由曲线 $y=x^2$，$0\leqslant x\leqslant t$，绕 x 轴旋转一周所得的旋转体得体积 $V(t)$ 的微分.

24. 某油井月产油量为 $W(t)=90-3t$（万桶），每桶油价为 60 美元/桶，求石油的总收入函数 $R(t)$ 的微分.

25. 假设当鱼塘中有 t 千克鱼时，每千克的捕捞成本是 $120-0.01t$（元），已知鱼塘捕捞前有银鱼 10 000 千克，求从鱼塘中捕捞 t 千克银鱼的总成本函数 $A(t)$ 的微分？

26. 一零销售商收到一船共 10 万千克大米，这批大米以常量每天 1 万千克均匀运走

(用履带转送)，大米放船上需要储存费，如果储存费用是平均每天每万千克 10 元，t 天后储存费为 $p(t)$，求储存费函数 $p(t)$ 的微分.

27. 设容器内有 100 升的盐水，含盐量为 10 千克，现以 2 升/分钟的速度注入溶度为 0.01 千克/升的淡盐水，同时以 2 升/分钟的速度抽出混合均匀的盐水，求容器内含盐量 $y(t)$ 的微分.

28. 设某人的食量为 2 500 卡/天，其中 1 200 卡用于基本的新陈代谢（即自动消耗），在健身训练中，它所消耗的大约 16 卡/1 千克/1 天，乘以他的体重（千克），假设以脂肪的形式存储的热量 100%有效，而 1 千克脂肪含热量 10 000 卡，求这个人体重 $W(t)$ 的微分.

29. 已知物体运动的速度为 $v(t)$，求其路程函数 $S=S(t)$ 的微分.

30. 设正连续函数 $y=f(x)$，$y=0$，$x=x(a\leqslant x\leqslant b)$ 所围的图形面积为 $S(x)$，如图 3.7 阴影部分所示，证明 $S(x)$ 的微分为 $\mathrm{d}S(x)=f(x)\mathrm{d}x$.

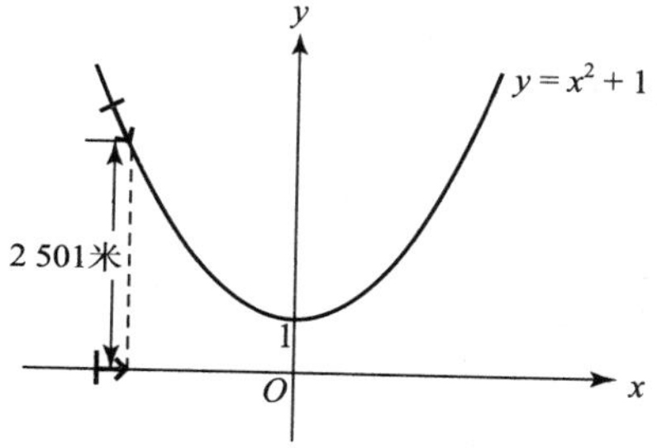

图 3.7

第四章

微分中值定理与导数的应用

§4.1 微分中值定理

微分中值定理给出了函数与其导数的一种联系，使我们能应用导数来研究函数的一些重要性质. 它是微积分理论中的重要组成部分.

4.1.1 极值点与极值

如图 4.1 所示，函数 $y=f(x)$ 的图像形成若干波峰和波谷，如函数在 x_1、x_3、x_5 处形成波峰，在 x_2、x_4 处形成波谷，我们把形成波峰的点称为函数的极大值点，其波峰值称为函数极大值；把形成波谷的点称为函数的极小值点，其波谷值称为函数极小值．图 4.1 中的 x_1、x_3、x_5 为极大值点，其值 $f(x_1)$、$f(x_3)$、$f(x_5)$ 为极大值；x_2、x_4 为极小值点，其值 $f(x_2)$、$f(x_4)$ 为极小值．极大值点和极小值点统称为极值点，极大值和极小值统称为极值.

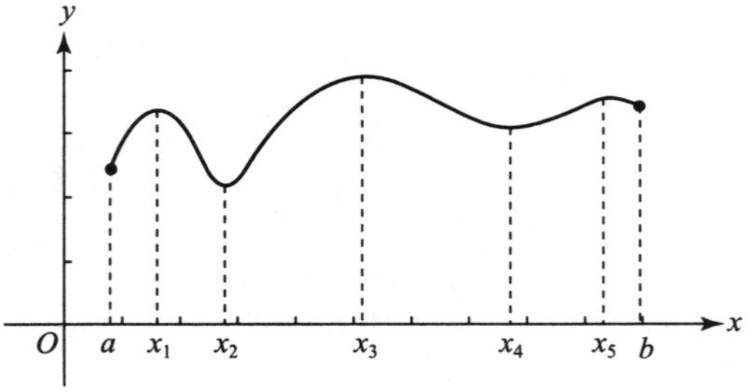

图 4.1

观察极值（点）的特点我们不难发现：极大（小）值是其某个邻域（某局部范围）里的最大（小）值，由此我们有以下函数极值（点）的定义.

定义 4.1 设函数 $f(x)$ 在点 x_0 的某邻域内有定义，对该邻域内的任一点 $x(x\neq x_0)$：

(1) 若有 $f(x)<f(x_0)$，则称 $f(x_0)$ 是函数 $f(x)$ 的极大值，x_0 是函数 $f(x)$ 的极大值点；

(2) 若有 $f(x)>f(x_0)$，则称 $f(x_0)$ 是函数 $f(x)$ 的极小值，x_0 是函数 $f(x)$ 的极小值点.

继续观察图 4.1 不难看出，极值点附近（某邻域）的左右两边的函数单调性相反，即极值点附近（某邻域）的左右两边的导数（若导数存在）异号，即极值点是导数正负的转折点，于是不难理解极值点的导数为零．这是极值点的一个非常重要的特征．

引理 4.1（费马引理）　函数 $f(x)$ 在 x_0 处取得极值，若 $f(x)$ 在 x_0 处可导，则 $f'(x_0)=0$．

证明从略．

几何解释：从图像上（见图 4.2）看，就是极值点处的切线平行于 x 轴．

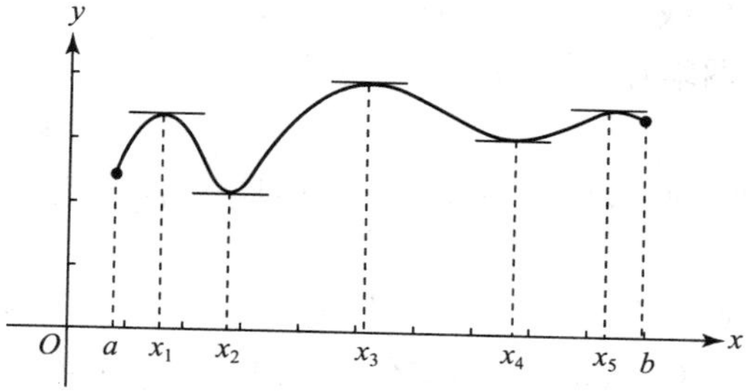

图 4.2

由费马引理可知，若 $f(x)$ 可导，则导数不为 0 的点一定不是极值点．

但导数为 0 的点不一定都是极值点；如 $f(x)=x^3$，有 $f'(0)=0$，但 $x=0$ 不是 $f(x)=x^3$ 的极值点，因为其导数 $f'(x)=3x^2\geqslant 0$，函数是单调增加的，所以函数没有极值点．

于是我们有重要结论：函数的极值只能在导数为零的点和导数不存在的点取到．

我们把导数为零的点称为函数的驻点．显然函数的极值点都是函数的驻点．

4.1.2　微分中值定理

下面给出三个著名的微分中值定理：罗尔定理、拉格朗日中值定理和柯西中值定理．

定理 4.1（罗尔定理）　如果函数 $y=f(x)$ 满足：

（1）在闭区间 $[a, b]$ 上连续；

（2）在开区间 (a, b) 内可导；

（3）区间端点的函数值相等，即 $f(a)=f(b)$．则在 (a, b) 内至少存在一点 $\xi\in(a, b)$，使得 $f'(\xi)=0$．

证明　函数 $y=f(x)$ 在闭区间 $[a, b]$ 上连续，由闭区间连续函数的性质，$y=f(x)$ 在 $[a, b]$ 上取得最大值和最小值．又 $f(a)=f(b)$，所以函数的最大值和最小值至少有一个在开区间 (a, b) 内取得，不妨设函数 $f(x)$ 在 $\xi\in(a, b)$ 处取得最小值，显然 ξ 是 $f(x)$ 的极小值点（见图 4.3），所以由费马引理有 $f'(\xi)=0$．

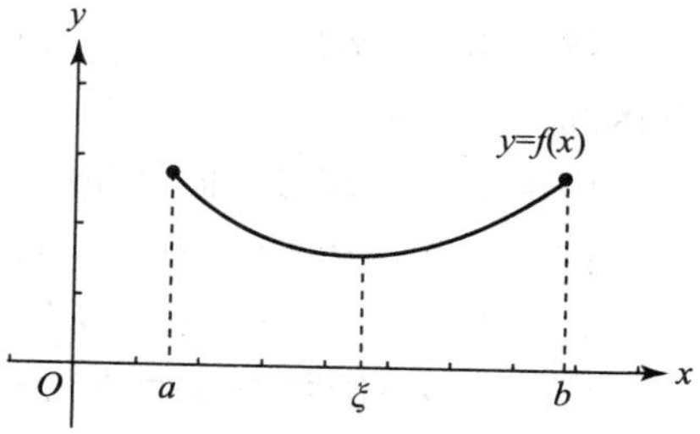

图 4.3

定理 4.2（拉格朗日中值定理）　如果函数 $y=f(x)$ 满足：

（1）在闭区间 $[a, b]$ 上连续；

（2）在开区间 (a, b) 内可导；则在 (a, b) 内至少存在一点 $\xi\in(a, b)$，使得

$$f(b)-f(a)=f'(\xi)(b-a),$$

或

$$f'(\xi)=\frac{f(b)-f(a)}{b-a}.$$

证明从略.

如图 4.4 所示，拉格朗日中值定理的几何意义是一定能在开区间（a，b）内找到一点$\xi\in(a,b)$，使得这点处的切线平行曲线两端点（a，$f(a)$）和（b，$f(b)$）的连线.

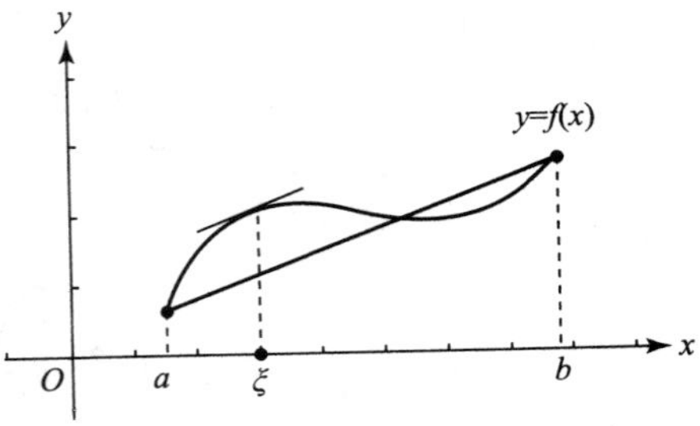

图 4.4

由拉格朗日中值定理我们可以得到下列有用的推论.

推论 4.1　如果函数 $y=f(x)$ 在开区间 I 可导，则对 I 内的任意两点 x_1、$x_2(x_1<x_2)$，至少存在一点 $\xi\in(x_1,x_2)$，使得

$$f(x_2)-f(x_1)=f'(\xi)(x_2-x_1).$$

证明　对 I 内的任意两点 x_1、$x_2(x_1<x_2)$，$y=f(x)$ 在区间 $[x_1,x_2]$ 上满足拉格朗日中值定理条件，则由拉格朗日中值定理至少存在一点 $\xi\in(x_1,x_2)$，使得

$$f(x_2)-f(x_1)=f'(\xi)(x_2-x_1).$$

由**推论 4.1** 可以得到下列重要结论.

定理 4.3　如果函数 $y=f(x)$ 在区间 I 上的导数（微分）恒为零，那么 $y=f(x)$ 在区间 I 上是一个常函数.

证明　在区间 I 上任意取两点 x_1、$x_2(x_1<x_2)$，在区间 $[x_1,x_2]$ 上应用拉格朗日中值定理有

$$f(x_2)-f(x_1)=f'(\xi)(x_2-x_1),\xi\in(x_1,x_2).$$

由题设条件有 $f'(\xi)=0$，于是

$$f(x_2)=f(x_1).$$

再由 x_1、x_2 的任意性知，$y=f(x)$ 在区间 I 上任意点的函数值都相等，即 $y=f(x)$ 在区间 I 上是一个常数.

由例 3.2 有常函数的导数（微分）为零，我们有下面推论.

推论 4.2　函数 $y=f(x)$ 在区间 I 上的导数（微分）恒为零的充分必要条件为 $y=f(x)$ 在区间 I 上是常函数.

由推论 4.2 易得下面重要的结论（同学们自己证明）.

推论 4.3　函数 $y=f(x)$，$y=g(x)$ 在区间 I 上的导数（微分）相等，即 $f'(x)=g'(x)$ $[\mathrm{d}f(x)=\mathrm{d}g(x)]$ 的充分必要条件为 $f(x)$ 与 $g(x)$ 相差一个常数，即 $f(x)=g(x)+C$.

定理 4.4（函数单调性的充分条件）

（1）函数 $f(x)$ 在区间 I 内满足 $f'(x)\geqslant 0[f'(x)>0]$，则函数 $f(x)$ 在区间 I 内单调增加（严格单增）；

（2）函数 $f(x)$ 在区间 I 内满足 $f'(x)\leqslant 0[f'(x)<0]$，则函数 $f(x)$ 在区间 I 内单调减少（严格单减）.

证明　我们只证明（1），（2）同理可证.

（1）在区间 I 上任意取两点 $x_1<x_2$，在区间 $[x_1,x_2]$ 上应用拉格朗日中值定理有

$$f(x_2)-f(x_1)=f'(\xi)(x_2-x_1),\ \xi\in(x_1,\ x_2).$$

由题设条件有 $f'(\xi)\geqslant 0[f'(\xi)>0]$，于是由上式有

$$f(x_2)-f(x_1)\geqslant 0,\ [f(x_2)-f(x_1)>0],$$

即

$$f(x_2)\geqslant f(x_1),\ [f(x_2)>f(x_1)].$$

所以函数 $f(x)$ 在区间 I 内单调增加（严格单增）.

定理 4.5（柯西中值定理） 如果函数 $f(x)$，$g(x)$ 满足：

(1) 在闭区间 $[a,\ b]$ 上连续；

(2) 在开区间 $(a,\ b)$ 内可导；

(3) 在 $(a,\ b)$ 内每一点处 $g'(x)\neq 0$，则在 $(a,\ b)$ 内至少存在一点 $\xi\in(a,\ b)$，使得

$$\frac{f(b)-f(a)}{g(b)-g(a)}=\frac{f'(\xi)}{g'(\xi)}.$$

证明从略.

下面讨论微分中值定理的应用，先讨论由柯西中值定理得到的被誉为求极限（未定式）的万能方法的洛必达法则.

§ 4.2　导数的应用

4.2.1　洛必达法则

洛必达法则是求未定式极限的一种非常有效的方法，被誉为求极限的万能方法. 这里，介绍用洛必达法则求以下七种未定式：$\frac{0}{0}$型、$\frac{\infty}{\infty}$型，$0\cdot\infty$型、$\infty-\infty$ 型，1^{∞}型、0^0 型、∞^0 型的极限.

1. $\frac{0}{0}$型，$\frac{\infty}{\infty}$型未定式

若$\lim\limits_{x\to\Delta}f(x)=0$，$\lim\limits_{x\to\Delta}g(x)=0$，则 $\lim\limits_{x\to\Delta}\frac{f(x)}{g(x)}$ 称为$\frac{0}{0}$型未定式；

若 $\lim\limits_{x\to\Delta}f(x)=\infty$，$\lim\limits_{x\to\Delta}g(x)=\infty$，则 $\lim\limits_{x\to\Delta}\frac{f(x)}{g(x)}$ 称为$\frac{\infty}{\infty}$型未定式. 其中$\lim\limits_{x\to\Delta}$代表前面讲过的各种类型的极限.

定理 4.6（洛必达法则） 若函数 $f(x)$ 和 $g(x)$ 满足

(1) $\lim\limits_{x\to x_0}f(x)=0$，$\lim\limits_{x\to x_0}g(x)=0$；

(2) 在点 x_0 的某空心邻域内可导，且 $g'(x)\neq 0$；

(3) $\lim\limits_{x\to x_0}\frac{f'(x)}{g'(x)}=A$（$A$ 为有限数或∞），则

$$\lim_{x\to x_0}\frac{f(x)}{g(x)}=\lim_{x\to x_0}\frac{f'(x)}{g'(x)}=A\ (A\text{ 为有限数或}\infty).$$

证明从略.

注：定理 4.6 中的条件（1），若改为$\lim\limits_{x\to x_0}f(x)=\infty$，$\lim\limits_{x\to x_0}g(x)=\infty$，定理仍成立.

定理 4.6 中的 $x\to x_0$，若改为 $x\to\infty$，$x\to x_0^+$ 等其他情况，定理仍成立.

例 4.1 求$\lim\limits_{x\to a}\dfrac{e^x-e^a}{x-a}$.

解 因为$\lim\limits_{x\to a}(x-a)=0$，$\lim\limits_{x\to a}(e^x-e^a)=0$，要求的极限是$\dfrac{0}{0}$型未定式，所以用洛必达法则有

$$\lim_{x\to a}\frac{e^x-e^a}{x-a}=\lim_{x\to a}\frac{(e^x-e^a)'}{(x-a)'}=\lim_{x\to a}\frac{e^x}{1}=e^a.$$

例 4.2 求$\lim\limits_{x\to 0}\dfrac{x^3}{x-\sin x}$.

解 这是$\dfrac{0}{0}$型，由洛必达法则有

$$\lim_{x\to 0}\frac{x^3}{x-\sin x}=\lim_{x\to 0}\frac{3x^2}{1-\cos x},$$

用了一次洛必达法则后所得到的极限$\lim\limits_{x\to 0}\dfrac{3x^2}{1-\cos x}$仍然是$\dfrac{0}{0}$型，继续用洛必达法则有

$$原式=\lim_{x\to 0}\frac{3x^2}{1-\cos x}=\lim_{x\to 0}\frac{6x}{\sin x}=6,$$

即

$$\lim_{x\to 0}\frac{x^3}{x-\sin x}=\lim_{x\to 0}\frac{3x^2}{1-\cos x}=\lim_{x\to 0}\frac{6x}{\sin x}=6.$$

例 4.3 求$\lim\limits_{x\to\frac{\pi}{2}^+}\dfrac{\tan x}{\ln\left(x-\frac{\pi}{2}\right)}$.

解 这是$\dfrac{\infty}{\infty}$型未定式，由洛必达法则有

$$\lim_{x\to\frac{\pi}{2}^+}\frac{\tan x}{\ln\left(x-\frac{\pi}{2}\right)}=\lim_{x\to\frac{\pi}{2}^+}\frac{\sec^2 x}{\dfrac{1}{x-\frac{\pi}{2}}}$$

$$=\lim_{x\to\frac{\pi}{2}^+}\frac{x-\frac{\pi}{2}}{\cos^2 x}\quad\left(\frac{0}{0}型\right)$$

$$=\lim_{x\to\frac{\pi}{2}^+}\frac{1}{2\cos x(-\sin x)}=\infty.$$

2. 0 · ∞型，∞－∞型未定式

若$\lim\limits_{x\to\Delta}f(x)=0$，$\lim\limits_{x\to\Delta}g(x)=\infty$，则$\lim\limits_{x\to\Delta}f(x)\cdot g(x)$ 是 $0\cdot\infty$型未定式；

若$\lim\limits_{x\to\Delta}f(x)=\infty$，$\lim\limits_{x\to\Delta}g(x)=\infty$，则$\lim\limits_{x\to\Delta}[f(x)-g(x)]$ 是$\infty-\infty$型未定式.

对这两种未定式可经简单恒等变形化成分式，变为$\frac{0}{0}$或$\frac{\infty}{\infty}$型未定式，然后再用洛必达法则求极限.

例 4.4　求 $\lim\limits_{x\to\infty}x(e^{\frac{1}{x}}-1)$.

解　注意到$x\to\infty$时，$e^{\frac{1}{x}}\to1$，这是$0\cdot\infty$型未定式，把其中一因子作为分母化成分式，便是$\frac{0}{0}$或$\frac{\infty}{\infty}$型，然后再由洛必达法则得

$$\lim_{x\to\infty}x\left(e^{\frac{1}{x}}-1\right)=\lim_{x\to\infty}\frac{e^{\frac{1}{x}}-1}{\frac{1}{x}}$$

$$=\lim_{x\to\infty}\frac{e^{\frac{1}{x}}\left(-\frac{1}{x^2}\right)}{-\frac{1}{x^2}}=1.$$

例 4.5　求 $\lim\limits_{x\to1^+}\left(\frac{x}{x-1}-\frac{1}{\ln x}\right)$.

解　这是$\infty-\infty$型未定式，通分化成$\frac{0}{0}$型，再由洛必达法则得

$$\lim_{x\to1^+}\left(\frac{x}{x-1}-\frac{1}{\ln x}\right)=\lim_{x\to1^+}\frac{x\ln x-x+1}{(x-1)\ln x}\quad\left(\frac{0}{0}\text{型}\right)$$

$$=\lim_{x\to1^+}\frac{\ln x+1-1}{\ln x+\frac{x-1}{x}}=\lim_{x\to1^+}\frac{x\ln x}{x\ln x+x-1}\quad\left(\frac{0}{0}\text{型}\right)$$

$$=\lim_{x\to1^+}\frac{\ln x+1}{\ln x+2}=\frac{1}{2}.$$

3. 1^∞型，0^0型，∞^0型未定型

这三种类型都是通过对数恒等式$y=e^{\ln y}$化为$0\cdot\infty$型，再用洛必达法则求得.

例 4.6　求 $\lim\limits_{x\to+\infty}\left(\frac{x}{x-1}\right)^x$.

解　这是1^∞型未定式，通过对数恒等式$y=e^{\ln y}$化为$0\cdot\infty$型，再用洛必达法则.

$$\lim_{x\to+\infty}\left(\frac{x}{x-1}\right)^x=\lim_{x\to+\infty}e^{\ln\left(\frac{x}{x-1}\right)^x}=\lim_{x\to+\infty}e^{x\ln\left(\frac{x}{x-1}\right)}=e^{\lim\limits_{x\to+\infty}x\ln\left(\frac{x}{x-1}\right)},$$

而

$$\lim_{x\to+\infty}x\ln\left(\frac{x}{x-1}\right)=\lim_{x\to+\infty}\ln\left(\frac{x}{x-1}\right)/\frac{1}{x}$$

$$=\lim_{x\to+\infty}\frac{-1}{x\ (x-1)}/\left(-\frac{1}{x^2}\right)=1,$$

所以

$$\lim_{x\to+\infty}\left(\frac{x}{x-1}\right)^x=e^1=e.$$

4.2.2　函数的单调性与极值

1. 函数单调性

由§4.1的定理4.4知，函数单调性的充分条件可以通过导数的符号判断函数的单调性.

例 4.7　讨论函数 $f(x)=\frac{1}{3}x^3-x^2+\frac{1}{3}$ 的单调性.

解　函数的定义域是 $(-\infty,\infty)$，求函数的导数得

$$f'(x)=x^2-2x=x(x-2),$$

由 $f'(x)<0$ 解得 $0<x<2$，于是有

在区间 $(-\infty,0)$ 内，$f'(x)>0$，函数 $f(x)$ 单调增加；

在区间 $(0,2)$ 内，$f'(x)<0$，函数 $f(x)$ 单调减少；

在区间 $(2,\infty)$ 内，$f'(x)>0$，函数 $f(x)$ 单调增加.

例 4.8　讨论函数 $f(x)=\sqrt[3]{x^2}$ 的单调增减区间.

解　函数的定义域是 $(-\infty,\infty)$. 由于

$$f'(x)=\frac{2}{3\sqrt[3]{x}},$$

考察导数 $f'(x)$ 的符号得：

在区间 $(-\infty,0)$ 内，$f'(x)<0$，函数单调减少；

在区间 $(0,\infty)$ 内，$f'(x)>0$，函数单调增加.

我们还可以利用函数的单调性证明一些函数的不等式.

例 4.9　利用函数的单调性证明不等式 $e^x>1+x(x>0)$.

证明　令 $f(x)=e^x-(1+x)(x>0)$，

$$f'(x)=e^x-1>0(x>0),$$

所以函数 $f(x)$ 当 $x>0$ 时单调增加，故 $f(x)>f(0)=0(x>0)$，即

$$e^x>1+x(x>0).$$

2. 函数极值

前面已经给出了函数的极值定义和函数极值存在的必要条件：若函数 $f(x)$ 在点 x_0 可导，且为极值点，则 $f'(x_0)=0$.

由极值存在的必要条件可知函数的极值点只能在导数为零的点和导数不存在的点取到，而且一般情况下，函数的导数为零的点和导数不存在的点仅有为数不多的几个. 所以要求函数的极值点，首先要找出函数的驻点和导数不存在的点（函数在该点要连续）. 然后再用下列极值存在的充分性确定这些点是否是极值点.

定理 4.7（极值存在的第一充分条件）　设函数 $f(x)$ 在点 x_0 的某去心邻域 $(x_0-\delta,x_0)\cup(x_0,x_0+\delta)$ 内连续且可导 [$f'(x_0)$ 可以不存在]：

(1) 若当 $x\in(x_0-\delta,x_0)$ 时，$f'(x)>0$，当 $x\in(x_0,x_0+\delta)$ 时，$f'(x)<0$，则 x_0 是函数 $f(x)$ 的极大值点；

(2) 若当 $x\in(x_0-\delta,x_0)$ 时，$f'(x)<0$，当 $x\in(x_0,x_0+\delta)$ 时，$f'(x)>0$，则 x_0 是函数 $f(x)$ 的极小值点.

证明　(1) 由 $x\in(x_0-\delta,\ x_0)$ 时，$f'(x)>0$，可知 $f(x)$ 在 x_0 的左邻域 $(x_0-\delta,\ x_0)$ 单调上升；又由当 $x\in(x_0,\ x_0+\delta)$ 时，$f'(x)<0$，知 $f(x)$ 在 x_0 的右邻域 $(x_0-\delta,\ x_0)$ 单调上降．如图 4.5 所示，易知 x_0 是函数 $f(x)$的极大值点.

(2) 同理可证.

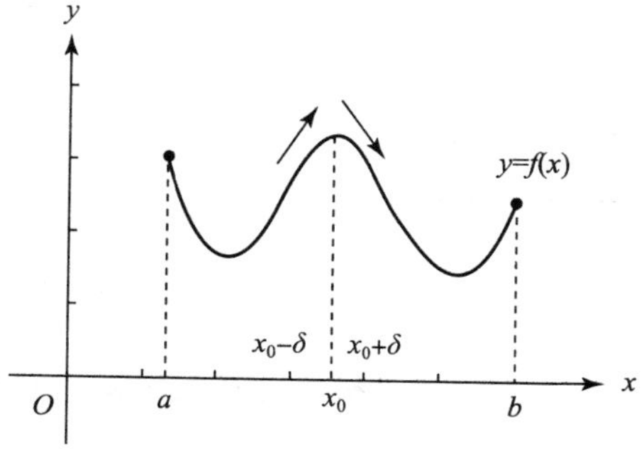

图 4.5

例 4.10　求函数 $f(x)=(x-1)(x+1)^3$ 的极值.

解　首先，函数的定义域是 $(-\infty,\ \infty)$.

其次，求可能极值点，由于

$$f'(x)=(x+1)^3+3(x-1)(x+1)^2=2(x+1)^2(2x-1),$$

由 $f'(x)=0$ 得驻点 $x_1=-1$，$x_2=\dfrac{1}{2}$，即没有导数不存在的点，所以可能的极值点为 $x_1=-1$，$x_2=\dfrac{1}{2}$.

$x_1=-1$，$x_2=\dfrac{1}{2}$将函数的定义域分成三个子区间

$$(-\infty,\ -1),\ \left(-1,\ \frac{1}{2}\right),\ \left(\frac{1}{2},\ \infty\right).$$

列表 4.1 判定极值．表 4.1 中符号“↘”表示函数单调减少，符号“↗”表示函数单调增加.

表 4.1

x	$(-\infty,\ -1)$	-1	$\left(-1,\ \frac{1}{2}\right)$	$\frac{1}{2}$	$\left(\frac{1}{2},\ \infty\right)$
$f'(x)$	$-$	0	$-$	0	$+$
$f(x)$	↘	非极值	↘	极小值	↗

由表 4.1 知，函数在 $x=\dfrac{1}{2}$处取得极小值 $f\left(\dfrac{1}{2}\right)=-\dfrac{27}{16}$.

例 4.11　求 $f(x)=(x-1)\sqrt[3]{x^2}$的极值.

解　首先，函数的定义域是 $(-\infty,\ \infty)$.

其次，求可能极值点，由于

$$f'(x)=\frac{5}{3}x^{\frac{2}{3}}-\frac{2}{3}x^{-\frac{1}{3}}=\frac{5x-2}{3\sqrt[3]{x}}.$$

令 $f'(x)=0$，求得驻点 $x=\dfrac{2}{5}$，又当 $x=0$ 时，函数 $f(x)$ 的导数不存在，所以可能的极值点为 $x=0$，$x=\dfrac{2}{5}$.

将 $x=0$，$x=\dfrac{2}{5}$将函数的定义域分成三个子区间

$$(-\infty,\ 0),\ \left(0,\ \frac{2}{5}\right),\ \left(\frac{2}{5},\ \infty\right).$$

列表 4.2 判定极值.

表 4.2

x	$(-\infty, 0)$	0	$\left(0, \frac{2}{5}\right)$	$\frac{2}{5}$	$\left(\frac{2}{5}, \infty\right)$
$f'(x)$	+	不存在	−	0	+
$f(x)$	↗	极大值	↘	极小值	↗

最后，由表 4.2 可知，$f(0)=0$ 是极大值，$f\left(\frac{2}{5}\right)=-\frac{3}{5}\sqrt[3]{\frac{4}{25}}$是极小值.

定理 4.8（极值存在的第二充分条件） 设函数 $f(x)$ 在点 x_0 处二阶可导且 $f'(x_0)=0$，则有：

(1) 若 $f''(x_0)<0$，则 x_0 是函数 $f(x)$ 的极大值点；

(2) 若 $f''(x_0)>0$，则 x_0 是函数 $f(x)$ 的极小值点.

证明从略.

注： 定理 4.7 和定理 4.8 虽然都是判定极值点的充分条件，但在应用时又有区别. 定理 4.7 对驻点和导数不存在的点均适用；而定理 4.8 对下述两种情况不适用.

(1) 导数不存在的点；

(2) 当 $f'(x_0)=0$，$f''(x_0)=0$ 时的点. 这时，x_0 可能是极值点，如函数 $f(x)=x^4$，有 $f'(0)=f''(0)=0$，$x=0$ 是极小值点；也可能不是极值点，如函数 $f(x)=x^3$，有 $f'(0)=f''(0)=0$，但 $x=0$ 是不是极值点.

例 4.12 求函数$=2x^2-\ln x$ 的极值.

解 函数的定义域是 $(0, +\infty)$.

求驻点，由于

$$f'(x)=4x-\frac{1}{x}=\frac{4x^2-1}{x},$$

由 $f'(x)=0$ 得 $x_1=\frac{1}{2}$，$x_2=-\frac{1}{2}$. 因 $x_2=-\frac{1}{2}$没定义，所以应舍去. 又

$$f''(x)=\frac{8x^2-4x^2+1}{x^2}=4+\frac{1}{x^2},$$

因为 $f''\left(\frac{1}{2}\right)=8>0$，所以 $x=\frac{1}{2}$是极小值点，极小值是 $f\left(\frac{1}{2}\right)=\frac{1}{2}+\ln 2$.

4.2.3 最值问题及其应用

求函数的最大值和最小值是微积分中的一个重要内容，在现实生活、科学研究和经济领域中有广泛的应用基础，是推动微积分产生和发展的主要因素之一，同时也是导数应用的一个重要方面.

引例 4.2（易拉罐用料最省问题） 图 4.6 所示为净含量 355 毫升的可口可乐饮料罐，初步测量可知中间部分的直径和罐高的比为 1∶2，问这是体积固定时，制造饮料罐所需材料最省的直径和罐高之比吗？

图 4.6

引例 4.3（投资效益问题） 小李以 10 000 元收藏一藏品，预计藏品增值情况如下：第一年增值 10 00 元，第二年在第一年的基础上再增值 2 000 元，第三年在第二年的基础上再增值 3 000 元，以此类推，现假设藏品的储藏费用为零，为使利润达到最大，该藏品应收藏多少年？（假设年利率均为 5%，按复利计算）

上述两引例涉及的都是函数的最值问题．下面先讨论闭区间连续函数的最值问题．

1. 闭区间连续函数的最值问题

由闭区间连续函数性质值知闭区间 $[a, b]$ 上的连续函数一定能在 $[a, b]$ 上取到最大值和最小值，最大值和最小值在哪里取到？通过对图 4.7 与图 4.8 的观察和分析，不难知道闭区间 $[a, b]$ 上连续函数的最大值、最小值只有可能在波峰、波谷，或区间端点取得，即闭区间 $[a, b]$ 上连续函数的最小值 P 和最大值 Q 只能在函数的极值点和区间端点取得，而极值点只有可能在导数为零的点和导数不存在的点取到．

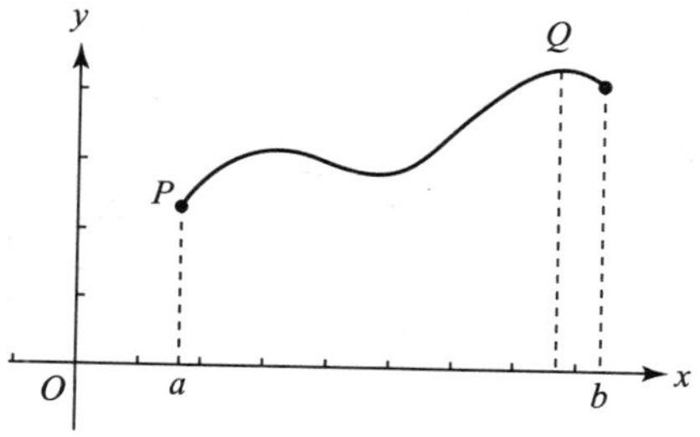

图 4.7

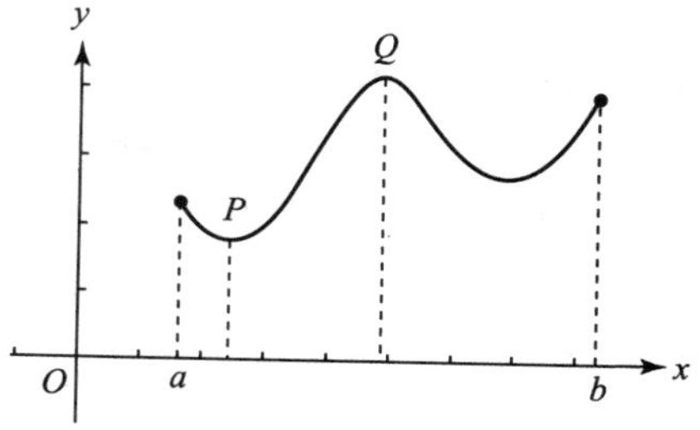

图 4.8

所以求闭区间 $[a, b]$ 上连续函数 $f(x)$ 的最大值、最小值的一般步骤为：

首先，求出函数 $f(x)$ 为零的点和导数不存在的点，并求其函数值；

其次，求出区间端点的函数值 $f(a)$ 和 $f(b)$；

最后，将这些函数值进行比较，其中最大（小）者为最大（小）值．

例 4.13 求 $f(x)=(x-1)\cdot\sqrt[5]{x^4}$ 在 $\left[-1, \dfrac{1}{2}\right]$ 上的最大值和最小值．

解 由 $f'(x)=\dfrac{1}{5\sqrt[5]{x}}(9x-4)=0$，得 $x=\dfrac{4}{9}$，已知导数不存在的点 $x=0$，又由 $f\left(\dfrac{4}{9}\right)=-\dfrac{5}{9}\sqrt[5]{\left(\dfrac{4}{9}\right)^4}$，$f(0)=0$，$f(-1)=-2$，$f\left(\dfrac{1}{2}\right)=-\dfrac{1}{2}\sqrt[5]{\left(\dfrac{1}{2}\right)^4}$，得最大值为 $f(0)=0$，最小值为 $f(-1)=-2$．

例 4.14 求数列 $1, \sqrt[2]{2}, \sqrt[3]{3}, \cdots, \sqrt[100]{100}$ 中的最大值．

解 根据数列项的特征，作相应的函数 $y=x^{\frac{1}{x}}$，下面求函数在 $[1, 100]$ 上的最大值．

先求 y'：

函数两边取自然对数得

$$\ln y=\frac{1}{x}\ln x,$$

然后两边对 x 求导得

$$\frac{y}{y'}=-\frac{1}{x^2}\ln x+\frac{1}{x^2},$$

解得

$$y'=x^{\frac{1}{x}}\left(-\frac{1}{x^2}\ln x+\frac{1}{x^2}\right)y'=x^{\frac{1}{x}}\frac{1}{x^2}(-\ln x+1).$$

所以由 $y'=0$，得 $x=\mathrm{e}$，

又当 $x<\mathrm{e}$ 时，$y'>0$，函数单增；当 $x>\mathrm{e}$ 时，$y'<0$，函数单减．所以 $x=\mathrm{e}$ 是函数唯一的极值点，且为极大值点.

故数列的最大值项只能在 $x=\mathrm{e}$ 的邻近项 $x=2$ 或 $x=3$ 取到，即最大值只能在$\sqrt[2]{2}$，$\sqrt[3]{3}$中取到，又因为$\sqrt[3]{3}>\sqrt[2]{2}$，所以最大值为$\sqrt[3]{3}$.

2. 最值的应用

在解决实际问题时，首先要把问题的要求作为目标，建立目标函数，并确定函数的定义域；其次，应用极值知识求目标函数的最大值或最小值；最后应按问题的要求给出结论.

引例 4.2 的解：(1) 分析和假设，首先把饮料罐近似看成一个闭直圆柱体是有一定的合理性的（见图 4.9），并假设制造饮料瓶所需材料与罐的表面积成正比，于是用几何语言表述就是：体积给定的直圆柱体，其表面积最小的尺寸（直径和高）为多少？

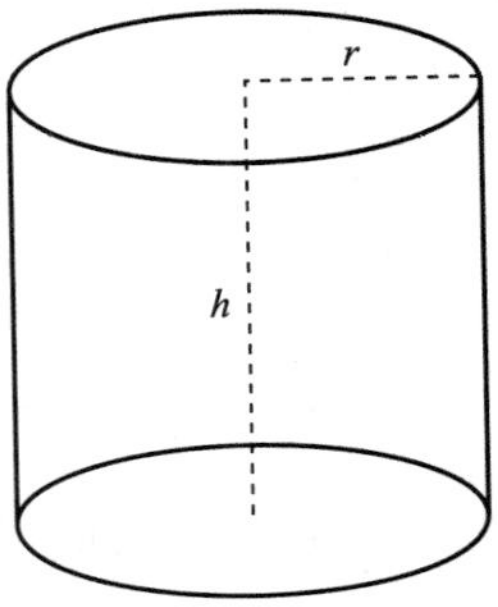

图 4.9

(2) 建模，设表面积为 S、体积为 V、顶盖的半径为 r、罐高为 h，则有

$$S(r,\ h)=2\pi rh+\pi r^2+\pi r^2=2\pi r(h+r),$$

又由于 $V=\pi r^2h$，所以 $h=V/\pi r^2$，代入上式得

$$S(r)=2\pi rh+\pi r^2+\pi r^2=2\pi\left(r^2+\frac{V}{\pi r}\right).$$

(3) 求解，即要求使表面积 S 最小时的 $d=2r$ 和 h.

由 $S'(r)=2\pi\left(2r-\dfrac{V}{\pi r^2}\right)=0$，得 $r=\sqrt[3]{\dfrac{V}{2\pi}}$是表面积函数 $S(r)$ 唯一的可能极值点，又 $S''(r)=2\pi\left(2+2\dfrac{V}{\pi r^3}\right)>0$，得 $r=\sqrt[3]{\dfrac{V}{2\pi}}$是极小值点，故 $r=\sqrt[3]{\dfrac{V}{2\pi}}$是 $S(r)$ 的最小值点. 即当 $r=\sqrt[3]{\dfrac{V}{2\pi}}$时，饮料罐用料最省，这时的 $d=2r=\sqrt[3]{\dfrac{4V}{\pi}}$和 $h=\dfrac{V}{\pi r^2}=\sqrt[3]{\dfrac{4V}{\pi}}$.

当 $d=h$ 时，即当饮料罐的直径和罐高的比为 1∶1 时用料最省. 因此可口可乐饮料罐（它的直径和罐高的比为 1∶2）不是用料最省的.

思考：同学们通过网络收集相关数据，计算一下如果利用用料最省的方案制造饮料罐，能帮可口可乐公司一年省多少成本？

引例 4.3 的解：(1) 建模，先计算第 n 年的藏品的价值 $V(n)$，

$$\begin{aligned}V(n)&=10\ 000+1\ 000+2\ 000+\cdots+1\ 000n\\&=10\ 000+1\ 000\,\frac{n(n+1)}{2},\end{aligned}$$

为便于不同年限的价值 $V(n)$ 比较，我们把任意时间的 $V(n)$ 值折算成现值. $V(n)$ 的现值为

$$A(n)=V(n)\frac{1}{(1+5\%)^n}=[10\ 000+500n(n+1)]\frac{1}{(1+5\%)^n}.$$

(2) 求解，下面求 $A(n)$ 的最大值.

作函数 $A(x)=[10\ 000+500x(x+1)]\times\frac{1}{(1+5\%)^x}(x>0)$，

$$\begin{aligned}A'(x)=&\frac{1}{(1+5\%)^x}(1\ 000x+500)-\\&\frac{1}{(1+5\%)^x}[10\ 000+500x(x+1)]\ln(1+5\%)\\=&\frac{-500\ln(1+5\%)}{(1+5\%)^x}\left\{x^2-\left[\frac{2}{\ln(1+5\%)}-1\right]x+\left[20-\frac{1}{\ln(1+5\%)}\right]\right\}.\end{aligned}$$

由 $A'(x)=0$，解得

$$x_{1,2}=\frac{\left[\frac{2}{\ln(1+5\%)}-1\right]\pm\sqrt{\left[\frac{2}{\ln(1+5\%)}-1\right]^2-4\left[20-\frac{1}{\ln(1+5\%)}\right]}}{2},$$

又由于 $\ln(1+5\%)\approx0.048\ 75$，所以

$$x_{1,2}\approx\frac{40\pm\sqrt{40^2+2}}{2},$$

即 $x_1\approx40.05$，$x_2\approx-0.05$（不合题意舍去）.

又 $A(41)<A(40)$，所以当 $n=40$ 时，$A(n)$ 最大，即该藏品应收藏大约 40 年，利润最大.

例 4.15（收益最大问题） 一垄断厂商的需求函数为 $Q=3\ 000e^{-0.01p}$，试求收益最大时的价格 p（元）与需求 Q（件）.

解 设收益 R，因为收益 R 等于需求 Q 与价格 p 的乘积，即 $R=Q\cdot p$，又 $Q=3\ 000e^{-0.01p}$，所以

$$R=3\ 000pe^{-0.01p}.$$

由 $R'=3\ 000e^{-0.01p}-30pe^{-0.01p}=0$，得 $p=100$，又 $R''(100)=-30e^{-1}<0$，所以 $p=100$ 是函数 R 唯一的极大值点，故必为最大值点．因此收益最大时的价格 $p=100$ 元，此时的需求为 $R=300\ 000e^{-1}\approx110\ 364$（件）.

§4.3　曲线的凹向与拐点与函数作图

4.3.1　曲线的凹向与拐点

1. 凹向与拐点定义

一条曲线不仅有上升和下降的问题，还有弯曲方向的问题. 讨论曲线的凹向就是讨论曲线的弯曲方向问题.

图 4.10 画出了区间 (a,b) 内的一段曲线弧，曲线上的点 $M_0(x_0,f(x_0))$ 把曲线弧分

成两段. 在区间（a，x_0）内（左段），曲线向下弯曲，称曲线下凹（或上凸）；在区间（x_0，b）内，曲线向上弯曲，称曲线上凹（或下凸）.

进一步观察曲线的凹向与其切线的关系：曲线下凹时，过曲线上任一点作切线，切线在上、曲线在下；而曲线上凹时，曲线与其切线的相对位置刚好相反. 由于在曲线上的点 M_0（x_0，$f(x_0)$）的两侧，所以曲线的凹向不同. 这样的点，称为曲线的拐点，即拐点是曲线弯曲方向的转折点.

定义 4.2 在区间 I 内，若曲线弧位于其上任一点切线的上方，则称曲线在该区间内是**上凹**的；若曲线弧位于其上任一点切线的下方，则称曲线在该区间内是**下凹**的. 曲线上，凹向不同的分界点称为曲线的**拐点**.

2. 凹向与拐点的判别法

设在区间 I 内有曲线弧 $y=f(x)$，$\alpha(x)$ 表示曲线切线的倾角. 当 $f''(x)>0$ 时，导函数 $f'(x)$ 单调增加，从而切线斜率 $\tan\alpha(x)$ 随 x 增加而增大，即 $x_1<x_2$ 有 $\tan\alpha(x_1)<\tan\alpha(x_2)$，如图 4.11 所示，曲线弧是上凹的.

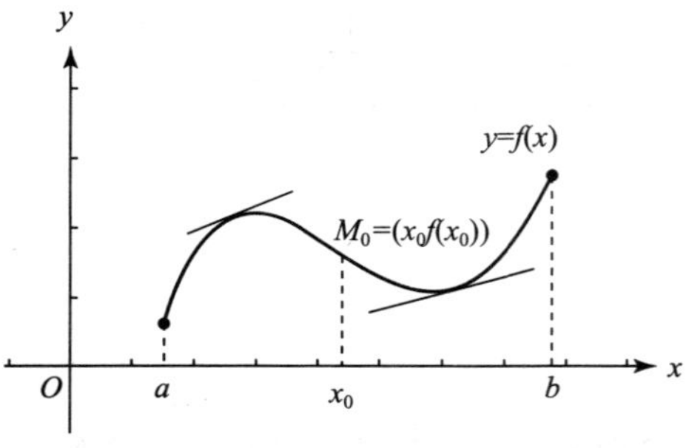

图 4.10

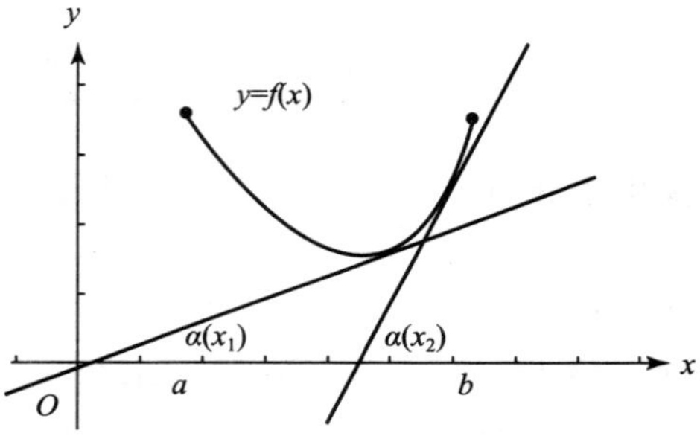

图 4.11

同理 $f''(x)<0$ 时，导函数 $f'(x)$ 单调减少，切线斜率 $\tan\alpha(x)$ 随 x 增加而变小，曲线弧是下凹的.

根据上述几何分析，有如下判定曲线凹向的定理.

定理 4.6（凹向判别的充分条件） 设函数 $f(x)$ 在区间 I 上二阶可导，则

(1) 若 $f''(x)>0$，则曲线 $y=f(x)$ 上凹；

(2) 若 $f''(x)<0$，则曲线 $y=f(x)$ 下凹.

既然拐点是曲线 $y=f(x)$ 上凹与下凹的分界点，若点 $M(x_0, f(x_0))$ 是曲线的拐点，且 $f''(x_0)$ 存在，则一定有 $f''(x_0)=0$.

另外，若曲线 $y=f(x)$ 在 x_0 连续，当 $f''(x_0)$ 不存在［$f'(x_0)$ 可以存在也可以不存在］时，点（x_0，$f(x_0)$）也可能是曲线的拐点.

为了找出曲线 $y=f(x)$ 的拐点，并判别曲线的凹向区间，先在函数 $f(x)$ 的连续区间内找出使 $f''(x_0)=0$ 和 $f''(x_0)$ 不存在的点 x_0；然后在这样点的左右邻近判别二阶导数 $f''(x)$ 的符号. 若异号，则该点是拐点，否则在该点不是拐点. 与此同时，曲线的凹向区间也就确定了.

例 4.17 讨论曲线 $y=2x^3-x^4$ 的凹向与拐点.

解 函数的定义域是（$-\infty$，$+\infty$），又

$$y''=12x-12x^2=12x(1-x),$$

由 $y''=0$，解得 $x_1=0$，$x_2=1$；

用点 $x_1=0$，$x_2=1$ 将定义域 $(-\infty, +\infty)$ 分成三个部分区间：$(-\infty, 0)$，$(0, 1)$，$(1, +\infty)$，并列表 4.3.

表 4.3

x	$(-\infty, 0)$	0	$(0, 1)$	1	$(1, +\infty)$
y''	$-$	0	$+$	0	$-$
y	$\cap$	拐点	$\cup$	拐点	$\cap$
注：符号"$\cap$"表示曲线下凹，符号"$\cup$"表示曲线上凹.					

由表 4.3 知，曲线在区间 $(-\infty, 0)$、$(1, +\infty)$ 内下凹，在区间 $(0, 1)$）内上凹，所以，曲线上的点 $(0, 0)$ 和 $(1, 1)$ 是拐点.

例 4.18　讨论曲线 $y=(x-1)\sqrt[3]{x^5}$ 的凹向与拐点.

解　函数的定义域是 $(-\infty, +\infty)$.

由 $y''=\frac{40}{9}x^{\frac{2}{3}}-\frac{10}{9}x^{-\frac{1}{3}}=\frac{10}{9}\frac{4x-1}{\sqrt[3]{x}}=0$，得 $x=\frac{1}{4}$，又当 $x=0$ 时，y''不存在，用点 $x=0$，$x=\frac{1}{4}$ 将函数的定义域三个部分区间：$(-\infty, 0)$，$\left(0, \frac{1}{4}\right)$，$\left(\frac{1}{4}, +\infty\right)$，并列表 4.4.

表 4.4

x	$(-\infty, 0)$	0	$\left(0, \frac{1}{4}\right)$	$\frac{1}{4}$	$\left(\frac{1}{4}, +\infty\right)$
y''	$+$	不存在	$-$	0	$+$
y	$\cup$	拐点	$\cap$	拐点	$\cup$

由表 4.4 知，曲线在区间 $(-\infty, 0)$、$\left(\frac{1}{4}, +\infty\right)$ 内上凹，在区间 $\left(0, \frac{1}{4}\right)$ 内下凹，故曲线的拐点是 $(0, 0)$ 和 $\left(\frac{1}{4}, -\frac{3}{16\sqrt[3]{16}}\right)$.

4.3.2　函数作图

描点作图是作函数图形的基本方法．现在掌握了微分学的基本知识，如果先利用微分法讨论函数或曲线的性态，然后再描点作图，就能使作出的图形较为准确.

作函数的图形，一般程序如下：

(1) 确定函数的定义域、间断点，以明确图形的范围；

(2) 讨论函数的奇偶性、周期性，以判别图形的对称性、周期性；

(3) 考察曲线的渐近线，以把握曲线伸向无穷远的趋势；

(4) 确定函数的单调区间、极值点，确定曲线的凹向及拐点，这就使我们掌握了图形的大致形状；

(5) 为了描点的需要，有时还要选出曲线上若干个点，特别是曲线与坐标轴的交点；

(6) 根据以上讨论，描点作出函数的图形.

例 4.18 作函数 $y=\dfrac{2x-1}{(x-1)^2}$ 的图形.

解 (1) 定义域是 $(-\infty, 1)\cup(1, +\infty)$，$x=1$ 是间断点.

(2) 渐近线.

由 $\lim\limits_{x\to\infty}\dfrac{2x-1}{(x-1)^2}=0$，知直线 $y=0$ 为水平渐近线，

由 $\lim\limits_{x\to 1}\dfrac{2x-1}{(x-1)^2}=\infty$，知直线 $x=1$ 为垂直渐近线.

(3) 单调性、极值，凹向及拐点.

$y'=\dfrac{-2x}{(x-1)^3}$，令 $y'=0$，得 $x=0$，且易知 $x=1$ 导数不存在；

$y''=\dfrac{4x+2}{(x-1)^4}$，令 $y''=0$，得 $x=-\dfrac{1}{2}$，且易知 $x=1$ 二阶导数不存在.

下面用点 $x=-\dfrac{1}{2}$，$x=0$，$x=1$ 将定义域分成四部分并列表 4.5.

表 4.5

x	$\left(-\infty, -\frac{1}{2}\right)$	$-\frac{1}{2}$	$\left(-\frac{1}{2}, 0\right)$	0	$(0, 1)$	1	$(1, \infty)$
y'	$-$	$-$	$-$	0	$+$		$-$
y''	$-$	0	$+$	$+$	$+$		$+$
y	↘∩	拐点	↘∪	极小值	↗∪	间断	↘∪

由表 4.5 可知，函数在 $\left(-\infty, -\dfrac{1}{2}\right)$ 上单调减少，下凹；在 $\left(-\dfrac{1}{2}, 0\right)$ 上单调减少，上凹；在 $(0, 1)$ 上单调增加，上凹；在 $(1, \infty)$ 上单调减少，上凹；$x=-\dfrac{1}{2}$ 为拐点，$x=0$ 为极小值点.

(4) 选点.

当 $x=\dfrac{1}{2}$ 时，$y=0$；当 $x=2$ 时，$y=3$；当 $x=3$ 时，$y=\dfrac{5}{4}$.

(5) 描点作图，如图 4.12 所示.

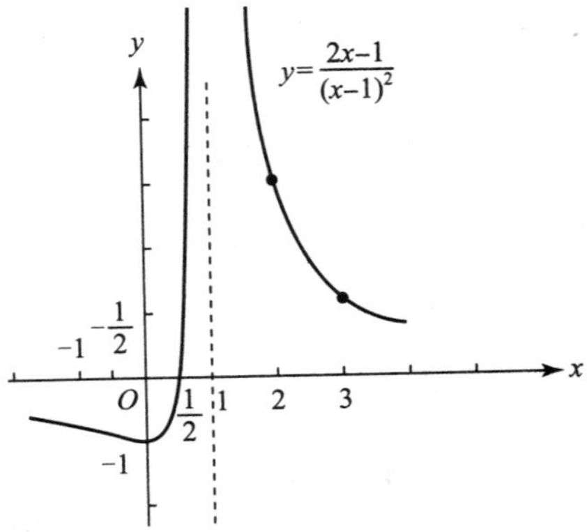

图 4.12

习题 4

1. 计算下列式子极限：

(1) $\lim\limits_{x\to0}\dfrac{e^x-e^{-x}}{\sin x}$；　(2) $\lim\limits_{x\to0}\dfrac{x-\tan x}{x^3}$；　(3) $\lim\limits_{x\to0}\left(\dfrac{1}{x}-\dfrac{1}{e^x-1}\right)$；　(4) $\lim\limits_{x\to0}\dfrac{x^n}{e^x}$；

(5) $\lim\limits_{x\to-\infty}xe^x$；　(6) $\lim\limits_{x\to\frac{\pi}{2}}\left[\tan x-\dfrac{1}{x-\dfrac{\pi}{2}}\right]$；　(7) $\lim\limits_{x\to0}(x+e^x)^{\frac{1}{x}}$；　(8) $\lim\limits_{x\to\infty}\left(\dfrac{x^2+3}{x^2-2x}\right)^x$.

2. 确定下列函数的单调区间：

(1) $y=x^3-3x^2+5$；　(2) $y=2x^2-\ln x$；

(3) $y=x-e^x$；　(4) $y=x\sqrt{1-x^2}$.

3. 用函数的单调性证明：当 $x>1$ 时，$3-\dfrac{1}{x}<2\sqrt{x}$.

4. 求下列函数的极值

(1) $y=x^3(x-1)^2$；　(2) $y=\sqrt{x}\ln x$；

(3) $f(x)=\dfrac{2x}{1+x^2}$；　(4) $y=2e^x+e^{-x}$.

5. 确定下列曲线的凹向，并求拐点

(1) $y=x+\dfrac{1}{x}$；　(2) $y=\ln(1+x^2)$；　(3) $y=\dfrac{1}{\sqrt{2\pi}}e^{-\frac{x^2}{2}}$.

6. 作下列函数图像

(1) $y=e^{-x^2}$；　(2) $f(x)=\dfrac{x^2}{1+x}$；　(3) $y=xe^{-x}$.

7. 求函数 $f(x)=\dfrac{x^2}{1+x}$在区间$\left[-\dfrac{1}{2}, 1\right]$上的最大值与最小值.

8. 求函数 $f(x)=(x-1)\cdot\sqrt[3]{x^2}$的最大值与最小值.

9. 证明：$|\sin a-\sin b|\leqslant|a-b|$.

10. 设某商店以每件 10 元的进价购进一批衬衫，并设此种商品的需求函数 $Q=80-2P$，问：该商店应将售价定为多少元卖出，才能获利最大？最大利润是多少？

11. (存货总费用最小问题) 某商店每月可销售某种商品 24 000 件，每件商品每月的库存费为 4.8 元. 商店分批进货，每次订购费为 3 600 元；假设产品均匀投入市场，且上一批售完后立即进货，即平均存货量为批量的一半. 试决策最优进货批量，并计算每月最小的订购费与库存费之和.

12. 某药店常年经销某类药品，年销售量 300 箱，每箱进货价 800 元，如考虑按平均库存量占用资金，该资金每年应付贷款利息 7.5%. 为了保证供应，要有计划地进货，假设销售量是均匀的，每批进货量相同，已知每进一批货需要手续费 50 元，而库存保管费每箱每年 10 元，因此库存总费用由三部分构成：进货费、库存费和贷款利息.

(1) 分别表示这三部分的费用；

(2) 求总费用与进货批次之间的函数关系；

(3) 经济批量是多少？

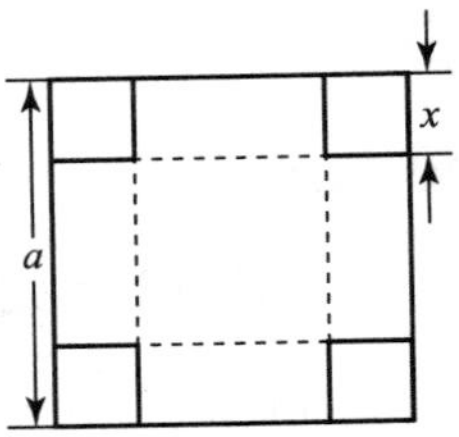

图 4.13

13. 将边长为 a 的一块正方形铁皮，四角各截去一个大小相同的小正方形，然后将四边折起做一个无盖的方盒. 问：截掉的小正方形边长为多大时，所得方盒的容积最大？最大容积为多少（见图 4.13）？

14. 皮鞋厂每生产并卖出一双皮鞋的利润是 5 元，若每月花广告费 A 元，则皮鞋的销售量大约是

$$Q=8\,000(1-\mathrm{e}^{-kA})，其中\ k=0.001，$$

求使纯利润最大的最佳广告费支出.

15. 已知某商品的需求函数和总成本函数分别为

$$Q=1\,000-100P,\quad C=1\,000+3Q,$$

求利润最大时的产出水平、商品的价格和利润.

16. 越野赛在湖滨举行，场地情况如图 4.14 所示：出发点在陆地的 A 处，终点在湖心岛 B 处，A，B 南北相距 5 公里，东西相距 7 公里. 湖岸位于 A 点南侧 2 公里，是一条东西走向的笔直长堤. 比赛中运动员看自行选择路线，但必须先从 A 出发跑步到达长堤，再从长堤处下水游泳达到终点 B，已知运动员甲跑步速度为 $V_1=18$ 公里/小时，游泳的速度为 $V_2=6$ 公里/小时，问：他应该在长堤的何处下水才能使比赛用时最少？

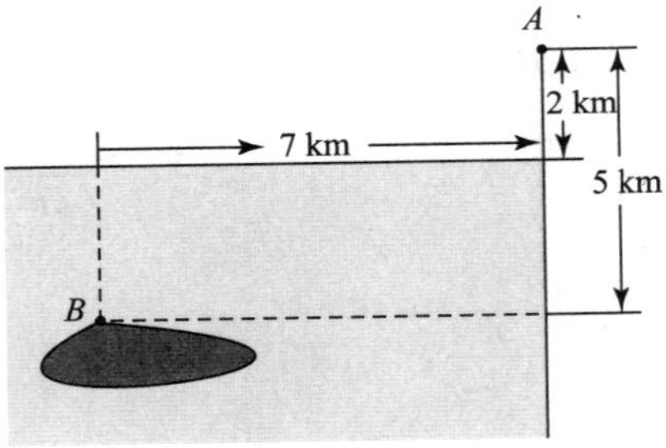

图 4.14

17. 要设计一个容积为 $V=20\pi\ \mathrm{m}^3$ 的有盖圆柱形储油桶，已知上盖单位面积造价是侧面的一半，而侧面单位面积造价又是底面的一半，问：储油桶半径 r 取何值时总造价最低？

18. 假设某酒厂有一定量的酒，若在现时出售，售价为 10 000 元，但如果把它储藏一段时间再卖，就可以高价出售，已知酒的增长值 V 是时间 n（年）的倍数，即 $V=10\,000(n+1)$，当 $n=0$（现时出售）时，有 $V=10\,000$，假设酒的储藏费用为零，为使利润达到最大，该酒厂应在什么时候出售（假设年存款利率为 5%，按复利计算）？

19. 假设某酒厂有一定量的酒，若在现时出售，售价为 K 单位元，但如果把它储藏一段时间再卖，就可以高价出售，已知酒的增长值 V 是时间的函数，即 $V=K\mathrm{e}^{\sqrt{t}}$，当 $t=0$（现时出售）时，有 $V=K$，现假设酒的储藏费用为零，为使利润达到最大，该酒应在什么时候出售（假设年利率均为 10%，按复利计算）？

第五章
不定积分与常微分方程

利用函数关系研究客观事物的规律是高等数学的伟大之处. 如何利用函数微分关系，寻找其函数关系是高等数学研究的重点，而这正是我们本章要讨论的内容.

在第三章我们讨论了已知一个函数求其微分或导数的方法. 同时还知道有很多的实际应用问题的函数模型，通过微积分方法可以得到这些函数的微分或导数. 本章主要研究如何通过函数的微分或导数求出其相应的函数.

§5.1 不定积分

在第三章§3.6节的微分的应用中，我们通过微积分方法给出了一些实际应用问题的函数的微分.

如例3.38已知物体运动速度 $v(t)=t$，给出了路程函数 $S(t)$ 的微分

$$\mathrm{d}S(t)=t\mathrm{d}t. \tag{5.1}$$

例3.39 已知原油单位产量为 $p(t)=300-60\sqrt{t}$（桶/月），原油的价格为每桶60美元，给出了油井的 t 月后的总收入函数 $R(t)$ 的微分

$$\mathrm{d}R(t)=60\left(300-60\sqrt{t}\right)\mathrm{d}t. \tag{5.2}$$

例3.41 给出了由抛物线 $y=x^2$，$y=0$，$x=t$ 所围的曲边梯形面积 $S(t)$ 的微分

$$\mathrm{d}S(t)=t^2\mathrm{d}t. \tag{5.3}$$

其实，我们更想通过函数的微分，求其函数本身. 例如通过式（5.1）求路程函数 $S(t)$；通过式（5.2）求总收入函数 $R(t)$；通过式（5.3）求曲边梯形面积 $S(t)$.

又如在经济和管理科学中，常常给出经济函数的边际（即经济函数的导数），然后寻求经济函数.

引例5.1 劳力士表公司的管理者证实，该公司第 $x+1$ 块手表的销售收入（即边际收入函数）为 $R'(x)=120-\dfrac{x}{1+x^2}$（美元/块），求收入函数 $R(x)$. 这是一个已知函数的导数，求其函数本身的问题.

我们常常会遇到已知函数的微分或导数，求其函数的问题，不定积分可以解决已知函数微分或导数，求原来函数的问题.

5.1.1 原函数

定义 5.1 设 $f(x)$ 是区间 I 上的函数，如果存在函数 $F(x)$ 使得对任意 $x\in I$ 都有

$$\mathrm{d}F(x)=f(x)\mathrm{d}x\ [\text{或}\ F'(x)=f(x)], \tag{5.4}$$

则称 $F(x)$ 为 $f(x)$ 在区间 I 上的一个原函数.

例如：由 $\mathrm{d}(\sin x)=\cos x\mathrm{d}x$，得 $\sin x$ 为 $\cos x$ 的一个原函数；

又 $\mathrm{d}(\sin x+1)=\cos x\mathrm{d}x$，则 $\sin x+1$ 为 $\cos x$ 另一个原函数.

由此可知，当一个函数具有原函数时，它的原函数不止一个.

同一函数的原函数之间的关系有如下定理.

定理 5.1 如果 $F(x)$ 是 $f(x)$ 在区间 I 上的一个原函数，则

(1) $F(x)+C$（C 为任意常数）也是 $f(x)$ 的原函数；

(2) $f(x)$ 的任一原函数都可以表示成 $F(x)+C$（C 为任意常数）的形式.

证明 (1) 因为 $F(x)$ 是 $f(x)$ 的一个原函数，由原函数的定义有 $\mathrm{d}F(x)=f(x)\mathrm{d}x$，因为常函数的微分等于 0，所以有 $\mathrm{d}[F(x)+C]=f(x)\mathrm{d}x$，再由原函数的定义知 $F(x)+C$ 也是 $f(x)$ 的原函数.

(2) 又设 $G(x)$ 是 $f(x)$ 的任意原函数，即有 $\mathrm{d}[G(x)]=f(x)\mathrm{d}x$，所以有 $\mathrm{d}G(x)=\mathrm{d}F(x)$，由推论 4.3 有 $G(x)=F(x)+C$（C 为任意常数）.

定理 5.1 表明 $f(x)$ 的全体原函数可表示为 $F(x)+C$，其中 $F(x)$ 是 $f(x)$ 的一个原函数，C 为任意常数.

5.1.2 不定积分的定义

定义 5.2 设 $F(x)$ 是 $f(x)$ 的一个原函数，则 $f(x)$ 的全体原函数 $F(x)+C$（C 为任意常数）称为 $f(x)$ 的不定积分，记作 $\int f(x)\mathrm{d}x$，即

$$\int f(x)\mathrm{d}x=F(x)+C, \tag{5.5}$$

其中 $\int$ 称为积分号，$f(x)$ 称为被积函数，$f(x)\mathrm{d}x$ 称为被积表达式，x 称为积分变量，C 称为积分常数.

由式 (5.4) 和式 (5.5) 有

$$\int \mathrm{d}F(x)=\int f(x)\mathrm{d}x=F(x)+C, \tag{5.6a}$$

或

$$\int F'(x)\,\mathrm{d}x=F(x)+C, \tag{5.6b}$$

$$\mathrm{d}\int f(x)\mathrm{d}x=\mathrm{d}(F(x)+C)=\mathrm{d}F(x)=f(x)\mathrm{d}x, \tag{5.7a}$$

或

$$\left[\int f(x)\mathrm{d}x\right]'=f(x) \tag{5.7b}$$

上述两式表明不定积分 $\int$ 与微分 d 或导数互为逆运算，如

$$d\left(\int e^{x^2}dx\right)=e^{x^2}dx，\left(\int de^{x^2}\right)=e^{x^2}+C.$$

例 5.1　求 $\int x\mathrm{d}x$.

解　由 $\mathrm{d}\left(\frac{1}{2}x^2\right)=x\mathrm{d}x$，所以 $\int x\mathrm{d}x=\frac{1}{2}x^2+C$.

例 5.2　已知物体运动速度 $v(t)=t$，这时路程函数 $S(t)$ 的微分为 $\mathrm{d}S(t)=t\mathrm{d}t$，求 $S(t)$.

解　由不定积分的定义有

$$S(t)=\int \mathrm{d}S(t)=\int t\mathrm{d}t=\frac{1}{2}t^2+C,$$

又由实际意义有 $S(0)=0$，代入上式得 $C=0$，所以 $S(t)=\frac{1}{2}t^2$.

例 5.3　求由抛物线 $y=x^2$，$y=0$，$x=t$ 所围的曲边梯形面积 $S(t)$，并求 $S(3)$.

解　由式（5.3）知 $S(t)$ 满足微分 $\mathrm{d}S(t)=t^2\mathrm{d}t$，所以

$$S(t)=\int t^2\mathrm{d}t=\int \mathrm{d}\left(\frac{t^3}{3}\right)=\frac{t^3}{3}+C,$$

又易知 $S(0)=0$，代入上式得 $C=0$，所以 $S(t)=\frac{t^3}{3}$，于是 $S(3)=9$.

例 5.4　设曲线通过点（1，2），且其任一点处的切线斜率等于这点横坐标的两倍，求此曲线的方程.

解　设曲线方程为 $y=f(x)$，由题设知函数满足 $\frac{\mathrm{d}y}{\mathrm{d}x}=2x$，且 $y(1)=2$，所以

$$y=\int 2x\mathrm{d}x=x^2+C,$$

又由 $y(1)=2$，代入上式得 $C=1$，于是所求曲线方程为 $y=x^2+1$.

5.1.3　基本积分表

既然积分运算是微分（或导数）的逆运算，那么很自然地我们可以从微分或导数公式导出相应的积分公式.

例如，由指数函数导数公式 $(a^x)'=a^x\ln a$，$(a>0,\ a\neq 1)$，得 $\left(\frac{a^x}{\ln a}\right)'=a^x$，即 $\frac{a^x}{\ln a}$ 是 a^x 的一个原函数，所以 $\int a^x\mathrm{d}x=\frac{a^x}{\ln a}+C$；

又 $\mathrm{d}\left(\frac{x^{\alpha+1}}{\alpha+1}\right)=x^\alpha\mathrm{d}x(\alpha\neq -1)$，即 $\frac{x^{\alpha+1}}{\alpha+1}$ 是 x^α 的一个原函数，所以 $\int x^\alpha\mathrm{d}x=\frac{x^{\alpha+1}}{\alpha+1}+C$，$(\alpha\neq -1)$.

类似地通过基本初等函数微分或导数公式，可以导出一些积分公式. 我们把这些积分公式称为基本积分表.

(1) $\int k\mathrm{d}x = kx + C$，($k$ 为常数)；　(2) $\int x^{\alpha}\mathrm{d}x = \frac{x^{\alpha+1}}{\alpha+1} + C$，($\alpha \neq -1$)；

(3) $\int \frac{1}{x}\mathrm{d}x = \ln|x| + C$；　(4) $\int a^{x}\mathrm{d}x = \frac{a^{x}}{\ln a} + C$，($a > 0$，$a \neq 1$)；

(5) $\int \mathrm{e}^{x}\mathrm{d}x = \mathrm{e}^{x} + C$；　(6) $\int \sin x\mathrm{d}x = -\cos x + C$；

(7) $\int \cos x\mathrm{d}x = \sin x + C$；　(8) $\int \frac{1}{\cos^{2}x}\mathrm{d}x = \tan x + C$；

(9) $\int \frac{1}{\sin^{2}x}\mathrm{d}x = -\cot x + C$；　(10) $\int \frac{1}{\sqrt{1-x^{2}}}\mathrm{d}x = \arcsin x + C$；

(11) $\int \frac{1}{1+x^{2}}\mathrm{d}x = \arctan x + C$.

以上 11 个基本积分公式是求不定积分的基础，大家必须熟记.

求不定积分就是通过下面要讲的不定积分性质和基本的不定积分方法（即变量代换法、分部积分法）将要求的不定积分转化为基本积分表中的积分，然后写出结果，所以再强调一下记住基本积分公式是求不定积分的前提.

5.1.4　不定积分的性质

性质 5.1　$\int [\alpha f(x) \pm \beta g(x)]\mathrm{d}x = \alpha\int f(x)\mathrm{d}x \pm \beta\int g(x)\mathrm{d}x$，其中 α、β 为任意常数.

注：性质 5.1 可以推广到任意有限个函数的情形.

例 5.5　求 $\int \left(\frac{x-2\sqrt{x}+x^{2}}{x^{3}}\right)\mathrm{d}x$.

解

$$\int \left(\frac{x-2\sqrt{x}+x^{2}}{x^{3}}\right)\mathrm{d}x = \int \left(\frac{1}{x^{2}} - 2\sqrt{x^{5}} + \frac{1}{x}\right)\mathrm{d}x$$

$$= \int \frac{1}{x^{2}}\mathrm{d}x - 2\int \sqrt{x^{5}}\mathrm{d}x + \int \frac{1}{x}\mathrm{d}x$$

$$= -\frac{1}{x} - \frac{4}{7}\sqrt{x^{7}} + \ln|x| + C.$$

例 5.6　求 $\int \tan^{2}x\mathrm{d}x$.

解

$$\int \tan^{2}x\mathrm{d}x = \int \frac{\sin^{2}x}{\cos^{2}x}\mathrm{d}x = \int \frac{1-\cos^{2}x}{\cos^{2}x}\mathrm{d}x$$

$$= \int \left(\frac{1}{\cos^{2}x} - 1\right)\mathrm{d}x = \int \frac{\mathrm{d}x}{\cos^{2}x} - \int \mathrm{d}x = \tan x - x + C.$$

例 5.7　若油井原油单位产量为 $p(t) = 300 - 60\sqrt{t}$ 桶/月，原油的价格为每桶 60 美元，油井 t 月后的总收入函数为 $R(t)$，求 4 个月的总收入.

解　由式（5.2）知 t 月后的总收入函数 $R(t)$ 的微分为

$$\mathrm{d}R(t) = 60(300 - 60\sqrt{t})\mathrm{d}t,$$

所以

$$R(t)=\int 60(300-60\sqrt{t})\,\mathrm{d}t$$
$$=18\ 000t-2\ 400\sqrt{t^3}+C,$$

$t=0$ 时的收入显然为 0，即 $R(0)=0$，代入上式有 $C=0$，所以收入函数为

$$R(t)=18\ 000t-2\ 400\sqrt{t^3},$$

故 4 个月的总收入为

$$R(4)=18\ 000\times 4-2\ 400\sqrt{4^3}$$
$$=72\ 000-19\ 200=52\ 800\ (\text{美元}).$$

例 5.8　某公司引进了一条生产线，生产线的收益率为 $MR(t)=300-5t^{\frac{3}{2}}$（万美元/年），试求生产线 9 年产生的总收益.

解　设生产线的总收益函数为 $R(t)$，则由题意有 $\frac{\mathrm{d}R(t)}{\mathrm{d}t}=MR(t)=300-5t^{\frac{3}{2}}$，且 $R(0)=0$，所以

$$R(t)=\int(300-5t^{\frac{3}{2}})\,\mathrm{d}t=300t-2t^{\frac{5}{2}}+C,$$

又由 $R(0)=0$，得 $C=0$；则 $R(t)=300t-2t^{\frac{5}{2}}$，所以 $R(9)=1\ 242$ 万美元，即生产线 9 年产生的总收益为 1 242 万美元.

5.1.5　换元积分法

直接利用基本积分表和积分的性质所能计算的不定积分是非常有限的. 因此，有必要进一步研究不定积分的方法. 本节把复合函数的微分法反过来用于求不定积分，利用变量代换得到复合函数的积分法，称为换元积分法，简称换元法. 换元法通常分为两类，分别称为第一类换元法和第二类换元法.

1. 第一类换元法

设 $F(u)$ 是 $f(u)$ 的原函数，即 $F'(u)=f(u)$，由复合函数的微分有

$$\mathrm{d}F[\varphi(x)]=F'[\varphi(x)]\mathrm{d}\varphi(x)=f[\varphi(x)]\varphi'(x)\mathrm{d}x.$$

再由不定积分的定义得复合函数积分公式

$$\int f[\varphi(x)]\varphi'(x)\mathrm{d}x=F[\varphi(x)]+C. \tag{5.8}$$

例 5.9　求 $\int\sin 3x\mathrm{d}x$.

解　这是复合函数 $\sin 3x$ 的积分，由基本初等函数 $\sin\varphi$，$\varphi(x)=3x$ 复合而成，所以由式（5.8）有

$$\int\sin 3x\mathrm{d}x=\frac{1}{3}\int\sin 3x\cdot(3x)'\mathrm{d}x=-\frac{1}{3}\cos 3x+C.$$

例 5.10　求 $\int\frac{\ln x}{x}\mathrm{d}x$.

解　$\int\frac{\ln x}{x}\mathrm{d}x=\int\ln x\cdot(\ln x)'\mathrm{d}x$

$$=\int \ln x \mathrm{d}(\ln x)=\frac{\ln^2 x}{2}+C.$$

例 5.11　求$\int \frac{1}{a^2+x^2}\mathrm{d}x$.

解　$$\int \frac{1}{a^2+x^2}\mathrm{d}x=\frac{1}{a^2}\int \frac{1}{1+\left(\frac{x}{a}\right)^2}\mathrm{d}x$$

$$=\frac{1}{a}\int \frac{1}{1+\left(\frac{x}{a}\right)^2}\left(\frac{x}{a}\right)'\mathrm{d}x=\frac{1}{a}\int \frac{1}{1+\left(\frac{x}{a}\right)^2}\mathrm{d}\left(\frac{x}{a}\right)$$

$$=\frac{1}{a}\arctan\frac{x}{a}+C.$$

例 5.12　求$\int \frac{1}{a^2-x^2}\mathrm{d}x$.

解　$$\int \frac{1}{a^2-x^2}\mathrm{d}x=\int \frac{1}{(a-x)(a+x)}\mathrm{d}x=\frac{1}{2a}\int\left(\frac{1}{a+x}+\frac{1}{a-x}\right)\mathrm{d}x$$

$$=\frac{1}{2a}\left[\int \frac{1}{(a+x)}(a+x)'\mathrm{d}x-\int \frac{1}{(a-x)}(a-x)'\mathrm{d}x\right]$$

$$=\frac{1}{2a}\left[\int \frac{\mathrm{d}(a+x)}{a+x}-\int \frac{\mathrm{d}(a-x)}{a-x}\right]$$

$$=\frac{1}{2a}(\ln|a+x|-\ln|a-x|)+C$$

$$=\frac{1}{2a}\ln\left|\frac{a+x}{a-x}\right|+C.$$

例 5.13　求$\int \sin^2 x\mathrm{d}x$.

解　$$\int \sin^2 x\mathrm{d}x=\int \frac{1-\cos 2x}{2}\mathrm{d}x=\int \frac{1}{2}\mathrm{d}x-\int \frac{\cos 2x}{2}\mathrm{d}x$$

$$=\frac{1}{2}x-\frac{1}{4}\int \cos 2x\mathrm{d}(2x)$$

$$=\frac{1}{2}x-\frac{1}{4}\sin 2x+C.$$

例 5.14　求$\int \sin^3 x\mathrm{d}x$.

解　$$\int \sin^3 x\mathrm{d}x=\int \sin^2 x\sin x\mathrm{d}x=-\int(1-\cos^2 x)\mathrm{d}\cos x$$

$$=\frac{\cos^3 x}{3}-\cos x+C.$$

例 5.15　求$\int \frac{1}{\sin x}\mathrm{d}x$.

解　$$\int \frac{1}{\sin x}\mathrm{d}x=-\int \frac{\sin x}{\sin^2 x}\mathrm{d}x$$

$$=-\int\frac{1}{1-\cos^2x}\mathrm{d}\cos x$$
$$=-\frac{1}{2}\int\left(\frac{1}{1-\cos x}+\frac{1}{1+\cos x}\right)\mathrm{d}\cos x$$
$$=\frac{1}{2}\ln\left(\frac{1+\cos x}{1-\cos x}\right)+C.$$

引例 5.1 的解：已知边际收入函数 $R'(x)=120-\frac{x}{1+x^2}$，所以收入函数为

$$R(x)=\int\left(120-\frac{x}{1+x^2}\right)\mathrm{d}x=\int120\mathrm{d}x-\int\frac{x}{1+x^2}\mathrm{d}x$$
$$=120x-\frac{1}{2}\int\frac{1}{1+x^2}\mathrm{d}(1+x^2)$$
$$=120x-\frac{1}{2}\ln\frac{1}{1+x^2}+C,$$

又 $R(0)=0$，代入上式得 $C=0$，所以

$$R(x)=120x-\frac{1}{2}\ln\frac{1}{1+x^2}.$$

例 5.16　求由曲线 $y=\sin x$，$0\leqslant x\leqslant\frac{\pi}{2}$，绕 x 轴旋转一周所得旋转体的体积 V.

解　先用微积分方法求由曲线 $y=\sin x$，$0\leqslant x\leqslant t\left(0\leqslant t\leqslant\frac{\pi}{2}\right)$绕 x 轴旋转一周所得旋转体的体积 $V(t)$ 的微分.

任取 $x=t$ 和 $x=t+\mathrm{d}t$，则 $\Delta V(t)=V(t+\mathrm{d}t)-V(t)$ 为图 5.1 阴影部分所表示的体积，由微积分方法知，它近似表示为

$$\Delta V(t)\approx\pi\sin^2t\cdot\mathrm{d}t,$$

并且易知 $\mathrm{d}V(t)=\pi\sin^2t\mathrm{d}t$，再由不定积分的定义有

$$V(t)=\int\pi\sin^2t\mathrm{d}t,$$

解得 $V(t)=\pi\left(\frac{1}{2}t-\frac{1}{4}\sin2t\right)+C$，又 $V(0)=0$，得 $C=0$，即

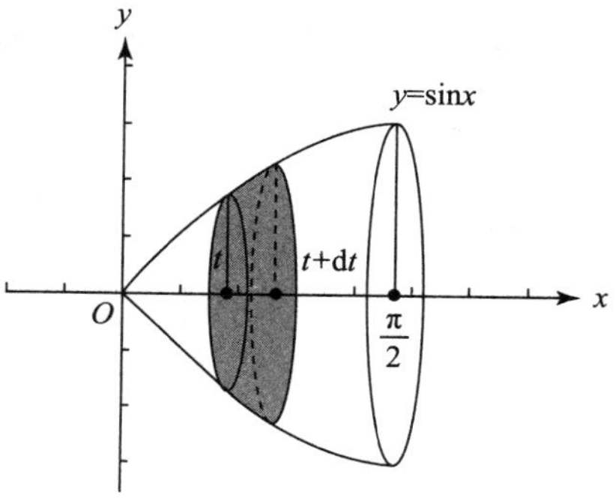

图 5.1

$$V(t)=\pi\left(\frac{1}{2}t-\frac{1}{4}\sin2t\right),$$

于是

$$V=V\left(\frac{\pi}{2}\right)=\left(\frac{\pi}{2}\right)^2.$$

2. 第二类换元法

第二类换元法就是作变量代换 $x=\varphi(t)$，[$x=\varphi(t)$ 单调]，将积分 $\int f(x)\mathrm{d}x$ 化成

$\int f[\varphi(t)]\varphi'(t)\mathrm{d}t$，即

$$\int f(x)\mathrm{d}x \xlongequal{x=\varphi(t)} \int f[\varphi(t)]\varphi'(t)\mathrm{d}t,$$

若

$$\int f[\varphi(t)]\varphi'(t)\mathrm{d}t = F(t)+C,$$

再用 $x=\varphi(t)$ 的反函数 $t=\varphi^{-1}(x)$ [这里要求 $x=\varphi(t)$ 单调] 代入上式得

$$\int f(x)\mathrm{d}x = F[\varphi^{-1}(x)]+C.$$

例 5.17　求 $\int \frac{1}{1+\sqrt{x}}\mathrm{d}x$.

解　当被积函数为无理式时，一般要将其有理化.

令 $t=1+\sqrt{x}$，有 $x=(1-t)^2$，且 $\mathrm{d}x=2(1-t)\mathrm{d}t$，则

$$\int \frac{1}{1+\sqrt{x}}\mathrm{d}x = \int \frac{2(1-t)}{t}\mathrm{d}t = 2\int \left(\frac{1}{t}-1\right)\mathrm{d}t$$
$$=2\ln t-2t+C,$$

将 $t=1+\sqrt{x}$ 代入上式得

$$\int \frac{1}{1+\sqrt{x}}\mathrm{d}x = 2\ln(1+\sqrt{x})-2(1+\sqrt{x})+C.$$

例 5.18　求 $\int \sqrt{a^2-x^2}\mathrm{d}x$ ($a>0$ 为常数).

解　被积函数为无理式，应设法将其有理化.

令 $x=a\sin t$，$t\in\left(-\frac{\pi}{2}, \frac{\pi}{2}\right)$，是 t 的单调可微函数，所以有 $\sqrt{a^2-x^2}=a\cos t$，且 $\mathrm{d}x=a\cos t\mathrm{d}t$，则

$$\int \sqrt{a^2-x^2}\mathrm{d}x = a^2\int \cos^2 t\mathrm{d}t = a^2\int \frac{1+\cos 2t}{2}\mathrm{d}t$$
$$=\frac{a^2}{2}t+\frac{a^2}{2}\sin t\cos t+C,$$

再将 $t=\arcsin\frac{x}{a}$，$\sin t=\frac{x}{a}$，$\cos t=\frac{1}{a}\sqrt{a^2-x^2}$代入上式得

$$\int \sqrt{a^2-x^2}\mathrm{d}x = \frac{a^2}{2}\arcsin\frac{x}{a}+\frac{1}{2}x\sqrt{a^2-x^2}+C.$$

例 5.19　求 $\int \frac{1}{\sqrt{a^2+x^2}}\mathrm{d}x$ ($a>0$ 为常数).

解　令 $x=a\tan t$，$t\in\left(-\frac{\pi}{2}, \frac{\pi}{2}\right)$，则 $\mathrm{d}x=a\frac{1}{\cos^2 t}\mathrm{d}t$，$\frac{1}{\sqrt{a^2+x^2}}=\frac{1}{a}\cos t$，因而

$$\int \frac{1}{\sqrt{a^2+x^2}}\mathrm{d}x = \int \frac{1}{\cos t}\mathrm{d}t = \int \frac{1}{1-\sin^2 t}\mathrm{d}\sin t$$

$$= \frac{1}{2}\ln\frac{1+\sin t}{1-\sin t}+C,$$

又由 $\tan t=\frac{x}{a}$，得 $\sin t=\frac{x}{\sqrt{a^2+x^2}}$，代入上式得

$$\int\frac{1}{\sqrt{a^2+x^2}}\mathrm{d}x = \frac{1}{2}\ln\frac{1+\frac{x}{\sqrt{a^2+x^2}}}{1-\frac{x}{\sqrt{a^2+x^2}}}+C = \ln\left(x+\sqrt{a^2+x^2}\right)+C.$$

5.1.6　分部积分法

前面我们在复合函数微分（求导）法则的基础上，得到了换元积分法．现在我们利用函数乘积的微分（求导）公式，推得另一个求积分的基本方法——分部积分法．

设函数 $u=u(x)$ 及 $v=v(x)$ 具有连续导数．那么两个函数乘积的微分（导数）公式为

$$\mathrm{d}(uv)=u\mathrm{d}v+v\mathrm{d}u，[(uv)'=u'v+v'u],$$

移项得

$$u\mathrm{d}v=\mathrm{d}(uv)-v\mathrm{d}u，[u'v=(uv)'-v'u],$$

两边求不定积分得

$$\int u\mathrm{d}v=\int\mathrm{d}(uv)-\int v\mathrm{d}u=uv-\int v\mathrm{d}u \text{ 或}$$

$$\int u'v\mathrm{d}x=uv-\int uv'\mathrm{d}x. \tag{5.9}$$

公式（5.9）称为分部积分公式．

当求不定积分 $\int v\mathrm{d}u$ 有困难，而求 $\int u\mathrm{d}v$ 比较容易时，我们可以通过分部积分公式把求 $\int v\mathrm{d}u$ 转换为求 $\int u\mathrm{d}v$．

例 5.20　求 $\int\ln x\mathrm{d}x$．

解　由分部积分公式有

$$\int\ln x\mathrm{d}x=x\ln x-\int x\mathrm{d}(\ln x)=x\ln x-\int\mathrm{d}x$$
$$=x\ln x-x+C.$$

例 5.21　求 $\int x\cos x\mathrm{d}x$．

解　用分部积分，令 $u=x$，$v'=\cos x$；则 $u'=1$，$v=\sin x$，所以

$$\int x\cos x\mathrm{d}x=x\sin x-\int\sin x\mathrm{d}x$$
$$=x\sin x+\cos x+C.$$

或直接用微分式有

$$\int x\cos x\mathrm{d}x=\int x\mathrm{d}\sin x=x\sin x-\int\sin x\mathrm{d}x$$
$$=x\sin x+\cos x+C.$$

注：如果考虑

$$\int x\cos x\mathrm{d}x=\int \cos x\mathrm{d}\left(\frac{1}{2}x^2\right)$$
$$=\frac{1}{2}x^2\cos x+\frac{1}{2}\int x^2\sin x\mathrm{d}x.$$

上式右端的积分比原积分更难求.

由此可见，u 和 $\mathrm{d}v$ 的恰当选取是分部积分法的关键，一般以 $\int v\mathrm{d}u$ 比 $\int u\mathrm{d}v$ 易求出为准则.

例 5.22　求 $\int x\mathrm{e}^x\mathrm{d}x$.

解　$\int \mathrm{e}^x\mathrm{d}x=\int x\mathrm{d}\mathrm{e}^x=x\mathrm{e}^x-\int \mathrm{e}^x\mathrm{d}x$
$=x\mathrm{e}^x-\mathrm{e}^x+C.$

从上面的例题可以看出，不定积分的计算具有较强的技巧性.

§5.2　常微分方程

5.2.1　基本概念

在技术和经济管理的研究过程中，常常需要寻求有关变量之间的关系，有时这种变量间的关系往往不能直接建立起来，却可能建立起含有待求函数的导数或微分的等式（如例 3.38～例 3.41），这样的等式称为微分方程. 通过求解这种方程，同样可以找到指定未知量之间的函数关系.

现实世界中的许多实际问题都可以抽象为微分方程问题. 例如，物体的冷却、人口的增长和传染病预防等都可以归结为微分方程问题. 因此，微分方程是数学联系实际，并应用于实际的重要途径和桥梁，是各个学科进行科学研究的强有力的工具. 本章主要介绍微分方程的一些基本概念和几种常用的微分方程的解法及其应用.

在实际应用中，变量之间的关系往往不能直接建立起来，却能通过微积分方法建立起待求函数的导数或微分的等式.

引例 5.2（通风问题）　化工生产过程中，经常要排除一些不利于环境的物质，为了保证车间内的良好环境，必须通入大量的新鲜空气，这就是通风问题.

设某化工厂有一个（30×30×12）m^3 的车间，其中空气中含有 0.12%的 CO_2，如需要在 10 min 后，使 CO_2 的含量不超过 0.06%，问：需要最少安装多少台 100 m^3/min 的通风机？（设新鲜空气中 CO_2 的含量为 0.04%）

解　先引入下列符号：

$y(t)$ ——t 时刻的 CO_2 的浓度；

a——每分钟通入的新鲜空气量，m^3/min；

v——车间的体积，m^3；

y_0——CO_2 的初始浓度；

g——新鲜空气 CO_2 的浓度.

这是浓度问题. 要求 t 时刻的 CO_2 的浓度 $y(t)$，主要依赖下列两个物质平衡式：

CO_2 的增量＝流进量－排出量；

流进（排出）量＝流进（排出）的速度×浓度×时间.

因为车间的 CO_2 的浓度 $y(t)$ 是每时每刻变化的，所以某一时间段内 CO_2 的排出量没法直接求得，我们可以用微积分方法建立 $y(t)$ 的微分等式.

在任意时间间隔 $[t, t+dt]$ 的 CO_2 的增量 $v\cdot\Delta y(t)=v\cdot y(t+dt)-v\cdot y(t)$，等于流进量－排出量，又

CO_2 流进量$=agdt$；

CO_2 排出量近似为 $ay(t)dt$ 用时间区间左端点时刻 t 的 CO_2 的浓度 $y(t)$ 代替整个时间间隔 $[t, t+dt]$ 的 CO_2 浓度.

时间间隔 $[t, t+dt]$ 的 CO_2 增量 $v\cdot\Delta y(t)$（＝流进量－排出量）的近似值 $agdt-ay(t)dt$ 为函数 $v\cdot y(t)$ 的微分，即

$$v\mathrm{d}y(t)=ag\mathrm{d}t-ay(t)\mathrm{d}t \text{ 或 } y'=\frac{a}{v}(g-y), \tag{5.10}$$

且

$$y(0)=y_0. \tag{5.11}$$

引例 5.3　设一质量为 m 的物体只受重力的作用由静止开始自由垂直降落. 建立物体自由垂直降落的运动方程，即下落的距离与下落时间的函数关系，并求物体 5 秒钟下落多少米？

解　根据牛顿第二定律：物体所受的力 F 等于物体的质量 m 与物体运动的加速度 a 的乘积，即

$$F=ma,$$

若取物体降落的铅垂线为 x 轴，其正向朝下，物体下落的起点为原点，并设开始下落的时间是 $t=0$，物体下落的距离 x 与时间 t 的函数关系为 $x=x(t)$，则可建立起函数 $x(t)$ 满足的微分方程

$$F=m\frac{\mathrm{d}^2x}{\mathrm{d}t^2},$$

又 $F=mg$（g m/s^2 为重力加速度），所以有

$$\frac{\mathrm{d}^2x}{\mathrm{d}t^2}=g. \tag{5.12}$$

根据题意，$x=x(t)$ 还需满足条件

$$x|_{t=0}=0,\ v|_{t=0}=\left.\frac{\mathrm{d}x}{\mathrm{d}t}\right|_{t=0}=0. \tag{5.13}$$

这就是自由落体运动的数学模型.

观察上述例子，我们看到式（5.10）、式（5.12）都是含有未知函数及其导数（或微分）的等式. 通常我们把含有未知函数及其导数（或微分）的等式叫作微分方程. 未知函数是一元函数的微分方程，称为常微分方程；未知函数是多元函数的微分方程，称为偏微分方程. 本章只讨论常微分方程.

微分方程中未知数导数（微分）的最高阶数，称为该微分方程的阶.

如方程式（5.10）是一阶微分方程，方程式（5.12）是二阶微分方程.

又如 $x^2\mathrm{d}x-y^2\mathrm{d}y=0$ 是一阶微分方程；$\dfrac{\mathrm{d}^4s}{\mathrm{d}t^4}+\dfrac{\mathrm{d}^2s}{\mathrm{d}t^2}+s=\mathrm{e}^{-1}$是四阶微分方程.

如果把某个函数 $y=f(x)$ 以及它的各阶导数代入微分方程，能使方程成为恒等式，那么这个函数就称为该微分方程的解.

微分方程的解中含有相互独立的任意常数，且常数的个数与微分方程的阶数相同时，这样的解称为微分方程的通解.

注： 这里所说的相互独立的任意常数，是指它们不能通过合并而使得通解中的任意常数的个数减少.

如因为$\dfrac{\mathrm{d}(\mathrm{e}^{rt})}{\mathrm{d}t}=r(\mathrm{e}^{rt})$，所以 $y=\mathrm{e}^{rt}$是微分方程$\dfrac{\mathrm{d}y}{\mathrm{d}t}=ry$ 的一个解.

例 5.23　验证函数 $y=C\mathrm{e}^{x^2}$ 是一阶微分方程 $y'=2xy$ 的通解.

解　由 $y=C\mathrm{e}^{x^2}$，得 $y'=C\mathrm{e}^{x^2}\cdot 2x$，又 $2xy=2x\cdot C\mathrm{e}^{x^2}$，即有 $y'=2xy$，所以函数 $y=C\mathrm{e}^{x^2}$ 是微分方程 $y'=2xy$ 的通解.

通解是一族函数. 而实际问题中，我们所求的是求寻找满足某些附加条件的解，此时，这类附加条件可以用来确定通解中的任意常数. 这类附加条件称为初始条件，也称为定解条件. 例如，条件式（5.11）和式（5.13）分别是微分方程式（5.10）和式（5.12）的初始条件.

带有初始条件的微分方程称为微分方程的初值问题. 由初始条件确定了微分方程的通解中的任意常数后，即得到微分方程的特解.

微分方程的解的图形是一条曲线，称为微分方程的积分曲线.

5.2.2　一阶常微分方程

1. 变量可分离方程

微分方程$\dfrac{\mathrm{d}y}{\mathrm{d}x}=f(x,\ y)$ 中，若 $f(x,\ y)$ 可以表示成一个关于 x 的函数和一个关于 y 的函数的乘积，即形如

$$\frac{\mathrm{d}y}{\mathrm{d}x}=f(x)g(y)$$

的微分方程称为变量可分离的微分方程.

如果 $g(y)\neq 0$，可以通过两边同时除以 $g(y)$ 分离变量，可得

$$\frac{\mathrm{d}y}{g(y)}=f(x)\mathrm{d}x,$$

等式两边分别求积分得

$$\int\frac{\mathrm{d}y}{g(y)}=\int f(x)\mathrm{d}x,$$

积分后可以得到方程的解. 但是解的表示形式有可能是显函数，也有可能是隐函数的形式，其中含有一个任意常数. 代入初始条件可以求出问题的特解.

例 5.24　求微分方程 $x^2y'-y=1$ 的通解.

解　方程分离变量得 $\dfrac{dy}{y+1}=\dfrac{dx}{x^2}$,

两边求积分得

$$\int\frac{dy}{y+1}=\int\frac{dx}{x^2},$$

解得

$$\ln|y+1|=-\frac{1}{x}+C_1,$$

即

$$y=\pm e^{-\frac{1}{x}+C_1}-1=\pm e^{C_1}e^{-\frac{1}{x}}-1,$$

由于 $\pm e^{C_1}$ 仍是任意常数，因此设 $C=\pm e^{C_1}$，则方程通解为 $y=Ce^{-\frac{1}{x}}-1$.

注：为方便起见，可将 $\ln|y|$ 写成 $\ln y$，只须知道后面得到任意常数 C 是可正可负即可.

引例 5.2 的解：通风问题的微分方程为

$$dy(t)=\frac{a}{v}[g-y(t)]dt, \tag{5.14}$$

且满足初始条件 $y(0)=y_0$；

分离变量得

$$\frac{dy(t)}{g-y(t)}=\frac{a}{v}dt,$$

两边积分得

$$\int\frac{dy(t)}{y(t)-g}=-\int\frac{a}{v}dt,$$

解得方程通解为

$$\ln[y(t)-g]=-\frac{a}{v}t+C_1,\ (C_1 \text{ 为任意常数}),$$

整理得

$$y(t)=g+Ce^{-\frac{a}{v}t},\ (C=\pm e^{C_1}).$$

又由初始条件 $y(0)=y_0$，代入上式解得 $C=y_0-g$，所以方程的特解为

$$y(t)=g+(y_0-g)e^{-\frac{a}{v}t},$$

解得

$$a=-\frac{v}{t}\ln\frac{y(t)-g}{y_0-g}.$$

由题设 $y_0=0.12\%$，$g=0.04\%$，$v=7\ 200$，$y(10)=0.06\%$，代入上式后求得

$$a=-720\ln\frac{0.02}{0.08}=720\ln 4=998\ (\mathrm{m^3/min}),$$

即每分钟应通入 998 m³ 的新鲜空气，故需要最少安装 10 台 100 m³/min 的通风机.

例 5.25　某城市发生一起凶杀案，受害者的尸体于晚上 7:30 被目击者发现后报警，法医于晚上 8:20 赶到凶案现场，测得尸体温度为 32.6 ℃，一小时后，当尸体即将被抬走时，

测得尸体温度为 31.4 ℃，室温在几小时内始终保持在 21.1 ℃（设人体正常体温为 37 ℃）.

此案最大的嫌疑犯是张某，但张某声称自己是无罪的，并有证人说："下午张某一直在办公室，5:00 点时打完一个电话后就离开了办公室."从张某的办公室到受害者凶案现场步行需 10 分钟，现在的问题是：张某不在凶案现场的证言能否使他被排除在嫌疑犯之外？

解 分析：我们要通过被害者尸体的温度变化，推出被害者被害的时间，从而确定嫌疑犯张某是否有作案时间.

设尸体温度为 $T(t)$，并记晚上 8:20 为 $t=0$，依题意则有 $T(0)=32.6$ ℃，$T(1)=31.4$ ℃. 假设被害者的体温是正常的，即被害时的体温为 $T=37$ ℃，要确定受害者被害的时间，也就是要求 $T(t)=37$ ℃的时刻 T_{d}.

又假设人死亡后尸体的体温度变化服从牛顿的冷却定律，即尸体温度的变化率正比于尸体温度与室温的差，则

$$\frac{\mathrm{d}T(t)}{\mathrm{d}t}=-k[T(t)-21.1]\ (k\ \text{是正比例常数}),$$

上面方程通解为

$$T(t)=21.1+c\mathrm{e}^{-kt}.$$

因为 $T(0)=21.1+c\mathrm{e}^{-k\times 0}=32.6$，所以 $c\approx 11.5$，又 $T(1)=21.1+c\mathrm{e}^{-k\times 1}=31.4$，所以 $k=\ln 115-\ln 103\approx 0.110$，因此尸体温度满足

$$T(t)=21.1+11.5\mathrm{e}^{-0.110t}.$$

当 $T=37$ ℃时，由 $37=21.1+11.5\mathrm{e}^{-0.110t}$解得 $t\approx -2.95$ 小时 ≈ -2 小时 57 分. 于是被害者被害的时间为

$$T_{\mathrm{d}}\approx 8\ \text{小时}\ 20\ \text{分}-2\ \text{小时}\ 57\ \text{分}=5\ \text{小时}\ 23\ \text{分},$$

即死亡时间大约在下午 5:23，由此根据题设条件，张某不能排除在嫌疑犯之外.

2. 齐次微分方程

例 5.26（探照灯问题） 探照灯的聚光镜面是一张旋转曲面，它的形状由 xOy 坐标面上的一条曲线 T 绕 x 轴旋转而成．按聚光性能的要求，在其旋转轴上一点 O 处发出的一切光线，经它反射后都与旋转轴平行. 求曲线 T 的方程，确定探照灯的形状.

解 分析：将光源所在点 O 取作坐标原点，旋转轴为 x 轴，如图 5.2 所示. 设曲线 T 的方程为 $y=f(x)$，$M(x, y)$ 是曲线上任意一点，点 O 处的光线射到 M 上，可以认为光线射到曲线过 M 点的切线上，所以由光的反射定律——入射角＝反射角，以及聚光性能的要求——光线反射后都与旋转轴（x 轴）平行，可知反射光线与切线的夹角 α 等于 $\angle OMA$ 也等于 $\angle OAM$（见图 5.2）.

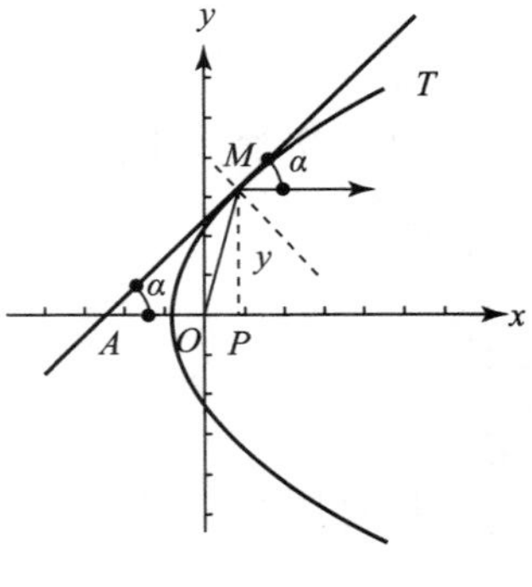

图 5.2

于是有 $$\angle OMA=\angle OAM,$$

从而 $$AO=OM,$$

又过 M 点作 x 轴的垂线交 x 轴于 P，则有 $OP=x$，$MP=y$，故

$$AO=AP-OP=y\cot\alpha-x=\frac{y}{y'}-x,$$

$$OM=\sqrt{x^2+y^2},$$

于是得微分方程

$$\frac{y}{y'}-x=\sqrt{x^2+y^2},$$

方程化为

$$\frac{\mathrm{d}x}{\mathrm{d}y}=\frac{x}{y}+\sqrt{1+\left(\frac{x}{y}\right)^2}.$$

我们将形如$\frac{\mathrm{d}y}{\mathrm{d}x}=f\left(\frac{y}{x}\right)$或$\frac{\mathrm{d}x}{\mathrm{d}y}=f\left(\frac{x}{y}\right)$的一阶微分方程，称为齐次微分方程.

方程$\frac{\mathrm{d}y}{\mathrm{d}x}=f\left(\frac{y}{x}\right)$可用变量替换 $y=ux$ 把原方程化为关于 x 和 u 的可分离变量的微分方程.

令 $u(x)=\frac{y}{x}$，则 $y=ux$，两边求导得

$$\frac{\mathrm{d}y}{\mathrm{d}x}=\frac{\mathrm{d}u}{\mathrm{d}x}x+ux'=x\frac{\mathrm{d}u}{\mathrm{d}x}+u,$$

代入方程$\frac{\mathrm{d}y}{\mathrm{d}x}=f\left(\frac{y}{x}\right)$得可分离变量方程

$$x\frac{\mathrm{d}u}{\mathrm{d}x}+u=f(u),$$

分离变量得

$$\frac{\mathrm{d}u}{f(u)-u}=\frac{\mathrm{d}x}{x},$$

两边积分后，再把 u 还原为$\frac{y}{x}$即可得原方程的通解.

例 5.27　求微分方程 $(y-x)\mathrm{d}y+(x+y)\mathrm{d}x=0$ 的通解.

解　方程化为

$$\frac{\mathrm{d}y}{\mathrm{d}x}=\frac{x+y}{x-y}=\frac{1+\frac{y}{x}}{1-\frac{y}{x}}, \tag{5.15}$$

方程（5.15）是齐次微分方程.

令 $u=\frac{y}{x}$，则 $y=ux$，两边求导得：$\frac{\mathrm{d}y}{\mathrm{d}x}=\frac{\mathrm{d}u}{\mathrm{d}x}x+ux'=x\frac{\mathrm{d}u}{\mathrm{d}x}+u$，代入微分方程（5.15）得

$$x\frac{\mathrm{d}u}{\mathrm{d}x}+u=\frac{1+u}{1-u},$$

整理后分离变量得

$$\frac{1-u}{1+u^2}\mathrm{d}u=\frac{1}{x}\mathrm{d}x,$$

两边积分得

$$\int \frac{1-u}{1+u^2}\mathrm{d}u = \int \frac{1}{x}\mathrm{d}x,$$

解得

$$\arctan u - \frac{1}{2}\ln(1+u^2) = \ln|x| + C.$$

再将 $u=\dfrac{y}{x}$ 代入上面方程得方程通解

$$\arctan\frac{y}{x} - \frac{1}{2}\ln(x^2+y^2) = C.$$

例 5.28 的解：探照灯问题的微分方程为 $\dfrac{\mathrm{d}x}{\mathrm{d}y}=\dfrac{x}{y}+\sqrt{1+\left(\dfrac{x}{y}\right)^2}$，

解 $v=\dfrac{x}{y}$，则 $x=yv$，两边求导得：$\dfrac{\mathrm{d}x}{\mathrm{d}y}=v+y\dfrac{\mathrm{d}v}{\mathrm{d}y}$，代入微分方程得

$$y\frac{\mathrm{d}v}{\mathrm{d}y}=\sqrt{1+v^2},$$

分离变量得

$$\frac{\mathrm{d}v}{\sqrt{1+v^2}}=\frac{\mathrm{d}y}{y},$$

两边积分得

$$\int \frac{\mathrm{d}v}{\sqrt{1+v^2}} = \int \frac{\mathrm{d}y}{y},$$

解得

$$\ln(v+\sqrt{1+v^2})=\ln y-\ln C\ （C 为任意正常数）,$$

整理得

$$v+\sqrt{1+v^2}=\frac{y}{C},\ \left(\frac{y}{C}-v\right)^2=1+v^2,\ \frac{y^2}{C^2}-\frac{2yv}{C}=1,$$

再将 $yv=x$ 代入得 $y^2=2C\left(x+\dfrac{C}{2}\right)$，故反射镜面为旋转抛物面.

3. 一阶线性常微分方程

我们将形如

$$y'+P(x)y=Q(x) \tag{5.16}$$

的微分方程称为一阶线性微分方程，$Q(x)$ 称为自由项.

当 $Q(x)=0$ 时，方程为 $y'+P(x)y=0$，称为一阶齐次线性方程；当 $Q(x)\neq 0$ 时，方程为 $y'+P(x)y=Q(x)$，称为一阶非齐次线性方程.

下面介绍一种求非齐次线性方程的方法——常数变易法，是一种解常微分方程的重要方法.

先求一阶齐次线性方程 $y'+P(x)y=0$ 的通解，它是可分离变量方程，所以由分离变量

得 $\frac{\mathrm{d}y}{y}=-P(x)\mathrm{d}x$，两边积分得

$$\ln|y|=-\int P(x)\mathrm{d}x+C_1,$$

则一阶齐次线性方程的通解为

$$y=C\mathrm{e}^{-\int P(x)\mathrm{d}x}. \tag{5.17}$$

下面用常数变易法求一阶非齐次线性方程的通解.

常数变易法就是将齐次方程的通解（5.17）中的常数 C 变成函数 $C(x)$，用待定系数法假设 $y=C(x)\mathrm{e}^{-\int P(x)\mathrm{d}x}$ 为非齐次线性方程（5.16）的解. 然后求出待定系数 $C(x)$，从而得方程（5.16）的解.

由假设 $y=C(x)\mathrm{e}^{-\int P(x)\mathrm{d}x}$ 为非齐次线性方程（5.16）的解，将其代入方程（5.16）得

$$\left[C(x)\mathrm{e}^{-\int P(x)\mathrm{d}x}\right]'+P(x)C(x)\mathrm{e}^{-\int P(x)\mathrm{d}x}=Q(x),$$

计算得

$$C'(x)\mathrm{e}^{-\int P(x)\mathrm{d}x}+C(x)\left[\mathrm{e}^{-\int P(x)\mathrm{d}x}\right]'+P(x)C(x)\mathrm{e}^{-\int P(x)\mathrm{d}x}=Q(x),$$

即

$$C'(x)\mathrm{e}^{-\int P(x)\mathrm{d}x}-P(x)C(x)\mathrm{e}^{-\int P(x)\mathrm{d}x}+P(x)C(x)\mathrm{e}^{-\int P(x)\mathrm{d}x}=Q(x),$$

整理得

$$C'(x)\mathrm{e}^{-\int P(x)\mathrm{d}x}=Q(x),$$

即有

$$C'(x)=Q(x)\mathrm{e}^{\int P(x)\mathrm{d}x},$$

两边不定积分得

$$C(x)=\int Q(x)\mathrm{e}^{\int P(x)\mathrm{d}x}\mathrm{d}x+C,$$

即得一阶非齐次微分方程的通解为

$$y=C(x)\mathrm{e}^{-\int P(x)\mathrm{d}x}=\mathrm{e}^{-\int P(x)\mathrm{d}x}\left[\int Q(x)\mathrm{e}^{\int P(x)\mathrm{d}x}\mathrm{d}x+C\right].$$

例 5.29　求微分方程 $y'-y=\mathrm{e}^x$ 的通解.

解法一： 先求 $y'-y=0$ 的通解.

分离变量得

$$\frac{\mathrm{d}y}{y}=\mathrm{d}x,$$

两边积分得 $\int\frac{\mathrm{d}y}{y}=\int\mathrm{d}x$，

解得

$$\ln|y|=x+C_1,$$

即有 $|y|=\mathrm{e}^{x+C_1}=\mathrm{e}^{C_1}\mathrm{e}^x$，

则齐次方程的通解为 $y=\pm\mathrm{e}^{C_1}\mathrm{e}^x=C\mathrm{e}^x$.

用常数变易法，设 $y=C(x)\mathrm{e}^x$ 为原方程的解，代入原方程得

$$[C(x)e^x]' - C(x)e^x = e^x,$$

计算得

$$C'(x)e^x + C(x)e^x - C(x)e^x = e^x,$$

整理得

$$C'(x)e^x = e^x,$$

于是有 $C'(x)=1$，解得 $C(x)=x+C$，因此原方程的通解为

$$y=e^x(x+C).$$

解法二： 利用公式求解

$P(x)=-1$，$Q(x)=e^x$，则通解为

$$y = e^{\int dx}\left[\int\left(e^x e^{\int -dx}\right)dx + C\right] = e^x\left(\int e^x e^{-x}dx + C\right),$$

得方程的通解为

$$y=e^x(x+C).$$

物资的供给、需求与物价的关系，常用常微分的知识描述.

供给是在一定的价格条件下，企业愿意出售的商品量，记为 S；需求是在一定的价格条件下，购买者想购且有支付能力的商品量，记为 D. 价格是影响 D 和 S 的主要因素，且 S 是价格 p 的增函数，D 是价格 p 的减函数.

为讨论方便，我们假设 $D=m-np$，$S=-a+bp$，其中 m、n、a、b 都是正常数，当 $D=S$，即 $m-np=-a+bp$ 时，p 为均衡价格，即均衡价格为 $\overline{p}=\dfrac{m+a}{n+b}$.

又物价的涨速与剩余需求 $D-S$ 成正比，即有

$$\frac{dp}{dt}=k(D-S)=k(m-np+a-bp),$$

即

$$\frac{dp}{dt}+\alpha p=\beta, \tag{5.18}$$

其中 $\alpha=k(n+b)$，$\beta=k(m+a)$，

则方程（5.18）的通解为

$$\begin{aligned} p(t) &= e^{-\int \alpha dt}\left(\int \beta e^{\int \alpha dt}dt + C\right) \\ &= e^{\alpha t}\left(\int \beta e^{\alpha t}dt + C\right) = Ce^{\alpha t} + \frac{\beta}{\alpha}, \end{aligned}$$

又 $\dfrac{\beta}{\alpha}=\dfrac{m+a}{n+b}=\overline{p}$（均衡价格），于是

$$p(t)=Ce^{\alpha t}+\overline{p}.$$

我们看到，$p(t)$ 虽然有波动，但当 $t\to\infty$ 时，$p(t)$ 趋于均衡价格 $\overline{p}$，这时市场价格趋于稳定.

5.2.3　二阶常微分方程

1. 可降阶的二阶微分方程

1）$y''=f(x)$ 型的方程

解法：通过直接积分的方法可求得含有两个任意常数的通解.

例 5.31　求微分方程 $y''=e^{3x}$ 的通解.

解　直接积分两次得

$$y'=\int e^{3x}dx=\frac{1}{3}e^{3x}+C_1,$$

$$y=\int\left(\frac{1}{3}e^{3x}+C_1\right)dx=\frac{1}{9}e^{3x}+C_1x+C_2.$$

引例 5.3 的解：物体自由下落的距离 x 与时间 t 的函数 $x=x(t)$ 满足方程

$$\frac{d^2x}{dt^2}=g,$$

且满足初始条件 $x|_{t=0}=0$，$v|_{t=0}=\left.\frac{dx}{dt}\right|_{t=0}=0$.

解　直接积分两次得

$$\frac{dx}{dt}=gt+C_1;$$

$$x=\frac{1}{2}gt^2+C_1t+C_2.$$

由初始条件 $x|_{t=0}=0$，$v|_{t=0}=\left.\frac{dx}{dt}\right|_{t=0}=0$，代入上述两方程中得 $C_1=0$，$C_2=0$；于是物体自由下落的距离函数为 $x=\frac{1}{2}gt^2$，速度 $\frac{dx}{dt}=gt$.

由此我们可以发现物体自由下落的速度和距离与物体自身重量无关. 又 $x(5)=\frac{5^2}{2}g=12.5g\approx125$ 米，即物体 5 秒钟下落约 125 米.

2）$y''=f(x,y')$ 型的不含 y 的方程

这类方程我们可以通过变量代换 $y'=p(x)$，这时 $y''=p'(x)$，将其代入方程，原方程可变为关于 p 与 x 的一阶微分方程.

例 5.32　求微分方程 $xy''-y'=x^2$ 的通解.

解　令 $y'=p(x)$，则 $y''=p'(x)$，代入原方程得

$$xp'-p=x^2,$$

即

$$p'-\frac{1}{x}p=x,$$

解得

$$p=e^{\int\frac{1}{x}dx}\left(\int xe^{\int-\frac{1}{x}dx}+C_1\right)=e^{\ln x}\left(\int xe^{-\ln x}dx+C_1\right)$$

$$=x\left(\int x\cdot\frac{1}{x}\mathrm{d}x+C_1\right)=x^2+C_1x,$$

即

$$y'=x^2+C_1x,$$

解得方程的通解为

$$y=\frac{x^3}{3}+\frac{C_1x^2}{2}+C_2.$$

例 5.33　如图 5.3 所示，位于原点 O 的海岸的我缉私船，发现在 Ox 轴上 A 点处的走私船正以其最大速度 v_0 沿平行于 Oy 轴的直线逃窜. 我缉私船迅速追踪，目标始终对准走私船，其速度为 $2v_0$，问我缉私船多长时间可抓住走私船?

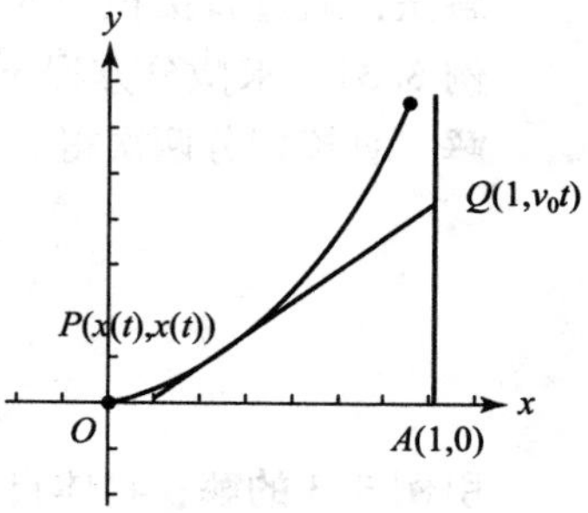

图 5.3

解　缉私船的追踪曲线为 $y=f(x)$，为简便起见，不妨设 $|OA|=1$，并设 t 时刻我缉私船追到 $P(x(t),\ y(t))$ 处时，走私船在其航线上的 $Q(1,\ v_0t)$ 处，因为缉私船的目标始终对准走私船，所以 PQ 应与追踪曲线 $y=f(x)$ 相切，于是有

$$\frac{\mathrm{d}y}{\mathrm{d}x}=\frac{y-v_0t}{x-1},$$

即

$$\frac{\mathrm{d}y}{\mathrm{d}x}(x-1)=y-v_0t. \tag{5.19}$$

又依题意有

$$\left(\frac{\mathrm{d}y}{\mathrm{d}t}\right)^2+\left(\frac{\mathrm{d}x}{\mathrm{d}t}\right)^2=(2v_0)^2, \tag{5.20}$$

由式（5.19）两边对 x 求导得

$$\frac{\mathrm{d}^2y}{\mathrm{d}x^2}(x-1)+\frac{\mathrm{d}y}{\mathrm{d}x}=\frac{\mathrm{d}y}{\mathrm{d}x}-v_0\frac{\mathrm{d}t}{\mathrm{d}x},$$

即

$$\frac{\mathrm{d}^2y}{\mathrm{d}x^2}(1-x)=v_0\frac{\mathrm{d}t}{\mathrm{d}x}. \tag{5.21}$$

又由式（5.20）两边同除以 $\left(\frac{\mathrm{d}x}{\mathrm{d}t}\right)^2$ 得

$$\left(\frac{\mathrm{d}y}{\mathrm{d}x}\right)^2+1=(2v_0)^2\left(\frac{\mathrm{d}t}{\mathrm{d}x}\right)^2,$$

解得

$$v_0\frac{\mathrm{d}t}{\mathrm{d}x}=\frac{1}{2}\sqrt{\left(\frac{\mathrm{d}y}{\mathrm{d}x}\right)^2+1},$$

将上式代入式（5.21）得

$$\frac{\mathrm{d}^2y}{\mathrm{d}x^2}(1-x)=\frac{1}{2}\sqrt{\left(\frac{\mathrm{d}y}{\mathrm{d}x}\right)^2+1}. \tag{5.22}$$

这是一个形如 $y''=f(x,\ y')$ 的可降阶的方程，其初始条件为 $y(0)=0$［追踪曲线过

(0，0) 点]，$y'(0)=0$ [曲线在 (0，0) 时的方向为 Ox 轴].

设$\frac{dy}{dx}=p$，则$\frac{dp}{dx}=\frac{d^2y}{dx^2}$，因此方程 (5.22) 化成为

$$\frac{dp}{dx}(1-x)=\frac{1}{2}\sqrt{p^2+1},$$

分离变量后积分得方程的通解为

$$\ln\left[p+\sqrt{p^2+1}\right]=-\frac{1}{2}\ln(b-y)+C_1,$$

化简得

$$p+\sqrt{p^2+1}=C(1-x)^{-\frac{1}{2}}.$$

由 $p(0)=0$，代入上式得 $C=1$，所以

$$p+\sqrt{p^2+1}=(1-x)^{-\frac{1}{2}}.$$

由于

$$-p+\sqrt{p^2+1}=\left(p+\sqrt{p^2+1}\right)^{-1}=(1-x)^{\frac{1}{2}},$$

所以

$$p=\left[(1-x)^{-\frac{1}{2}}-(1-x)^{\frac{1}{2}}\right],$$

即

$$dy=\left[(1-x)^{-\frac{1}{2}}-(1-x)^{\frac{1}{2}}\right]dx,$$

对上式两边积分得

$$y=-(1-x)^{\frac{1}{2}}+\frac{1}{3}(1-x)^{\frac{3}{2}}+C_2,$$

由于 $y(0)=0$，所以 $C_2=\frac{2}{3}$，即追踪曲线方程为

$$y=-(1-x)^{\frac{1}{2}}+\frac{1}{3}(1-x)^{\frac{3}{2}}+\frac{2}{3},$$

令 $x=1$，$y=\frac{2}{3}$，也就是说当走私船驶到$\left(1,\ \frac{2}{3}\right)$时正好被我缉私船抓获.

2. 二阶常系数齐次线性微分方程

形如

$$y''+py'+qy=0, \tag{5.23}$$

其中 p、q 为常数，称为二阶常系数齐次线性微分方程.

易知二阶常系数齐次线性微分方程有以下性质：

性质 5.2　若 $y=y_1(x)$，$y=y_2(x)$ 是方程 (5.23) 的解，则线性组合 $y=\alpha y_1(x)+\beta y_2(x)$，其中 α、β 为常数，也是方程 (5.23) 的解.

推论 5.1　若 $y=y_1(x)$，$y=y_2(x)$ 是方程 (5.23) 的线性无关解，则方程 (5.23) 的通解为 $y=C_1y_1(x)+C_2y_2(x)$，其中 C_1、C_2 为任意常数.

设 $y=e^{rx}$是方程 (5.23) 的解，代入方程得：

$$(e^{rx})''+p(e^{rx})'+qe^{rx}=0，即\ (r^2+pr+q)e^{rx}=0,$$

因此当 $r^2+pr+q=0$ 时，$y=e^{rx}$ 是方程的解.

定义 5.2　$r^2+pr+q=0$ 称为方程（5.23）的特征方程，其根称为特征根.

于是我们可得方程（5.23）的解为：

（1）若方程（5.23）的特征方程有两个不相等的实数特征根 r_1、r_2 且 $r_1\neq r_2$，则方程（5.23）有两个线性无关解 $y_1=e^{r_1x}$，$y_2=e^{r_2x}$，即方程通解为

$$y=C_1e^{r_1x}+C_2e^{r_2x}.$$

（2）若方程（5.23）的特征方程有两个相等的实数特征根 $r=r_1=r_2$，$y_1=e^{rx}$ 是方程的一个解，下面证明 $y_2=xe^{rx}$ 也是方程的一个解.

因为特征方程有两个相等的实数特征根，所以有 $r=-\dfrac{p}{2}$，将 $y_2=xe^{rx}$ 代入方程（5.23）有

$$\begin{aligned}(xe^{rx})''+p(xe^{rx})'+qxe^{rx}&=(2re^{rx}+r^2xe^{rx})+p(e^{rx}+rxe^{rx})+qxe^{rx}\\&=(2r+p)e^{rx}+(r^2+pr+q)xe^{rx}=0,\end{aligned}$$

即 $y_2=xe^{rx}$ 也是方程的一个解. 这时 $y_1=e^{rx}$，$y_2=xe^{rx}$ 是方程的两个线性无关解.
所以，方程（5.23）通解为

$$y=C_1e^{rx}+C_2xe^{rx}=(C_1+C_2x)e^{rx}.$$

（3）若方程（5.23）的特征方程有两个复数特征根 $r_{1,2}=\alpha\pm i\beta$，($\beta\neq0$)，则方程有两个线性无关解 $y_1=e^{(\alpha+i\beta)x}$，$y_2=e^{(\alpha-i\beta)x}$.

由欧拉公式有 $y_1=e^{\alpha}(\sin\beta x+\cos\beta x)$，$y_2=e^{\alpha}(\sin\beta x-\cos\beta x)$，所以 $\dfrac{y_1+y_2}{2}=e^{\alpha}\sin\beta x$ 和 $\dfrac{y_1-y_2}{2}=e^{\alpha}\cos\beta x$ 为方程（5.23）的解，即方程有两个线性无关解 $z_1=e^{\alpha}\sin\beta x$ 和 $z_2=e^{\alpha}\cos\beta x$，则方程的通解为 $y=e^{\alpha x}(C_1\cos\beta x+C_2\sin\beta x)$.

例 5.34　求微分方程 $y''-y'-2y=0$ 的通解.

解　特征方程为 $r^2-r-2=0$，特征根为 $r_1=-1$，$r_2=2$，所以方程的通解为 $y=C_1e^{-x}+C_2e^{2x}$.

例 5.35　求微分方程 $y''-2y'+y=0$ 的通解.

解　特征方程为 $r^2-2r+1=0$，特征根为 $r_1=r_2=1$，所以方程的通解为 $y=(C_1+C_2x)e^x$.

例 5.36　求微分方程 $y''-2y'+5y=0$ 的通解.

解　特征方程为：$r^2-2r+5=0$，特征根为

$$r_{1,2}=\frac{2\pm\sqrt{4-20}}{2}=1\pm2i,$$

所以方程的通解为 $y=e^x(C_1\cos2x+C_2\sin2x)$.

习题 5

1. 求下列不定积分：

(1) $\int\sqrt{x}(x^2-5)dx$；　(2) $\int\dfrac{(1-x)^2}{\sqrt{x}}dx$；　(3) $\int 3^xe^x\,dx$；

(4) $\int \frac{\cos 2x}{\cos^2 x \sin^2 x} dx$.

2. 求下列不定积分：

(1) $\int e^{5t} dt$；　(2) $\int (3-2x)^3 \, dx$；　(3) $\int \frac{x}{\sqrt{2-3x^2}} dx$；

(4) $\int \frac{dx}{2x^2-1}$；　(5) $\int \frac{dx}{(x+1)(x-2)}$；　(6) $\int \cos^2(\omega t+\varphi) dt$；

(7) $\int \frac{\sin\sqrt{t}}{\sqrt{t}} dt$；　(8) $\int x e^{-x^2} dx$；　(9) $\int \frac{dx}{\sin x \cos x}$；

(10) $\int \frac{dx}{e^x + e^{-x}}$；　(11) $\int \frac{1-x}{\sqrt{9-4x^2}} dx$；　(12) $\int \frac{x^2}{\sqrt{a^2-x^2}} dx$，$a>0$；

(13) $\int \frac{dx}{\sqrt{(x^2+1)^3}}$；　(14) $\int \frac{\sqrt{x^2-9}}{x} dx$；　(15) $\int x \sqrt[3]{1-3x} dx$；

(16) $\int \frac{dx}{x^2+2x+3}$.

3. 求下列不定积分：

(1) $\int x \sin x dx$；　(2) $\int x e^{-x} dx$；　(3) $\int e^{\sqrt{x}} dx$；

(4) $\int x \ln x dx$；　(5) $\int x^2 \cos \frac{x}{2} dx$；　(6) $\int \frac{\ln^3 x}{x^2} dx$.

4. 解答下列各题：

(1) 设 $\sin x$ 为 $f(x)$ 的一个原函数，求 $\int f'(x) dx$；

(2) 已知 $f(x)$ 的导数是 $\sin x$，求 $f(x)$ 的一个原函数.

5. 一平面曲线经过点（0，1），且曲线上任一点处的切线斜率为 3，求该曲线方程.

6. 一平面曲线经过点（0，1），且曲线上任一点（x，y）处的切线斜率为横坐标的平方，求该曲线方程.

7. 假设一个雪球是半径为 r_0 的球，融化时其体积的变化率正比于雪球的表面积，比例常数为 k（k 与环境的相对湿度、阳光、空气温度等因素有关），已知雪球两小时内融化了体积的 1/4，问：其余的部分在多长时间内全部融化完？

另从网络上收集相关数据说明：有一非洲国家计划从北极运一座冰山到他们国家，你认为这可行吗？

8. 有一油井，原油单位产量为 $p(t)=300-60t$（桶/月），假设原油的价格为每桶 60 美元，如果原油生产出来就被出售，求这口井 t 个月的收入函数 $R(t)$，问：从这口井能得到的总收入为多少？

9. 有两个力量相当的大力士，一个人可以将一根一头固定的弹簧拉长 2 厘米，问：两个人合力能将弹簧拉长多少厘米？

10. 设有一底面（底朝上）半径为 R，深为 h 的圆锥形装满水的水塔（图 5.4），求将水塔中水抽干所做的功.

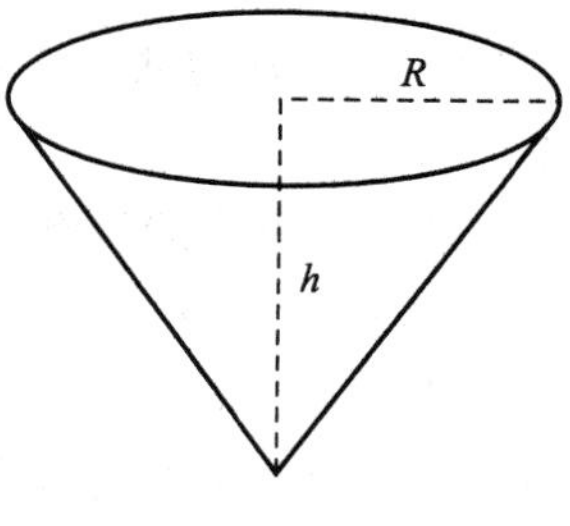

图 5.4

11. 某商品的第 $x+1$ 个产品的利润增加值为 $\frac{200x}{1+x}$（元/个），求销售 1 000 个产品的总利润.

12. 某种名牌女士鞋价格 p（元）关于需求量 x（百双）的边际需求函数为 $p'(x)=\frac{-250x}{(16+x^2)^{\frac{3}{2}}}$，如果销售量 $x=3$.（百双）时，每双售价为 50 元，求这种名牌女士鞋的需求函数 $p(x)$.

13. 某商品的需求量 Q 是价格 P 的函数，该商品的最大需求量为 1 000（即 $P=0$ 时，$Q=1\,000$），已知需求量的变化率（边际需求）为 $Q'(p)=1\,000\left(\frac{1}{3}\right)^P\ln 3$，求需求量与价格的函数关系.

14. 解下列微分方程

(1) $(1+y^2)\mathrm{d}x-y(1-x^2)\mathrm{d}y=0$；　(2) $y'=\mathrm{e}^{x-y}$；　(3) $y'=\frac{y\ln x}{\ln y}$；

(4) $xy\mathrm{d}x+\sqrt{1-x^2}\mathrm{d}y=0$；　(5) $(x-y)\mathrm{d}x-(x+y)\mathrm{d}y=0$；

(6) $(xy-y^2)\mathrm{d}x-(x^2-2xy)\mathrm{d}y=0$；　(7) $xy'-y-\sqrt{x^2+y^2}=0$；

(8) $(x^2-y^2)\mathrm{d}x=xy\mathrm{d}y$ 且 $y|_{x=0}=1$；　(9) $y'-y=x\mathrm{e}^x$；

(10) $(x^2+1)y'+2xy-4x^2=0$；　(11) $y''=(x\sin x+1)$；

(12) $xy'+y=x\sin x$ 且 $y|_{x=\frac{\pi}{2}}=\frac{2}{\pi}$；　(13) $y''=\frac{1}{x^2+1}$；

(14) $y''-y'=x$；　(15) $yy''-(y')^2=0$；

(16) $y''=3\sqrt{y}$，且 $y|_{x=0}=1$，$y|'_{x=0}=2$；

(17) $4y''+4y'+y=0$；　(18) $y''-2y'+3y=0$；

(19) $y''-4y'=0$；$y|_{x=0}=1$，$y'|_{x=0}=2$；

(20) $y''-5y'+6y=0$ 且 $y|_{x=0}=2$，$y'|_{x=0}=0$.

15. 曲线上任意一点的切线在第一象限的线段恰好被切点平分，已知该曲线通过（2，3）点，求该曲线的方程.

16. 设一汽艇以常速 $v_0=1\,000$ 米/分钟朝河正对岸驶去，河两岸之间的距离为 $L=3\,000$ 米，且水流速度 v_1 与离两岸距离的乘积成正比，又测得河中心的水流速度为 215 米/分钟，求汽艇到达河对岸的位置（向下游走的距离）.

17. 设容器内有 100 升的盐水，含盐量为 10 千克，现以 3 升/分钟的速度注入溶度为 0.01 千克/升的淡盐水，同时以 2 升/分钟的速度抽出混合均匀的盐水，求容器内含盐量函数 $y(t)$.

18. （**鸡蛋的冷却问题**）一个煮熟了的鸡蛋有 98 ℃，把它放在 18 ℃的水池里，5 分钟后，鸡蛋的温度是 38 ℃. 假定没有感到水变热，鸡蛋到达 20 ℃需要多长时间？

19. 在半径为 R（米）的圆形储水槽中，开始加水到 H（米），这时，由位于槽底部的半径为 r（米）的排水管排水；已知排水速度服从托里斯利（Torricelli）原理（即流速等于 $\sqrt{2gh}$，g 为重力加速度，h 为水位的高度）试求时间 t 时的水位 $y(t)$.

20. （**连续复利问题**）若账目中初始本金为 A_0 元，银行年利率为 r，在连续复利情况下，分析 t 年后本利和 $A(t)$ 所满足的微分式.

21. 一只游船上有 800 人，1 名游客犯了某种传染病，12 小时后有 3 人发病，由于这种传染病没有早期症状，故感染者不能被及时隔离. 直升机将在 60 小时至 72 小时将疫苗运到，试估算疫苗运到时犯此传染病的人数.

22. 如图 5.5 所示，设降落伞从跳伞塔下落后，所受空气阻力与速度成正比，并设降落伞离开跳伞塔时速度为零，求降落伞下落速度与时间的函数关系.

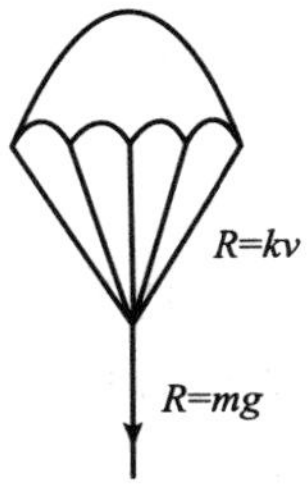

图 5.5

23. 某军队一导弹基地发现正北方向 120 千米处海面上有一艘敌舰以 90 千米/小时的速度向正东行驶，该基地立即发射导弹跟踪追击敌舰，导弹的速度为 450 千米/小时，自动导航系统使导弹在任意时刻都能对准敌舰，问导弹在何时何地击中敌舰？

第六章 定积分

定积分起源于求曲边图形的面积和体积等实际问题，古希腊的阿基米德用“穷竭法”和我国的刘徽用“割圆术”，都计算过一些几何图形的面积和体积，这些都是定积分的雏形．直到17世纪，牛顿和莱布尼茨先后提出了定积分的概念，并发现了积分和微分之间的内在联系，给出了计算定积分的一般方法，从而使定积分成为解决有关实际问题的有力工具．

我们先从分析和解决几个典型的问题入手，来看定积分的概念是怎样从现实应用原型中抽象出来的．

§6.1 定积分的概念

6.1.1 问题的引入

1. 曲边梯形的面积

在第二章我们给出了用微积分方法求由抛物线 $y=x^2$ 和直线 $x=1$，$y=0$ 所围的曲边梯形的面积，下面再来看一个例子．

例 6.1 如图 6.1 所示，求由曲线 $y=\frac{1}{x}$ 和直线 $x=1$，$x=2$，$y=0$ 所围曲边梯形的面积 S.

解 (1) 无限细分，即将 x 轴的区间 $[1, 2]$ 细分成 n 等分，分点分别为 $1+\frac{1}{n}$，$1+\frac{2}{n}$，…，$1+\frac{n-1}{n}$，n 个等分区间为 $\left[1, 1+\frac{1}{n}\right]$，$\left[1+\frac{1}{n}, 1+\frac{2}{n}\right]$，…，$\left[1+\frac{n-1}{n}, 2\right]$，每个小区间的长度为 $\frac{1}{n}$（见图 6.1）；

(2) 近似求和，过各分点作平行 y 轴的直线交于曲线，将曲边梯形分成 n 个小曲边梯形 $\Delta s_i(i=1, 2, \cdots, n)$，则面积 S 是 n 个小曲边梯形面积的和，即 $S=\Delta s_1+\Delta s_2+\cdots+\Delta s_n$.

现以小矩形 A_i 的面积（仍记为 A_i）近似代替第 i 个曲第 i 个小曲边梯形 Δs_i 的面积（仍记为 Δs_i）（见图 6.2），则 n 小矩形的面积和 $B_n=A_1+A_2+\cdots+A_n$ 近似 S.

其中 A_i 以第 i 个小区间为底，长度为 $\frac{1}{n}$，以第 i 个小曲边梯形（平行 y 轴的）的左边

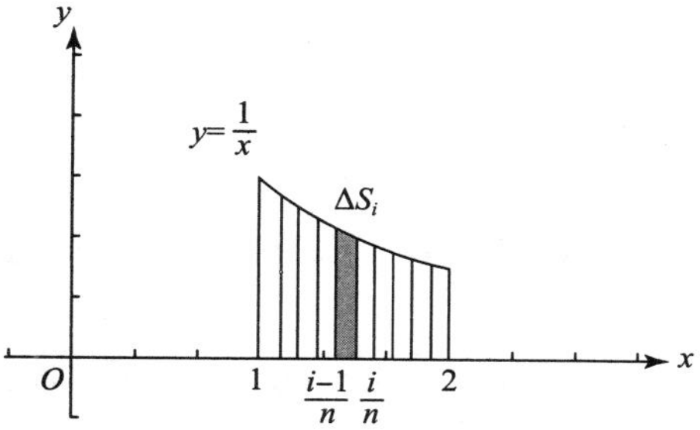

图 6.1

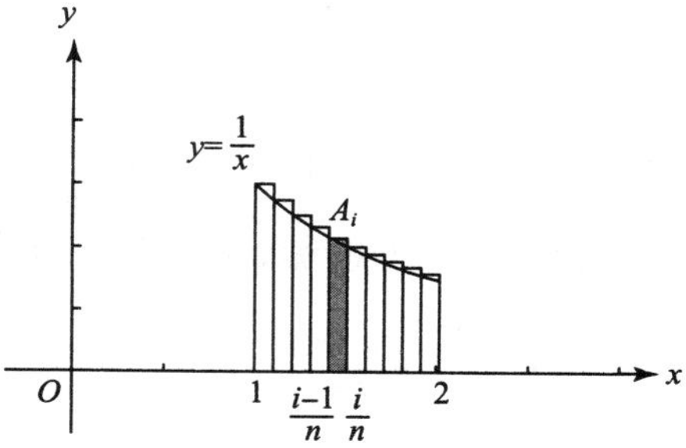

图 6.2

线为高，其长度为第 i 个小区间左边点 $z_i=1+\frac{i-1}{n}$ 的函数值 $y\left(1+\frac{i-1}{n}\right)=1/\left(1+\frac{i-1}{n}\right)=\frac{n}{n+(i-1)}$ 的矩形，所以小矩形 A_i 的面积为

$$A_i=\frac{1}{n}\cdot\frac{n}{n+(i-1)}=\frac{1}{n+(i-1)}，(i=1，2，\cdots，n)，$$

故 n 小矩形的面积和为

$$B_n=A_1+A_2+\cdots+A_n=\frac{1}{n}+\frac{1}{n+1}+\cdots+\frac{1}{n+(n-1)}，$$

（3）取极限，当 n 越大时，B_n 越接近曲边梯形的面积 S，由极限的定义知 S 是 B_n 中 $n\to\infty$ 时的极限，即

$$S=\lim_{n\to\infty}B_n=\lim_{n\to\infty}\left[\frac{1}{n}+\frac{1}{n+1}+\cdots+\frac{1}{n+(n-1)}\right].\tag{6.1}$$

极限（6.1）的值即为题设中曲边梯形的面积 S，这个极限看似简单，但用我们前面学过的求极限方法很难得出结果. 用上述方法求更复杂的函数如 $y=e^x$，$y=\sin x$ 等所围的曲边梯形面积，最后都会遇到的极限难求的问题，怎么办？

我们可以作以下尝试：

将例 6.1 解的第（2）步的小矩形 A_i 用小矩形 $D_i\left(D_i\right.$ 仍然以第 i 个小区间为底，其高取第 i 个小区间 $\left[1+\frac{i-1}{n}，1+\frac{i}{n}\right]$ 中的任意一点 γ_i 的函数值 $\left.y(\gamma_i)=\frac{1}{\gamma_i}\right)$ 来替换，图 6.3 所示.

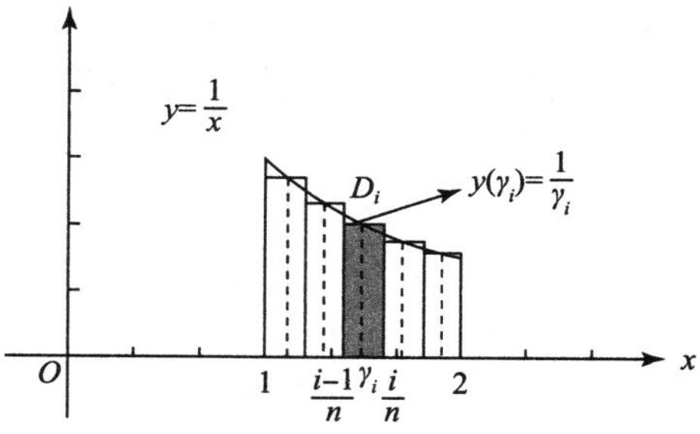

图 6.3

这时第 i 个小曲边梯形的面积 Δs_i 近似为

$$\Delta s_i=\frac{1}{n}\cdot\frac{1}{\gamma_i}，$$

其中，γ_i 为 $\left[1+\frac{i-1}{n}，1+\frac{i}{n}\right]$ 中取的任意一点（$i=1，2，\cdots，n$），

则曲边梯形的面积 S 为

$$S=\lim_{n\to\infty}\frac{1}{n}\left(\frac{1}{\gamma_1}+\frac{1}{\gamma_2}+\cdots+\frac{1}{\gamma_n}\right). \tag{6.2}$$

其中，γ_i 是第 i 个小区间$\left[1+\frac{i-1}{n},\ 1+\frac{i}{n}\right]$上的任意一点.

由微积分思想易知：无论 γ_i 取第 i 个小区间的哪一点，式（6.2）极限值都是表示曲边梯形面积 S.

显然式（6.2）是比式（6.1）更一般的情况，式（6.1）是式（6.2）的一种特殊情况$\left(\text{即当 }\gamma_i\text{ 取第 }i\text{ 个小区间左端点 }\gamma_i=\left(1+\frac{i-1}{n}\right)\text{的情况}\right)$. 虽然式（6.2）比式（6.1）看上去更抽象、更不好理解，但由于式（6.2）的更一般性，所以应用时有更强的灵活性.

下面我们用拉格朗日微分中值定理和式（6.2）求出曲边梯形的面积 S.

用拉格朗日微分中值定理，可在区间$\left[1+\frac{i-1}{n},\ 1+\frac{i}{n}\right]$（$i=1,\ 2,\ \cdots,\ n$）中取到点 $\gamma_i(i=1,\ 2,\ \cdots,\ n)$，满足

$$F\left(1+\frac{i}{n}\right)-F\left(1+\frac{i-1}{n}\right)=\frac{1}{n}F'(\gamma_i)=\frac{1}{n}\cdot\frac{1}{\gamma_i}, \tag{6.3}$$

其中，$F(x)$ 是 $y=\frac{1}{x}$的一个原函数，如 $F(x)=\ln x$.

我们再回到式（6.2），将式（6.2）中的 γ_i 取得满足式（6.3）（因为 γ_i 可取第 i 个小区间$\left[1+\frac{i-1}{n},\ 1+\frac{i}{n}\right]$内的任意一点），由式（6.2）和式（6.3）即有

$$\begin{aligned}S&=\lim_{n\to\infty}\frac{1}{n}\left(\frac{1}{\gamma_1}+\frac{1}{\gamma_2}+\cdots+\frac{1}{\gamma_n}\right)=\lim_{n\to\infty}\left\{\left[F\left(1+\frac{1}{n}\right)-F(1)\right]+\right.\\&\quad\left.\left[F\left(1+\frac{2}{n}\right)-F\left(1+\frac{1}{n}\right)\right]+\cdots+\left[F(2)-F\left(1+\frac{n-1}{n}\right)\right]\right\}\\&=\lim_{n\to\infty}[F(2)-F(1)]=F(2)-F(1)=\ln 2,\end{aligned}$$

即曲边梯形的面积 S 等于 $\ln 2$.

同学们可以用上述方法求由曲线 $y=e^x$ 和直线 $x=0$，$x=2$，$y=0$ 所围图形面积和曲线 $y=\sin x$ 和直线 $x=0$，$x=\pi$，$y=0$ 所围图形面积.

更一般地，我们还可以把例 6.1 解的第（1）步的将区间 n 等分换成将区间任意划分为 Δx_1，Δx_2，…，Δx_n（当 n 充分大时，每个区间要充分小）. 这样就得到下面更一般的求曲边梯形的面积的方法.

例 6.2　求由连续曲线 $y=f(x)$，（$f(x)>0$，$a\leqslant x\leqslant b$）和直线 $x=a$，$x=b$，$y=0$ 所围曲边梯形的面积 S.

解　（1）无限细分. 如图 6.4 所示，在区间 $[a,\ b]$ 上插入 $n-1$ 个分点

$$a=x_0<x_1<x_2<\cdots<x_{n-1}<x_n=b,$$

把 $[a,\ b]$ 分成 n 个小区间

$$[x_0,\ x_1],\ [x_1,\ x_2],\ \cdots,\ [x_{n-1},\ x_n],$$

它们的长度分别为

$$\Delta x_1=x_1-x_0,\ \Delta x_2=x_2-x_1,\ \cdots,\ \Delta x_n=x_n-x_{n-1},$$

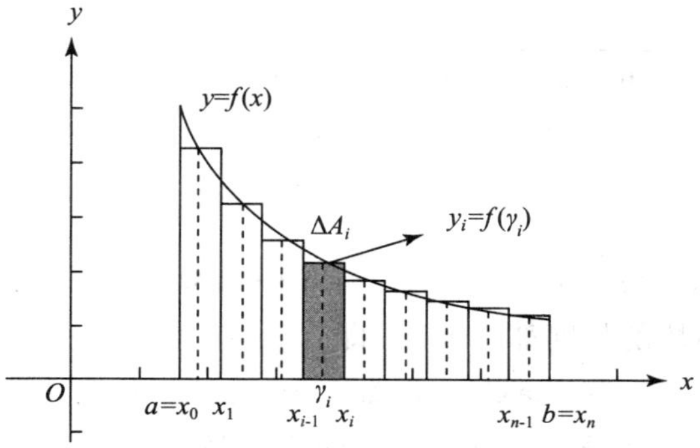

图 6.4

要求当 $n\to\infty$ 时，每个小区间长度都要趋于 0，即

$$\lambda=\max\{\Delta x_1, \Delta x_2, \cdots, \Delta x_n\}\to 0.$$

(2) 近似求和. 过各分点作平行 y 轴的直线，将曲边梯形分成 n 个小曲边梯形 $\Delta s_i(i=1, 2, \cdots, n)$ 且 $S=\Delta s_1+\Delta s_2+\cdots+\Delta s_3$. 在每个小区间 $[x_{i-1}, x_i]$ 上任取一点 γ_i，用 $[x_{i-1}, x_i]$ 的长度 Δx_i 为底、$f(\gamma_i)$ 为高的小矩形 ΔA_i（面积为 $f(\gamma_i)\Delta x_i$）近似代替第 i 个小曲边梯形 Δs_i（仍记为 Δs_i），则 n 个小矩形面积之和

$$\begin{aligned} B_n &= \Delta A_1+\Delta A_2+\cdots+\Delta A_n \\ &= \sum_{i=1}^{n} f(\gamma_i)\Delta x_i \end{aligned} \tag{6.4}$$

近似面积 S.

(3) 取极限. 当 $n\to\infty$ 时，$\lambda\to 0$，n 个小矩形面积之和 $B_n=\sum\limits_{i=1}^{n} f(\gamma_i)\Delta x_i$ 无限接近面积 S，所以由极限的定义，S 为 B_n 当 $n\to\infty(\lambda\to 0)$ 时的极限，即

$$S=\lim_{\lambda=\max\{\Delta x_i\}\to 0}\sum_{i=1}^{n} f(\gamma_i)\Delta x_i, \tag{6.5}$$

且极限值与区间的分法和 γ_i 的取法无关.

与例 6.1 同理可得，若函数 $f(x)$ 的原函数 $F(x)$ 存在，则

$$S=\lim_{\lambda=\max\{\Delta x_i\}\to 0}\sum_{i=1}^{n} f(\gamma_i)\Delta x_i=F(b)-F(a). \tag{6.6}$$

2. 变速直线运动的路程

例 6.3　设某物体做直线运动，已知速度 $v=v(t)$ 是时间间隔 $[T_1, T_2]$ 上的连续函数，且 $v(t)\geqslant 0$，求物体在这段时间内所走的路程 s.

解　当速度不变时，路程＝速度×时间，而题中的速度是连续变化的，不能直接使用上述路程公式，怎么办？这里我们继续用微积分方法——无限细分，近似，取极限来处理.

(1) 无限细分. 如图 6.5 所示，在时间间隔 $[T_1, T_2]$ 上插入 $n-1$ 个分点

$$T_1=t_0<t_1<t_2<\cdots<t_{n-1}<t_n=T_2,$$

把 $[T_1, T_2]$ 分成 n 个小时段

$$[t_0, t_1], [t_1, t_2], \cdots, [t_{n-1}, t_n],$$

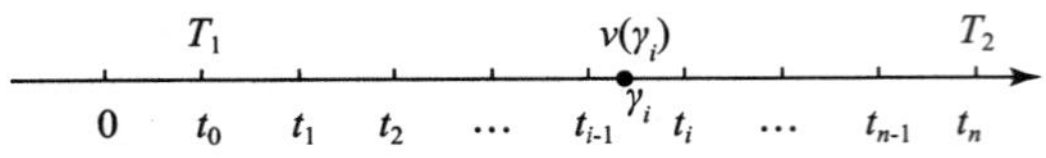

图 6.5

它们的时段长度分别为

$$\Delta t_1=t_1-t_0,\ \Delta t_2=t_2-t_1,\ \cdots,\ \Delta t_n=t_n-t_{n-1},$$

且当 $n\to\infty$ 时，所有小时段的长度都趋于 0，即

$$\lambda=\max\{\Delta t_1,\ \Delta t_2,\ \cdots,\ \Delta t_n\}\to 0,$$

在时间间隔 $[T_1,\ T_2]$ 上的路程 s 等于每个小时段的路程之和.

（2）近似求和. 因为速度 $v=v(t)$ 是连续函数，所以当 n 充分大时，每个小时段 Δt_i 的长度充分小，这时小时段 $[t_{i-1},\ t_i]$ 内的速度变化也充分小，所以我们可以把 $[t_{i-1},\ t_i]$ 内的速度看成不变（近似），取小时段 $[t_{i-1},\ t_i]$ 内的任一时刻 γ_i（$\gamma_i\in[t_{i-1},\ t_i]$）的速度 $v(\gamma_i)$ 为时段 $[t_{i-1},\ t_i]$ 内的速度（见图 6.5），这时时段 $[t_{i-1},\ t_i]$ 所走的路程（近似）为

$$v(\gamma_i)\Delta t_i,\ (i=1,\ 2,\ \cdots,\ n),$$

则物体在时段 $[T_1,\ T_2]$ 所走的路程 s（近似）为

$$\begin{aligned}&v(\gamma_1)\Delta t_1+v(\gamma_2)\Delta t_2+\cdots+v(\gamma_n)\Delta t_n\\&=\sum_{i=1}^{n}v(\gamma_i)\Delta t_i.\end{aligned}$$

（3）取极限. 当 $\lambda=\max\limits_{1\leqslant i\leqslant n}\{\Delta t_i\}\to 0$（即每个 Δt_i 都充分小）时，$\sum\limits_{i=1}^{n}v(\gamma_i)\Delta t_i$ 充分接近时段 $[T_1,\ T_2]$ 所走的路程 s，又极限的定义有

$$s=\lim_{\lambda=\max\{\Delta s_i\}\to 0}\sum_{i=1}^{n}v(\gamma_i)\Delta t_i,\tag{6.7}$$

若函数 $v(x)$ 存在原函数 $S(x)$，则

$$s=\lim_{\lambda=\max\{\Delta s_i\}\to 0}\sum_{i=1}^{n}v(\gamma_i)\Delta t_i=S(T_2)-S(T_1).$$

从前面的两个引例可以看到，无论是求曲边梯形的面积还是求变速直线运动的路程问题，虽然实际背景不同，但都能通过微积分方法（即无限细分、近似求和、取极限）转化成求形如 $\sum\limits_{i=1}^{n}f(\gamma_i)\Delta x_i$ 的和式极限问题. 这是求非均匀累加和的一种有效方法. 我们把这种求非均匀累加和的方法抽象为下列定积分定义.

6.1.2 定积分的定义

定义 6.1 设 $y=f(x)$ 在 $[a,\ b]$ 上有界，在区间 $[a,\ b]$ 中插入 $n-1$ 个分点

$$a=x_0<x_1<x_2<\cdots<x_{n-1}<x_n=b,$$

把 $[a,\ b]$ 分成 n 个小区间

$$[x_0,\ x_1],\ [x_1,\ x_2],\ \cdots,\ [x_{n-1},\ x_n],$$

它们的长度分别为

$$\Delta x_1=x_1-x_0,\ \Delta x_2=x_2-x_1,\ \cdots,\ \Delta x_n=x_n-x_{n-1},$$

在每个小区间 $[x_{i-1}, x_i]$ 上任取一点 γ_i，作函数值 $f(\gamma_i)$ 与小区间长度 Δx_i 的乘积 $f(\gamma_i)\Delta x_i(i=1, 2, \cdots n)$，并作和

$$S_n=\sum_{i=1}^{n} f(\gamma_i)\Delta x_i,$$

记 $\lambda=\max\{\Delta x_1, \Delta x_2, \cdots, \Delta x_n\}$，如果不论对 $[a, b]$ 采取怎样的分法，也不论在小区间 $[x_{i-1}, x_i]$ 上对 γ_i 采取怎样的取法，只要当 $\lambda\to 0$ 时，和式 S_n 趋于确定的极限 I（极限值 I 与 γ_i 的取法和区间 $[a, b]$ 的分法无关），我们称函数 $y=f(x)$ 在 $[a, b]$ 上可积，这个极限 I 称为函数 $y=f(x)$ 在 $[a, b]$ 上定积分，记为 $\int_a^b f(x)\mathrm{d}x$. 即

$$\int_a^b f(x)\mathrm{d}x=\lim_{\lambda=\max\{\Delta x_i\}\to 0}\sum_{i=1}^{n} f(\gamma_i)\Delta x_i, \tag{6.8}$$

其中，$f(x)$ 叫作被积函数，x 叫作积分变量，$[a, b]$ 叫作积分区间，a 称为积分的下限，b 称为积分的上限.

对式（6.8）我们可以这样记忆：微分 $\mathrm{d}x$ 代表 Δx_i，表示每个 Δx_i 都充分小；$f(x)$ 代表 $f(\gamma_i)$；积分号 $\int_a^b$ 代表 $\lim\limits_{\lambda=\max\{\Delta x_i\}\to 0}\sum\limits_{i=1}^{n}$，即和式的极限.

关于定积分的定义我们做以下说明：

（1）若 $f(x)$ 有原函数 $F(x)$，即存在 $F(x)$ 使得 $F'(x)=f(x)$，则由拉格朗日中值定理可得

$$\int_a^b f(x)\mathrm{d}x=F(x)\big|_a^b=F(b)-F(a). \tag{6.9}$$

事实上，由拉格朗日中值定理知在区间 $[x_{i-1}, x_i]$ 上有点 γ_i 满足

$$F'(\gamma_i)\Delta x_i=F(x_i)-F(x_{i-1}),\ (i=1, 2, \cdots, n),$$

即

$$f(\gamma_i)\Delta x_i=F(x_i)-F(x_{i-1}),$$

将上式代入式（6.8）有

$$\begin{aligned}\int_a^b f(x)\mathrm{d}x&=\lim_{\lambda=\max\{\Delta x_i\}\to 0}\sum_{i=1}^{n}[F(x_i)-F(x_{i-1})]\\&=\lim_{\lambda=\max\{\Delta x_i\}\to 0}[F(x_n)-F(x_0)]\\&=\lim_{\lambda=\max\{\Delta x_i\}\to 0}[F(b)-F(a)]=F(b)-F(a).\end{aligned}$$

式（6.9）就是著名的计算定积分的牛顿—莱布尼茨公式，也称微积分基本公式. 它把两个看上去毫不相关的定积分（和的极限）与不定积分（原函数）联系起来了，这也是为什么把式（6.8）等号右边的极限称为定积分的原因.

（2）由式（6.9）可以看出定积分的值与被积函数 $f(x)$ 和积分区间 $[a, b]$ 有关，与积分变量用哪个字母表示无关，即

$$\int_a^b f(x)\mathrm{d}x=\int_a^b f(t)\mathrm{d}t=\int_a^b f(u)\mathrm{d}u.$$

（3）若函数 $f(x)$ 在区间 $[a, b]$ 上的定积分存在，则称 $f(x)$ 在区间 $[a, b]$ 上可积，否则称为不可积. 关于可积有下面两个重要的定理.

定理 6.1 若函数 $f(x)$ 在区间 $[a, b]$ 上连续，则 $f(x)$ 在区间 $[a, b]$ 上可积.（证明从略).

定理 6.2 若函数 $f(x)$ 在区间 $[a, b]$ 上有界，且只有有限个间断点，则 $f(x)$ 在区间 $[a, b]$ 上可积.（证明从略).

(4) 从前面的例 6.1 知：函数 $f(x)$ 在区间 $[a, b]$ 上的定积分等于由连续曲线 $y=f(x)$，$(a\leqslant x\leqslant b)$ 和直线 $x=a$，$x=b$，$y=0$ 所围曲边梯形的面积 S，即 $S=\int_a^b f(x)\mathrm{d}x$. 我们将其称为定积分的几何意义.

又由例 6.3 知：已知运动的物体的速度 $v=v(t)$，则从物体从 $t=T_1$ 到 $t=T_2$ 所走的路程 s 等于速度函数 $v(t)$ 在时间间隔 $[T_1, T_2]$ 上的定积分，即 $s=\int_{T_1}^{T_2} v(t)\mathrm{d}t$. 这里可表述为已知速度求路程用定积分.

例 6.4 设某物体做直线减速运动，已知速度 $v(t)=8-2t^2$，求 $t=0$ 到 $t=2$ 物体所走的路程.

解 本题已知速度求路程，所以用定积分，即物体所走的路程为

$$s=\int_0^2 (8-2t^2)\mathrm{d}t,$$

又函数 $v=8-2t^2$ 的不定积分为 $\int(8-2t^2)\mathrm{d}t=8t-\frac{2}{3}t^3+C$，即它的一个原函数为 $8t-\frac{2}{3}t^3$，所以

$$s=\int_0^2 (8-2t^2)\mathrm{d}t=\left(8t-\frac{2}{3}t^3\right)\bigg|_0^2=16\frac{1}{3}.$$

§6.2 定积分的应用

6.2.1 定积分的应用

从定积分的定义可以看出，定积分是一种求非均匀累加和的数学方法模型，应用非常广泛，下面给出几个定积分在现实生活中应用的例子.

例 6.5（储存费问题） 一零售商收到一船共 10 万千克大米，这批大米以常量每天 1 万千克均匀运走（用履带转送），要用 10 天的时间，如果储存费用是平均每天每 1 万千克 10 元，10 天后这位零售商需支付储存费多少元？

解 分析：储存费计算公式：

储存费＝储存数量×储存时间×储存单价.

如 10 万千克大米储存 10 天时间，每天每万公斤 10 元，则储存费为

$$10\times10\times10=1\ 000\ (\text{元}).$$

上面储存费计算公式适用于储存数量为常量的情况.

而本题储存大米的数量是随时间 t 变化的，是时间 t 的函数，记为 $Q(t)$，易知

$$Q(t)=10-t,$$

要求总储存费 m. 这是一个非均匀求和问题，我们用定积分方法处理.

（1）无限细分：将时间区间 $[0, 10]$ 分成若干小时段记为 Δt_1，Δt_2，…，Δt_n（每段都充分小）.

计算每个小时段的储存费 $\Delta m_i(i=1, 2, \cdots, n)$，则总的储存费 m 等于每小时段的储存费的累加和，即 $m=\Delta m_1+\Delta m_2+\cdots+\Delta m_n$.

（2）近似求和：由于每段都充分小，每个小时段 Δt_i 内的储存量变化很小，所以我们可以将其看成不变，取 Δt_i 内的任意一时间点的储存量 $Q(\xi_i)$，$\xi_i\in\Delta t_i$ 为代表作为 Δt_i 内的储存量，这时小时段 Δt_i 内的储存费（近似）为 $\Delta m_i\approx 10\times Q(\xi_i)\Delta t_i$（元），求这些小段时间 Δt_i 的储存费的和

$$m\approx\sum_{i=1}^{n}10\times Q(\xi_i)\Delta t_i$$

是总储存费 m 的近似.

（3）取极限：上式令 $\lambda=\max\{\Delta t_i\}\to 0$，上面的和式极限就是储存费 m，即

$$\begin{aligned}m&=\lim_{\lambda=\max\{\Delta t_i\}\to 0}\sum_{i=1}^{n}Q(\xi_i)\Delta t_i=\int_0^{10}10\times Q(t)\mathrm{d}t\\&=\int_0^{10}10\times(10-t)\mathrm{d}t=\left(100t-\frac{10}{2}t^2\right)\Bigg|_0^{10}=500(\text{元}).\end{aligned}$$

例 6.6（捕鱼成本问题） 在鱼塘中捕鱼时，鱼越少捕鱼越困难，捕捞成本也就越高，一般可以假设单位捕鱼量的捕捞成本与当时池塘中的鱼量成反比.

假设当鱼塘中有 a 千克鱼时，每千克的捕捞成本是 $\frac{2\,000}{10+a}$ 元. 已知鱼塘中现有银鱼 10 000 千克，问：从鱼塘中捕捞 6 000 千克银鱼需要花费多少成本 A？

解 分析：若单位捕捞成本（每公斤的捕捞成本）不变是一常量，则

捕捞成本＝单位捕捞成本×捕捞量.

由题设知：本题的单位捕捞成本是含鱼量 a 的函数，与捕捞量有关. 所以求捕捞成本也是一个非均匀求和问题，要用定积分方法.

设捕捞量 x（千克）为积分变量，$x\in[0, 6\,000]$：

（1）无限细分：将捕捞量区间 $[0, 6\,000]$ 分成若干捕捞量小区间，记为

$$\Delta x_1, \Delta x_2, \cdots, \Delta x_n.$$

计算每个捕捞量小区间的捕捞成本，则总捕捞成本为每个小区间捕捞成本的累加和.

（2）近似求和：当 Δx_i 充分小时，我们可以把每个捕捞量小区间 Δx_i 内的含鱼量看成不变（近似），任取 $\xi_i\in\Delta x_i$ 作为 Δx_i 内的含鱼量，则捕捞量小区间 Δx_i 中的捕捞成本为（近似）

$$\frac{2\,000}{10+(10\,000-\xi_i)}\Delta x_i,$$

则这些小区间的捕捞成本和为

$$\sum_{i=1}^{n}\frac{2\,000}{10+(10\,000-\xi_i)}\Delta x_i.$$

（3）取极限：从鱼塘中捕捞 6 000 千克鱼需要花费成本为

$$A = \lim_{\lambda=\max\{\Delta x_i\}\to 0}\sum_{i=1}^{n}\frac{2\ 000}{10+(10\ 000-\xi_i)}\Delta x_i$$
$$=\int_0^{6\ 000}\frac{2\ 000}{10+(10\ 000-x)}\mathrm{d}x = 1\ 829.59\ (\text{元}).$$

从上述两应用例子可以看出，定积分是求非均匀累加和的数学模型和方法，该方法总可按“无限分割、近似求和、取极限”三个步骤把所求非均匀累加和表示成为定积分的形式. 其关键要素如下：

定积分求非均匀累加和（总量 A），首先要根据具体问题，选取一个积分变量（如例 6.5 中的时间 t，例 6.6 中的捕捞量 x），并确定它的累加区间（积分区间）$[a, b]$（如例 6.5 中 t 的区间为 $[0, 10]$，例 6.6 中 x 的区间为 $[0, 6\ 000]$）；总量 A 在积分区间内关于积分变量具有可累加性，即将积分区间任意分割成若干小区间 $\Delta x_i(i=1, 2, \cdots, n)$，这时积分区间的总量 A 等于每个小区间的部分量 ΔA_i 之和 $\left(\text{即} A=\sum\limits_{i=1}^{n}\Delta A_i\right)$；然后用微积分的方法即以直代曲或以不变代变的方法将 ΔA_i 线性化，即将每个部分量 ΔA_i 近似表示成 $f(\xi_i)\Delta x_i(\forall \xi_i\in\Delta x_i)$ 的形式，然后得总量定积分计算式 $A=\int_a^b f(x)\mathrm{d}x$.

结合微分和不定积分概念以及微积分基本公式. 我们可以给出在应用学科广泛采用的一种将非均匀累加和 A（总量）表示为定积分的方法——微元法.

6.2.2　微元法

微元法的主要步骤及原理：

(1) 确定积分变量和积分区间：根据具体问题，选取一个积分变量 x，并确定它的积分区间 $[a, b]$；同时确定一个与总量 A 相关的函数 $A(x)$，满足 $A(a)=0$，$A=A(b)$；并且总量（积分）A 在积分区间内具有可累加性.

(2) 求出总量 A 的微元：即 $A(x)$ 的微分 $\mathrm{d}A(x)=f(x)\mathrm{d}x$.

用第三章在 § 3.6 节微分的应用部分中的同样方法求 $A(x)$ 的微分，即在积分区间 $[a, b]$ 中任取微元区间 $[x, x+\mathrm{d}x]$，用微积分方法（以直代曲或以不变代变）得 $A(x)$ 的微分，并且它能表示为如下形式
$$\mathrm{d}A(x)=f(x)\mathrm{d}x,$$
我们称之为总量 A 的微元.

(3) 将总量 A 表示为定积分：$A=\int_a^b f(x)\mathrm{d}x$.

事实上，由 $A(x)$ 的微分 $\mathrm{d}A(x)=f(x)\mathrm{d}x$ 和不定积分的定义可得 $A(x)$ 是 $f(x)$ 的一个原函数. 又由 $A(a)=0$，$A=A(b)$ 和牛顿—莱布尼茨公式有
$$A=A(b)=A(b)-A(a)=\int_a^b f(x)\mathrm{d}x.$$

微元法是从定积分定义抽象出的非均匀累加和的方法，比定积分定义法更简明，应用更方便，在应用学科广泛应用. 下面再给出几个用微分法解决实际问题的例子.

例 6.7（油井效益） 有一口油井，从现在开始 t 月后的出油量为 $L(t)=360-10t$ 桶，油价为每桶 $p(t)=90+3\sqrt{t}$（美元），求这口井可得的总收入 A.

解　设时间 t 为积分变量，由题设知油井的油 36 个月出完，所以积分区间为 $[0, 36]$，并设 $A(t)$ 为 t 月后的收入，显然有 $A(0)=0$，$A=A(36)$.

在区间 $[0, 36]$ 中任取时间微元区间 $[t, t+\mathrm{d}t]$，则收入微元为

$$\mathrm{d}A=(360-10t)(90+3\sqrt{t})\,\mathrm{d}t,$$

则这口井可得的总收入为

$$A=\int_0^{36}(360-10t)(90+3\sqrt{t})\,\mathrm{d}t=742\ 608(\text{美元}).$$

例 6.8（旋转体的体积）　设连续曲线 $y=f(x)$，直线 $x=a$，$x=b$ 及 x 轴所围的平面图形绕 x 轴旋转而成的旋转体，求它的体积 V.

解　如图 6.6 所示，设积分变量为 x，积分区间为 $[a, b]$，对任意 $x\in[a, b]$ 取微元区间 $[x, x+\mathrm{d}x]$，该区间对应的体积微元为

$$\mathrm{d}V=\pi f^2(x)\,\mathrm{d}x,$$

所以旋转体体积为

$$V=\int_a^b \pi f^2(x)\,\mathrm{d}x.$$

例 6.9　设有半径为 R 半球型的装满水的容器（见图 6.7），求将容器中水抽干所做的功 W.

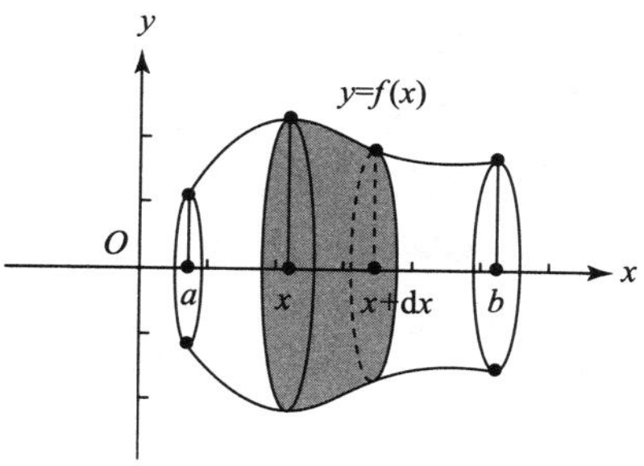

图 6.6

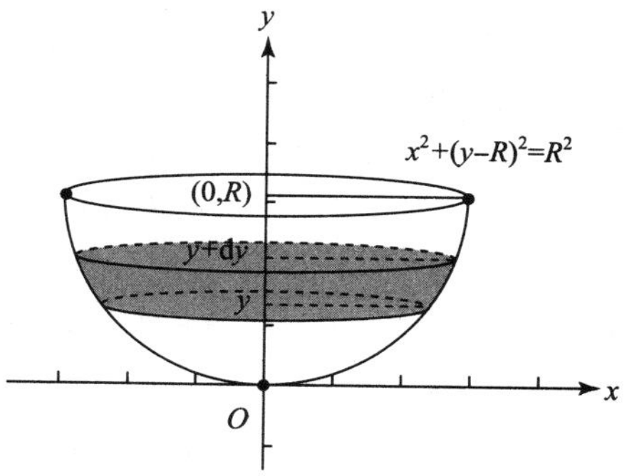

图 6.7

解　如图 6.7 所示，将半球看成以 $(0, R)$ 为圆心、半径为 R 的圆的 $y\leqslant R$ 半圆部分绕 y 轴旋转而成，其圆的方程为 $x^2+(y-R)^2=R^2$.

设积分变量为 y，积分区间为 $[0, R]$，在 $[0, R]$ 上任取微元区间 $[y, y+\mathrm{d}y]$，此区间对应部分水的体积近似为 $\pi[R^2-(y-R)^2]\mathrm{d}y$，将其抽出所做的功为（设水的比重为 1）

$$\mathrm{d}W(y)=\pi(R-y)[R^2-(y-R)^2]\mathrm{d}y,$$

所以将容器中水抽干所做的功为

$$W=\int_0^R \pi(R-y)[R^2-(y-R)^2]\mathrm{d}y=\frac{\pi R^4}{4}.$$

思考： 假设将半径为 10 米半球形装满水的容器抽干需要 100 元，那么将半径为 20 米半球形装满水的容器抽干需要多少元？

下面讨论在经济和管理科学中非常重要的“均匀货币流”问题.

在银行业务有一种“均匀货币流”存款方式——使货币像流水一样以定常流量 a 源源不

断地流进银行，比如商店每天把固定的数量的营业额存入银行，就类似于这种方式．这种存款方式一般适用于连续复利方式结算．有很多实际问题适合这种情况．

例 6.10 航通公司一次性投资 100 万元建造一条生产线，并于一年后建成投产，开始取得经济效益．设流水线的收益是均匀货币流（即每时每刻均匀产生收益），年流量（收益）为 30 万元．已知银行年利率为 10%，问：多少年后该公司可以收回投资？

解 这是个收回投资问题，已知一次性投资（现值）100 万元，一年后不断产生收益（未来值），多少年后收回投资的意思是多少年后总收益的现值为 100 万元．所以本题适用现值问题．

设 T 年后该公司可以收回投资，下面计算 T 年后该公司总收益的现值．设时间 t 为积分变量，积分区间为 $[1, T]$，任取微元区间 $[t, t+\mathrm{d}t]$，在这段时间内，公司收益微元为 $30\mathrm{d}t$ 元，这时收益微元现值（即在 $t=0$ 时的价值）为

$$\mathrm{d}A=30\mathrm{e}^{-0.1t}\mathrm{d}t,$$

则 T 年后该公司总收益的现值为

$$A=\int_1^T 30\mathrm{e}^{-0.1t}\mathrm{d}t=\frac{30}{0.1}[-\mathrm{e}^{-0.1t)}]_1^T=\frac{30}{0.1}(\mathrm{e}^{-0.1}-\mathrm{e}^{-0.1T}),$$

由题意有 $\frac{30}{0.1}(\mathrm{e}^{-0.1}-\mathrm{e}^{-0.1T})=100$，解得 $T=5.6$ 年，即公司 5.6 年后可以收回投资．

例 6.11 某航空公司为了发展新航线的航运业务，需要增加 5 架波音 747 客机，如果购进一架客机需要一次支付 5 000 万美元的现金，客机使用寿命为 15 年．如果租用一架客机，每年需要支付 600 万美元的资金，租金以均匀货币流的方式支付（如每天支付）．若银行年利率为 12%，问：购买客机与租用客机哪种方案为佳？如果银行年利率为 6%呢？

解 分析：买一架客机一次性支付现金（现值），而租用一架客机，租金以均匀货币流的方式分 15 年（未来值）支付，所以要比较这两种方式的优劣，较为方便的方法就是将 15 年的支付（未来值）化成现值，再与购买客机的现金（现值）比较．

由题知购进一架客机一次支付现金（现值）5 000 万美元．

下面计算租一架飞机 15 年租金的现值：设时间 t 为积分变量，积分区间为 $[0, 15]$，任取微元区间 $[t, t+\mathrm{d}t]$，在这段时间内，航空公司向厂家支付租金微元为 $600\mathrm{d}t$ 元，这时租金微元现值（即在 $t=0$ 时的价值）为（r 其中年利率）

$$\mathrm{d}A=600\mathrm{e}^{-rt}\mathrm{d}t,$$

则 15 年支付租金的现值为

$$A=\int_0^{15} 600\mathrm{e}^{-rt}\mathrm{d}t=\frac{600}{r}[-\mathrm{e}^{-rt)}]_0^{15}=\frac{600}{r}(1-\mathrm{e}^{-15r}).$$

当 $r=12\%$ 时，15 年租金的现值为

$$\frac{600}{0.12}(1-\mathrm{e}^{-0.12\times 15})\approx 4\ 173.5\ （万美元），$$

显然，此时租客机比买客机更划算．

当 $r=6\%$ 时，15 年租金的现值为

$$\frac{600}{0.06}(1-\mathrm{e}^{-0.06\times 15})\approx 5\ 934.3\ （万美元），$$

显然，此时买客机比租客机更划算.

§6.3　定积分的性质与计算

6.3.1　定积分的性质

为进一步讨论定积分的理论和计算，本节我们介绍定积分的一些性质. 在下面的讨论中总假设被积函数是可积的. 为计算和证明的需要，先做以下规定：

(1) 当 $a=b$ 时，$\int_a^b f(x)\mathrm{d}x = 0$；

(2) $\int_a^b f(x)\mathrm{d}x = -\int_b^a f(x)\mathrm{d}x$.

由定积分的定义不难看出这些规定的合理性.

下面不加证明地引入以下定积分的性质，用定积分的定义可以证明（证明从略）.

性质 6.1　$\int_a^b [f(x) \pm g(x)]\mathrm{d}x = \int_a^b f(x)\mathrm{d}x \pm \int_a^b g(x)\mathrm{d}x$.

性质 6.2　$\int_a^b kf(x)\mathrm{d}x = k\int_a^b f(x)\mathrm{d}x$，（$k$ 为常数）.

性质 6.3（积分区间可加性）　$\int_a^b f(x)\mathrm{d}x = \int_a^c f(x)\mathrm{d}x + \int_c^b f(x)\mathrm{d}x$.

例 6.12　计算 $\int_{-1}^2 x|x|\mathrm{d}x$.

解

$$\begin{aligned}\int_{-1}^2 x|x|\mathrm{d}x &= \int_{-1}^0 x|x|\mathrm{d}x + \int_0^2 x|x|\mathrm{d}x \\ &= \int_{-1}^0 -x^2\mathrm{d}x + \int_0^2 x^2\mathrm{d}x \\ &= -\frac{x^3}{3}\bigg|_{-1}^0 + \frac{x^3}{3}\bigg|_0^2 = 3.\end{aligned}$$

性质 6.4（积分不等式）　若在区间 $[a, b]$ 上有 $f(x) \leqslant g(x)$，则

$$\int_a^b f(x)\mathrm{d}x \leqslant \int_a^b g(x)\mathrm{d}x.$$

性质 6.5（积分中值定理）　设 $f(x)$ 在区间 $[a, b]$ 上连续，则存在 $\xi \in [a, b]$，使得

$$\int_a^b f(x)\mathrm{d}x = f(\xi)(b-a).$$

6.3.2　积分上限函数

设函数 $f(x)$ 在区间 $[a, b]$ 上可积，则 $\int_a^x f(t)\mathrm{d}t$ 也是 $[a, b]$ 上的函数，记为 $\Phi(x) = \int_a^x f(t)\mathrm{d}t$，我们称函数 $\Phi(x)$ 为积分上限函数，或称变上限函数.

若 $f(x)$ 在区间 $[a, b]$ 上连续，则其变上限函数的几何意义为：$\Phi(x)$ 是函数 $f(t)$（不妨设 $f(t)>0$），（$a \leqslant t \leqslant x$）所成的曲边梯形面积函数. 类似第三章的例 3.41 可知

$$\mathrm{d}\Phi(x) = f(x)\mathrm{d}x.$$

于是有下面定理.

定理 6.1（微积分基本定理） 设函数 $f(x)$ 在区间 $[a,b]$ 上连续，则积分上限函数 $\Phi(x)$ 可微且 $\mathrm{d}\Phi(x)=\mathrm{d}\int_a^x f(t)\mathrm{d}t=f(x)\mathrm{d}x$ 或 $\Phi'(x)=\left(\int_a^x f(t)\mathrm{d}t\right)'=f(x)$.

（证明从略）

又由定理 6.1 易得定理 6.2.

定理 6.2（原函数存在定理） 若函数 $f(x)$ 在区间 $[a,b]$ 上连续，则在区间 $[a,b]$ 上的原函数一定存在，且其中的一个原函数为变上限函数 $\Phi(x)=\int_a^x f(t)\mathrm{d}t$.

下面由上述两个定理导出定积分计算公式——牛顿—莱布尼茨公式，也称微积分基本公式.

设 $F(x)$ 为 $f(x)$ 在区间 $[a,b]$ 上的任意一个原函数，由推论 4.3 有

$$F(x)=\Phi(x)+C,$$

所以有

$$F(b)=\Phi(b)+C=\int_a^b f(t)\mathrm{d}t+C. \tag{6.10}$$

又 $\Phi(a)=\int_a^a f(t)\mathrm{d}t=0$，所以有

$$F(a)=\Phi(a)+C=C, \tag{6.11}$$

将式（6.11）代入式（6.10）得

$$F(b)=\int_a^b f(t)\mathrm{d}t+F(a),$$

即得定积分计算公式

$$\int_a^b f(t)\mathrm{d}t=F(b)-F(a), \tag{6.12}$$

其中，$F(x)$ 为 $f(x)$ 在区间 $[a,b]$ 上的任意一个原函数.

由复合函数求导法则，有下列积分上限函数公式：

（1）$\left[\int_a^{\varphi(x)} f(t)\mathrm{d}t\right]'=f[\varphi(x)]\varphi'(x)$；

（2）$\left[\int_{\psi(x)}^{\varphi(x)} f(t)\mathrm{d}t\right]'=f[\varphi(x)]\varphi'(x)-f[\psi(x)]\psi'(x)$.

例 6.13 求 $\dfrac{\mathrm{d}}{\mathrm{d}x}\int_a^x \sqrt{t}\,\mathrm{e}^t\mathrm{d}t$.

解 $\dfrac{\mathrm{d}}{\mathrm{d}x}\int_a^x \sqrt{t}\,\mathrm{e}^t\mathrm{d}t=\sqrt{x}\mathrm{e}^x$.

例 6.14 求 $\dfrac{\mathrm{d}}{\mathrm{d}x}\int_a^{x^2} \sqrt{t}\sin t\mathrm{d}t$.

解 $\dfrac{\mathrm{d}}{\mathrm{d}x}\int_a^{x^2} \sqrt{t}\sin t\mathrm{d}t=2x\sqrt{x^2}\sin x^2$.

例 6.15 $\lim\limits_{x\to 0}\dfrac{\int_a^{x^2}\sin t^2\mathrm{d}t}{x^6}$.

解　由洛必达法则有

$$\lim_{x\to 0}\frac{\int_a^{x^2}\sin t^2\,\mathrm{d}t}{x^6}=\lim_{x\to 0}\frac{2x\sin x^4}{6x^5}=\frac{1}{3}.$$

6.3.3　定积分的计算

1. 牛顿—莱布尼茨公式

定积分 $\int_a^b f(x)\mathrm{d}x$ 计算的基本公式是牛顿—莱布尼茨公式，由基本公式可知计算定积分首先要求被积函数的 $f(x)$ 的不定积分，由此得到 $f(x)$ 的一个原函数 $F(x)$，然后将积分区间端点的值代入 $F(x)$ 并作差 $F(b)-F(a)$ 即得.

例 6.16　计算 $\int_0^1 3^x\mathrm{d}x$.

解　先求不定积分的原函数 $F(x)=\dfrac{3^x}{\ln 3}$，然后将积分区间端点的值代入 $F(x)$ 并作差 $F(1)-F(0)$，即

$$\int_0^1 3^x\mathrm{d}x=\frac{3^x}{\ln 3}\bigg|_0^1=\frac{3}{\ln 3}-\frac{1}{\ln 3}=\frac{2}{\ln 3}.$$

类似不定积分的换元积分法和分部积分法，我们有下列定积分的换元积分法和分部积分法.

2. 换元积分法

定理 6.3（换元积分法）　设函数 $f(x)$ 在区间 $[a,b]$ 上连续，$\varphi(x)$ 在区间 $[\alpha,\beta]$ 上连续可微且单调，其中 $\alpha=\varphi^{-1}(a)$，$\beta=\varphi^{-1}(b)$，则有

$$\int_a^b f(x)\mathrm{d}x\overset{x=\varphi(t)}{=}\int_{\varphi^{-1}(a)}^{\varphi^{-1}(b)}f[\varphi(t)]\varphi'(t)\mathrm{d}t.$$

例 6.17　计算 $\int_1^2\dfrac{1}{x+\sqrt{x}}\mathrm{d}x$.

解　变量代换，令 $x=t^2$ 有

$$\begin{aligned}\int_1^2\frac{1}{x+\sqrt{x}}\mathrm{d}x&\overset{x=t^2}{=}\int_1^{\sqrt{2}}\frac{1}{t^2+t}2t\mathrm{d}t\\&=2\int_1^{\sqrt{2}}\frac{1}{t+1}\mathrm{d}t=2\ln\frac{(1+\sqrt{2})}{2}.\end{aligned}$$

例 6.18　计算 $\int_0^1\sqrt{1-x^2}\mathrm{d}x$.

解

$$\begin{aligned}\int_0^1\sqrt{1-x^2}\mathrm{d}x&\overset{x=\sin t\left(0\leqslant t\leqslant\frac{\pi}{2}\right)}{=}\int_0^{\frac{\pi}{2}}\sqrt{1-\sin^2 t}\mathrm{d}\sin t\\&=\int_0^{\frac{\pi}{2}}\cos^2 t\mathrm{d}t=\int_0^{\frac{\pi}{2}}\frac{1+\cos 2t}{2}\mathrm{d}t,\\&=\left(\frac{1}{2}t+\frac{\sin 2t}{4}\right)\bigg|_0^{\frac{\pi}{2}}=\frac{\pi}{4}.\end{aligned}$$

例 6.19 计算 $\int_{-\frac{\pi}{4}}^{\frac{\pi}{4}} \frac{x^3}{\cos^2 x}\mathrm{d}x$.

解 令 $I=\int_{-\frac{\pi}{4}}^{\frac{\pi}{4}} \frac{x^3}{\cos^2 x}\mathrm{d}x$，则

$$I=\int_{-\frac{\pi}{4}}^{\frac{\pi}{4}} \frac{x^3}{\cos^2 x}\mathrm{d}x \overset{x=-t}{=} \int_{\frac{\pi}{4}}^{-\frac{\pi}{4}} \frac{-t^3}{\cos^2 t}\mathrm{d}(-t)$$

$$=-\int_{-\frac{\pi}{4}}^{\frac{\pi}{4}} \frac{t^3}{\cos^2 t}\mathrm{d}t=-\int_{-\frac{\pi}{4}}^{\frac{\pi}{4}} \frac{x^3}{\cos^2 x}\mathrm{d}x=-I,$$

解上式得 $I=0$，即 $\int_{-\frac{\pi}{4}}^{\frac{\pi}{4}} \frac{x^3}{\cos^2 x}\mathrm{d}x=0$.

3. 定积分的分部积分

定理 6.4（定积分的分部积分） 设 $u'(x)$，$v'(x)$ 在区间 $[a, b]$ 上连续，则

$$\int_a^b u(x)v'(x)\mathrm{d}x=u(x)v(x)\big|_a^b-\int_a^b u'(x)v(x)\mathrm{d}x.$$

例 6.20 计算 $\int_1^2 x^2\mathrm{e}^x\mathrm{d}x$.

解 由分部积分有

$$\int_1^2 x^2\mathrm{e}^x\mathrm{d}x=x^2\mathrm{e}^x\big|_1^2-\int_1^2 2x\mathrm{e}^x\mathrm{d}x$$

$$=x^2\mathrm{e}^x\big|_1^2-2x\mathrm{e}^x\big|_1^2+2\int_1^2 \mathrm{e}^x\mathrm{d}x$$

$$=(x^2\mathrm{e}^x-2x\mathrm{e}^x+2\mathrm{e}^x)\big|_1^2=2\mathrm{e}^2+\mathrm{e}.$$

例 6.21 计算 $\int_1^2 \frac{\ln x}{x^2}\mathrm{d}x$.

解 $\int_1^2 \frac{\ln x}{x^2}\mathrm{d}x=\int_1^2 \ln x\mathrm{d}\left(-\frac{1}{x}\right)=-\frac{1}{x}\ln x\Big|_1^2+\int_1^2 \frac{1}{x}\mathrm{d}\ln x$

$$=-\frac{1}{2}\ln 2+\int_1^2 \frac{1}{x^2}$$

$$=-\frac{1}{2}\ln 2-\frac{1}{x}\Big|_1^2=\frac{1}{2}(1-\ln 2).$$

例 6.22 计算 $\int_1^2 \mathrm{e}^{\sqrt{x}}\mathrm{d}x$.

解 令 $x=t^2$ 有

$$\int_1^2 \mathrm{e}^{\sqrt{x}}\mathrm{d}x \overset{x=t^2}{=} \int_1^4 2t\mathrm{e}^t\mathrm{d}t,$$

再由分部积分有

$$\int_1^4 2t\mathrm{e}^t\mathrm{d}t=2t\mathrm{e}^t\big|_1^4-2\int_1^4 \mathrm{e}^t\mathrm{d}t$$

$$=(2t\mathrm{e}^t-2\mathrm{e}^t)\big|_1^4=6\mathrm{e}^4,$$

即 $\int_1^2 \mathrm{e}^{\sqrt{x}}\mathrm{d}x=6\mathrm{e}^4$.

习题 6

1. 一零售商收到一船共 10 万千克大米，这批大米以常量每天 1 万千克均匀运走（用履带转送），要用 10 天的时间，如果储存单价为 $D(t)=10+\dfrac{t}{5}$ [元/(每天·每万千克)]，10 天后这位零售商需支付储存费多少元？

2. 设 $t=0$ 时开始以均匀流的方式向银行存款，年流量为 a 元，年利率为 r（连续计息结算），问 T 年后，在银行有多少存款 W？

3. 航通公司一次投资 100 万元建造一条生产线，并于一年后建成投产，开始取得经济效益. 设流水线的收益是均匀货币流（每时每刻产生收益），如果生产线的收益率为 $f(x)=30-2x$（万元/年），已知银行年利率为 10%，问：多少年后该公司可以收回投资？

4. 某企业以“均匀货币流”存款方式存款，年流量为 $10-t$ 万元，年利率为 5%（连续计息结算），问 5 年后，企业在银行有多少存款 W？

5. 设生产某种产品的固定成本为 50 元，边际成本和边际收益分别为

$$MC=q^2-14q+111,\ MR=100-2q,$$

试求厂商的最大利润.

6. 设生产某种产品的固定成本为 50 万元，第 p 个产品的成本为 $50-0.001p$，求生产 2 万个产品的总成本.

7. 某立交桥桥墩形如截锥体，其上下底面是半轴长分别为 a，b 和 A，B 的椭圆，其高为 h，求桥墩的体积.

8. 用冲击锤给一块 10 厘米厚木板钉钉子，第一锤钉进 5 厘米，问：第二锤能钉进多少厘米（已知木板对钉子的阻力与木板的深度成正比）？

9. 某城市的人口密度（人口密集程度）近似为 $p(r)=\dfrac{4}{r^2+20}$，$p(r)$ 表示距市中心 r 千米区域内的人口密度，单位为（10 万人/平方千米），试求距市中心区域内的 2 千米区域内的人口数.

$$人口数=人口密度\times区域面积.$$

10. 求由曲线 $y=x^3$ 和直线 $x=1$，$x=2$，$y=0$ 所围曲边梯形的面积 S.

11. 求由曲线 $y=x^2$ 和 $y^2=x$ 所围平面图形的面积 S.

12. 求由曲线 $y=x^2$ 和 $y=2x+3$ 所围平面图形的面积 S.

13. 求下列函数 $F(x)$ 的导数：

(1) $F(x)=\int_0^x \sqrt{1+t^2}\,\mathrm{d}t$；　(2) $F(x)=\int_0^{x^2} t\sin t^3\,\mathrm{d}t$；

(3) $F(x)=\int_x^{x^2} \dfrac{\sin t}{t}\mathrm{d}t$.

14. 求下列极限：

(1) $\lim\limits_{x\to 0}\dfrac{\int_0^x \ln(1+x)\,\mathrm{d}t}{x^2}$；　(2) $\lim\limits_{x\to 0}\dfrac{\int_0^{x^2} t\mathrm{e}^t\,\mathrm{d}t}{x^4}$.

15. 设函数 $f(x)$ 在区间 $[-a, a]$ 上连续，证明

(1) 当 $f(x)$ 为奇函数时，$\int_{-a}^{a} f(x)\mathrm{d}x = 0$；

(2) 当 $f(x)$ 为偶函数时，$\int_{-a}^{a} f(x)\mathrm{d}x = 2\int_{0}^{a} f(x)\mathrm{d}x$.

16. 证明：当 $x\in[n, n-1]$ 时，有 $\frac{1}{n^p} \leqslant \int_{n-1}^{n} \frac{1}{x^p}\mathrm{d}x$，$(n>1,\ p>0)$.

17. 计算下列定积分：

(1) $\int_{\frac{1}{2}}^{1} \frac{\sqrt{1-x^2}}{x}\mathrm{d}x$；　(2) $\int_{0}^{1} \frac{x^4}{x^2+1}\mathrm{d}x$；　(3) $\int_{0}^{1} \frac{\mathrm{e}^{\frac{1}{x}}}{x^2}\mathrm{d}x$；　(4) $\int_{1}^{4} \frac{x}{\sqrt{x}+1}\mathrm{d}x$；

(5) $\int_{0}^{1} \frac{1}{(x^2+1)^2}\mathrm{d}x$；　(6) $\int_{1}^{\mathrm{e}} x\ln x\mathrm{d}x$；　(7) $\int_{0}^{\frac{\pi^2}{4}} \sin\sqrt{x}\mathrm{d}x$；　(8) $\int_{1}^{\mathrm{e}} x^2\sin x\mathrm{d}x$；

(9) $\int_{0}^{4} x\mathrm{e}^{\sqrt{x}}\mathrm{d}x$；　(10) $\int_{-\frac{\pi}{4}}^{\frac{\pi}{4}} \frac{1+x^3}{\cos^2 x}\mathrm{d}x$.

第七章 无穷级数

在现实生活和科学研究中，经常遇到无穷个数相加的问题，这就是我们下面要讨论的无穷级数问题.

§7.1 无穷级数的概念与性质

7.1.1 问题的引入

引例 7.1 某企业家在学校准备设立一项长期的学生奖励基金，一年后开始发放，奖励基金每年设奖金 1 万元，他将奖励基金一次性存入银行，问：企业家需要存多少钱作为奖励基金（存款年利率为 3%，按复利计算）？

解 由现值问题易知企业家需要存的钱为

$$\frac{1}{1+3\%}+\frac{1}{(1+3\%)^2}+\cdots+\frac{1}{(1+3\%)^n}+\cdots.$$

这是无穷个数相加的问题.

引例 7.2 某富商跟银行商量准备设立一长期奖励基金，奖励基金一次性存入银行，一年后开始发放，要求第一年发奖金 1 万元，第二年发奖金 2^5 万元，第三年发奖金 3^5 万元，以此类推第 n 年发奖金 n^5 万元，你帮银行决策一下，银行能否接这项业务（存款年利率为 10%，按复利计算）？

解 由现值问题易知要设立这样的一个奖励基金需要存钱

$$\frac{1}{1+10\%}+\frac{2^5}{(1+10\%)^2}+\cdots+\frac{n^5}{(1+10\%)^n}+\cdots.$$

本题就是判断上述无穷个数相加是否为有限数. 若是，银行可以接这个业务；若不是，即这无穷个数加起来是个无穷大的数，银行不可以接这个业务.

直观来说，无穷级数就是研究无穷个数相加的问题. 无穷级数是微积分理论的一个重要组成部分. 它是表示函数、研究函数及进行近似计算的有力工具.

7.1.2 常数项级数的概念与性质

定义 7.1 设给定一个无穷数列

$$a_1,\ a_2,\ \cdots,\ a_n,\ \cdots,$$

则称由这些数组成的无穷和式

$$a_1+a_2+\cdots+a_n+\cdots$$

为常数项无穷级数，简称级数．其中数 a_n 称为级数的一般项或通项．我们常用记号 $\sum\limits_{n=1}^{\infty}a_n$ 表示上述级数，即

$$\sum_{n=1}^{\infty}a_n=a_1+a_2+\cdots+a_n+\cdots,$$

且记级数前 n 项和为 S_n，即 $S_n=a_1+a_2+\cdots+a_n$.

下面讨论无穷级数和的问题.

引例 7.1 的解： 先求 n 年共需要存多少钱作为奖励基金，即

$$\begin{aligned}S_n&=\frac{1}{1+3\%}+\frac{1}{(1+3\%)^2}+\cdots+\frac{1}{(1+3\%)^n}\\&=\frac{1}{1+3\%}\left[1-\frac{1}{(1+3\%)^n}\right]\Big/\left(1-\frac{1}{1+3\%}\right)\\&=\left[1-\frac{1}{(1+3\%)^n}\right]\frac{1}{3\%},\end{aligned}$$

那么长期发下去共需要存多少钱作为奖励基金，就是上式中 $n\to\infty$ 时的情况，即

$$\begin{aligned}S&=\frac{1}{1+3\%}+\frac{1}{(1+3\%)^2}+\cdots+\frac{1}{(1+3\%)^n}+\cdots=\lim_{n\to\infty}S_n\\&=\lim_{n\to\infty}\frac{1}{1+3\%}\left[1-\frac{1}{(1+3\%)^n}\right]\Big/\left(1-\frac{1}{1+3\%}\right)\\&=\frac{1}{3\%}=33\,\frac{1}{3}\approx 33.333\,333\ (\text{万元}),\end{aligned}$$

企业家需要存 33.333 333 万元作为奖励基金.

由此我们把无穷级数和（无穷个数相加）定义为级数前 n 项和的极限.

定义 7.2　若级数 $\sum\limits_{n=1}^{\infty}a_n$ 的 n 项和 S_n 的极限存在且等于 S，即

$$\lim_{n\to\infty}S_n=\lim_{n\to\infty}(a_1+a_2+\cdots+a_n)=S,$$

则称级数

$$\sum_{n=1}^{\infty}a_n=a_1+a_2+\cdots+a_n+\cdots$$

收敛，其和为 S，即

$$\sum_{n=1}^{\infty}a_n=a_1+a_2+\cdots+a_n+\cdots=\lim_{n\to\infty}(a_1+a_2+\cdots+a_n).$$

若 $\lim\limits_{n\to\infty}S_n$ 不存在，则称级数 $\sum\limits_{n=1}^{\infty}a_n$ 发散.

例 7.1　判断级数的敛散性，若收敛则求其和.

(1) $\sum\limits_{n=1}^{\infty}\dfrac{1}{n(n+1)}$;

(2) 等比级数 $\sum_{n=0}^{\infty} aq^n (a \neq 0, |q| \neq 1)$.

解　(1) 级数的前 n 项和

$$S_n = \frac{1}{1\times 2} + \frac{1}{2\times 3} + \cdots + \frac{1}{n(n+1)}$$
$$= \left(1-\frac{1}{2}\right) + \left(\frac{1}{2}-\frac{1}{3}\right) + \cdots + \left(\frac{1}{n}-\frac{1}{n+1}\right) = 1-\frac{1}{n+1},$$

则 $\lim\limits_{n\to\infty} S_n = \lim\limits_{n\to\infty}\left(1-\frac{1}{n+1}\right)=1$，故级数 $\sum_{n=1}^{\infty}\frac{1}{n(n+1)}$ 收敛且和为 1.

(2) 级数的前 n 项和

$$S_n = a + aq + aq^2 + \cdots + aq^{n-1} = a\,\frac{1-q^n}{1-q}, \ (q\neq 1,\ a\neq 0),$$

则

$$\lim_{n\to\infty} S_n = \lim_{n\to\infty} a\,\frac{1-q^n}{1-q} = \begin{cases} \dfrac{a}{1-q}, & |q|<1, \\ \infty, & |q|>1, \end{cases}$$

所以当 $|q|<1$ 时，级数 $\sum_{n=0}^{\infty} aq^n$ 收敛，且和为$\frac{a}{1-q}$；当 $|q|>1$ 时，级数 $\sum_{n=0}^{\infty} aq^n$ 发散.

下面给出一个级数收敛的必要条件.

定理 7.1　若级数 $\sum_{n=1}^{\infty} a_n$ 收敛，则级数通项 a_n 的极限为零，即 $\lim\limits_{n\to\infty} a_n = 0$.

证明　由级数 $\sum_{n=1}^{\infty} a_n$ 收敛，则 $\lim\limits_{n\to\infty} S_n$ 存在，记 $\lim\limits_{n\to\infty} S_n = S$，又

$$a_n = (a_1 + a_2 + \cdots + a_n) - (a_1 + a_2 + \cdots + a_{n-1}) = S_n - S_{n-1},$$

所以

$$\lim_{n\to\infty} a_n = \lim_{n\to\infty}(S_n - S_{n-1}) = \lim_{n\to\infty} S_n - \lim_{n\to\infty} S_{n-1} = S - S = 0.$$

由此可得判断级数发散的重要结论：若级数通项绝对值 $|a_n|$ 的极限不为零，则级数发散.

例 7.2　判断等比级数 $\sum_{n=0}^{\infty} aq^n (a \neq 0)$ 当 $q=1$ 和 $q=-1$ 时的敛散性.

解　当 $q=1$ 时，级数为 $\sum_{n=0}^{\infty} a$，$(a\neq 0)$，它的一般项 $a_n = a$ 的绝对值 $|a_n| = |a|$ 的极限不为零，由定理 7.1 知级数发散；

当 $q=-1$ 时，级数 $\sum_{n=0}^{\infty}(-1)^n a$ 的一般项 $a_n = (-1)^n a$ 的绝对值 $|a_n| = |a|$ 极限不为零，由定理 7.1 知级数发散.

综合例 7.1 和例 7.2 可得等比级数 $\sum_{n=0}^{\infty} aq^n$ 的敛散性：当 $|q|<1$ 时收敛且和为$\frac{a}{1-q}$；当 $|q|\geqslant 1$ 时发散.

例 7.3　判断下列级数的敛散性，若收敛则求其和.

(1) $\sum_{n=1}^{\infty}(-1)^n\frac{n}{n+1}$； (2) $\sum_{n=0}^{\infty}\left(-\frac{7}{9}\right)^n$； $\sum_{n=1}^{\infty}\frac{n^3}{4n^3+n^2+1}$.

解 (1) 因为 $a_n=(-1)^n\frac{n}{n+1}$，$\lim\limits_{n\to\infty}|a_n|=\lim\limits_{n\to\infty}\frac{n}{n+1}=1\neq0$，由定理 7.1 知级数 $\sum_{n=1}^{\infty}(-1)^n\frac{n}{n+1}$ 发散.

(2) $\sum_{n=0}^{\infty}\left(-\frac{7}{9}\right)^n$ 是公比为 $q=-\frac{7}{9}$ 的等比级数，且公比 $|q|<1$，由等比级数的敛散性知级数 $\sum_{n=1}^{\infty}\left(-\frac{7}{9}\right)^n$ 收敛，且和为 $S=\frac{1}{1+7/9}=\frac{9}{16}$.

(3) 因为 $\lim\limits_{n\to\infty}a_n=\lim\limits_{n\to\infty}\frac{n^3}{4n^3+n^2+1}=\frac{1}{4}\neq0$，由定理 7.1 知级数 $\sum_{n=1}^{\infty}\frac{n^3}{4n^3+n^2+1}$ 发散.

下面不加证明地给出一些级数的性质，这些性质的证明同学们不难完成.

性质 7.1 若级数 $\sum_{n=1}^{\infty}a_n$ 收敛，和为 S，则级数 $\sum_{n=1}^{\infty}ka_n$（k 为任意的常数）也收敛，且和为 kS，即

$$\sum_{n=1}^{\infty}ka_n=kS=k\sum_{n=1}^{\infty}a_n.$$

性质 7.2 若级数 $\sum_{n=1}^{\infty}a_n$ 和 $\sum_{n=1}^{\infty}b_n$ 收敛，和分别为 S 和 δ，则级数 $\sum_{n=1}^{\infty}(a_n\pm b_n)$ 也收敛，且和为 $S\pm\delta$，即

$$\sum_{n=1}^{\infty}(a_n\pm b_n)=S\pm\delta=\sum_{n=1}^{\infty}a_n\pm\sum_{n=1}^{\infty}b_n.$$

性质 7.3 若级数 $\sum_{n=1}^{\infty}a_n$ 收敛（发散），则在级数前面去掉（或加上）有限项（k 项）后所得到的级数仍然收敛（发散）.

注：性质 7.3 说明级数的敛散性与前面有限项无关，即 $\sum_{n=1}^{\infty}a_n$ 与 $\sum_{n=N}^{\infty}a_n$ 有相同的敛散性（其中 N 为任意的正整数）.

下面我们介绍在级数理论中起着重要作用的正项级数及其敛散性.

§ 7.2 正项级数

定义 7.3 若级数 $\sum_{n=1}^{\infty}a_n$ 的一般项满足 $a_n\geqslant0$（$n=1, 2, \cdots$），则称 $\sum_{n=1}^{\infty}a_n$ 为正项级数.

我们不难看出正项级数有以下重要性质.

性质 7.1 正项级数的前 n 项和数列 $\{S_n\}$ 是单调递增数列，即

$$S_1\leqslant S_2\leqslant S_3\leqslant\cdots\leqslant S_n\leqslant\cdots.$$

再由单调有界原理知若正项级数的前 n 项和数列 $\{S_n\}$ 有上界，即 $S_n\leqslant M$，（M 为常数），则 $\lim\limits_{n\to\infty}S_n$ 存在．若无上界，则 $\lim\limits_{n\to\infty}S_n=+\infty$，由此得到下面判断正项级数收敛的定理.

定理 7.2　正项级数 $\sum\limits_{n=1}^{\infty} a_n$ 收敛的充分必要条件为前 n 项和数列 $\{S_n\}$ 有上界，即存在正数 M，使得 $S_n \leqslant M(n=1,2,\cdots)$.

例 7.5　判断 p—级数 $\sum\limits_{n=1}^{\infty} \frac{1}{n^p}$ 的敛散性.

解　分三种情况讨论：

（1）当 $p>1$ 时，易知 $x\in[k-1,k]$ $(k\geqslant 2)$，有 $\frac{1}{k^p}\leqslant\frac{1}{x^p}$，由两边对 x 求定积分和定积分不等式的性质 6.4 有 $\int_{k-1}^{k}\frac{1}{k^p}\mathrm{d}x\leqslant\int_{k-1}^{k}\frac{1}{x^p}\mathrm{d}x$，经计算得 $\frac{1}{k^p}\leqslant\int_{k-1}^{k}\frac{1}{x^p}\mathrm{d}x(k\geqslant 2)$，因此有

$$S_n=\frac{1}{1}+\frac{1}{2^p}+\cdots+\frac{1}{n^p}=1+\sum_{k=2}^{n}\frac{1}{k^p}\leqslant 1+\sum_{k=2}^{n}\int_{k-1}^{k}\frac{1}{x^p}\mathrm{d}x.$$

再由定积分对积分区间具有可加性的性质 6.3 有

$$\sum_{k=2}^{n}\int_{k-1}^{k}\frac{1}{x^p}\mathrm{d}x=\int_{1}^{n}\frac{1}{x^p}\mathrm{d}x,$$

故有

$$\begin{aligned}S_n&\leqslant 1+\int_{1}^{n}\frac{1}{x^p}\mathrm{d}x=1+\frac{1}{-p+1}\frac{1}{x^{p-1}}\bigg|_{1}^{n}\\&=1+\frac{1}{p-1}\left(1-\frac{1}{n^{p-1}}\right)\leqslant 1+\frac{1}{p-1},\end{aligned}$$

即级数 $\sum\limits_{n=1}^{\infty}\frac{1}{n^p}(p>1)$ 的前 n 项和数列 $\{S_n\}$ 有上界，故由定理 7.2 知当 $p>1$ 时，p—级数 $\sum\limits_{n=1}^{\infty}\frac{1}{n^p}$ 收敛.

（2）当 $p=1$ 时，级数为 $\sum\limits_{n=1}^{\infty}\frac{1}{n}$，我们称此级数为调和级数. 下面用（1）类似的方法讨论调和级数的敛散性.

当 $x\in[k,k+1]$ 时，有 $\frac{1}{k}\geqslant\frac{1}{x}$，两边求积分得 $\int_{k}^{k+1}\frac{1}{k}\mathrm{d}x\geqslant\int_{k}^{k+1}\frac{1}{x}\mathrm{d}x$，即有 $\frac{1}{k}\geqslant\int_{k}^{k+1}\frac{1}{x}\mathrm{d}x$，所以由定积分的性质 6.4 和性质 6.3 有

$$S_n=\sum_{k=1}^{n}\frac{1}{k}\geqslant\sum_{k=1}^{n}\int_{k}^{k+1}\frac{1}{x}\mathrm{d}x=\int_{1}^{n+1}\frac{1}{x}\mathrm{d}x=\ln(n+1),$$

当 $n\to+\infty$ 时，$\ln(n+1)\to+\infty$，于是有 $S_n\to+\infty$，故调和级数 $\sum\limits_{n=1}^{\infty}\frac{1}{n}$ 发散到 $+\infty$.

（3）当 $p<1$ 时，有 $\sum\limits_{n=1}^{\infty}\frac{1}{n^p}>\sum\limits_{n=1}^{\infty}\frac{1}{n}=+\infty$，故级数 $\sum\limits_{n=1}^{\infty}\frac{1}{n^p}(p<1)$ 也发散到 $+\infty$.

综上所述：p—级数 $\sum\limits_{n=1}^{\infty}\frac{1}{n^p}$，当 $p>1$ 时收敛，当 $p\leqslant 1$ 时发散到 $+\infty$.

注： p一级数 $\sum\limits_{n=1}^{\infty}\frac{1}{n^p}$ 是非常重要的级数，常常被用作下面比较判别法的尺度级数.

由定理 7.2 易得下面正项级数的比较判别法.

定理 7.3（比较判别法） 设两个正项级数 $\sum\limits_{n=1}^{\infty}a_n$ 和 $\sum\limits_{n=1}^{\infty}b_n$，

（1）若满足 $a_n\leqslant kb_n$（k 为正数）（$n=1, 2, \cdots$），则由 $\sum\limits_{n=1}^{\infty}b_n$ 收敛可得 $\sum\limits_{n=1}^{\infty}a_n$ 也收敛.

（2）若满足 $a_n\geqslant kb_n$（k 为正数）（$n=1, 2, \cdots$），则由 $\sum\limits_{n=1}^{\infty}b_n$ 发散可得 $\sum\limits_{n=1}^{\infty}a_n$ 也发散.

定理证明由同学自己完成.

例 7.6 判断下列级数的敛散性：

（1）$\sum\limits_{n=1}^{\infty}\left(\frac{n}{2n+1}\right)^n$；（2）$\sum\limits_{n=1}^{\infty}\frac{1}{n\sqrt{n+1}}$；（3）$\sum\limits_{n=1}^{\infty}\frac{n}{5n^2+n+1}$.

解 （1）因为$\frac{n}{2n+1}\leqslant\frac{n}{2n}=\frac{1}{2}$，所以级数的一般项满足 $a_n=\left(\frac{n}{2n+1}\right)^n\leqslant\left(\frac{1}{2}\right)^n$，又等比级数 $\sum\limits_{n=1}^{\infty}\left(\frac{1}{2}\right)^n$ 收敛，故由比较判别法知 $\sum\limits_{n=1}^{\infty}\left(\frac{n}{2n+1}\right)^n$ 收敛.

（2）因为 $a_n=\frac{1}{n\sqrt{n+1}}\leqslant\frac{1}{n\sqrt{n}}=\frac{1}{n^{\frac{3}{2}}}$，又 p一级数 $\sum\limits_{n=1}^{\infty}\frac{1}{n^{\frac{3}{2}}}$ 收敛，所以由比较判别法知级数 $\sum\limits_{n=1}^{\infty}\frac{1}{n\sqrt{n+1}}$ 收敛.

（3）$a_n=\frac{n}{5n^2+n+1}\geqslant\frac{n}{5n^2+n^2+n^2}=\frac{1}{7n}$，又级数 $\sum\limits_{n=1}^{\infty}\frac{1}{7n}$ 发散，所以由比较判别法知级数 $\sum\limits_{n=1}^{\infty}\frac{n}{n^2+n+1}$ 发散.

虽然比较判别法原理简单，但应用起来较为困难. 它需要通过不等式找到合适的比较尺度级数，从上例可以看成这并非易事. 下面给出使用更为简单方便的比较判别法的极限形式.

定理 7.4 设两个正项级数 $\sum\limits_{n=1}^{\infty}a_n$ 和 $\sum\limits_{n=1}^{\infty}b_n$，满足

$$\lim_{n\to\infty}\frac{a_n}{b_n}=l \text{ 且 } 0<l<+\infty,$$

则级数 $\sum\limits_{n=1}^{\infty}a_n$ 和 $\sum\limits_{n=1}^{\infty}b_n$ 有相同的敛散性.

证明 先证若 $\sum\limits_{n=1}^{\infty}b_n$ 收敛，则 $\sum\limits_{n=1}^{\infty}a_n$ 也收敛.

因为 $\lim\limits_{n\to\infty}\frac{a_n}{b_n}=l<\frac{l}{2}$，由极限的保号性，存在正整数 N，当 $n>N$ 时，有$\frac{a_n}{b_n}<\frac{l}{2}$，即有 $a_n<kb_n\left(k=\frac{l}{2}>0\right)$，所以由比较判别法知：若 $\sum\limits_{n=N+1}^{\infty}b_n$ 收敛，则 $\sum\limits_{n=N+1}^{\infty}a_n$ 收敛；再由性质 7.3

知 $\sum\limits_{n=N+1}^{\infty} b_n$ 与 $\sum\limits_{n=1}^{\infty} b_n$ 有相同的敛散性，$\sum\limits_{n=N+1}^{\infty} a_n$ 与 $\sum\limits_{n=1}^{\infty} a_n$ 有相同的敛散性，于是容易推得：若 $\sum\limits_{n=1}^{\infty} b_n$ 收敛，则 $\sum\limits_{n=1}^{\infty} a_n$ 也收敛.

类似的方法不难证明，若 $\sum\limits_{n=1}^{\infty} a_n$ 收敛，则 $\sum\limits_{n=1}^{\infty} b_n$ 也收敛（同学们自己完成）. 故级数 $\sum\limits_{n=1}^{\infty} a_n$ 和 $\sum\limits_{n=1}^{\infty} b_n$ 有相同的敛散性.

例 7.7　判断级数 $\sum\limits_{n=1}^{\infty} \dfrac{5n+7}{n^3-6n^2-11}$ 的敛散性.

解　记 $a_n=\dfrac{5n+7}{n^3-6n^2-11}$，取 $b_n=\dfrac{1}{n^2}$，有

$$\lim_{n\to\infty}\frac{a_n}{b_n}=\lim_{n\to\infty}\frac{5n^3+7n^2}{n^3-6n^2-11}=5,$$

又 $\sum\limits_{n=1}^{\infty} b_n=\sum\limits_{n=1}^{\infty}\dfrac{1}{n^2}$ 收敛，所以 $\sum\limits_{n=1}^{\infty} a_n$ 也收敛，即 $\sum\limits_{n=1}^{\infty}\dfrac{5n+7}{n^3-6n^2-11}$ 收敛.

上面介绍的比较判别法及极限形式，都需要给出合适的比较尺度级数，下面给出一种只要通过级数本身（不需要找比较尺度级数）就可以非常简单地判别级数敛散性的方法——正项级数比值判别法.

定理 7.5（比值判别法）　若正项级数 $\sum\limits_{n=1}^{\infty} a_n$ 满足

$$\lim_{n\to\infty}\frac{a_{n+1}}{a_n}=l,$$

则

（1）当 $l<1$ 时，级数收敛；

（2）当 $l>1$ 时，级数发散；

（3）当 $l=1$ 时，不能用此判别法判别级数的敛散性.

（证明从略.）

注：结论（3）当 $l=1$ 时，级数有时收敛，有时发散，所以不能用此判别法判别级数的敛散性. 如级数 $\sum\limits_{n=1}^{\infty}\dfrac{1}{n^2}$，显然有 $\lim\limits_{n\to\infty}\dfrac{a_{n+1}}{a_n}=1$，这时级数收敛；又如计算 $\sum\limits_{n=1}^{\infty}\dfrac{1}{n}$，显然也有 $\lim\limits_{n\to\infty}\dfrac{a_{n+1}}{a_n}=1$，但这时级数发散.

例 7.8　判断下列级数的敛散性：

（1）$\sum\limits_{n=1}^{\infty} n^2\left(\dfrac{2}{3}\right)^n$；　（2）$\sum\limits_{n=1}^{\infty}\dfrac{2^n}{n(n+1)}$；　（3）$\sum\limits_{n=1}^{\infty}\dfrac{n!}{n^n}$.

解　（1）
$$\lim_{n\to\infty}\frac{a_{n+1}}{a_n}=\lim_{n\to\infty}(n+1)^2\left(\frac{2}{3}\right)^{n+1}\Big/n^2\left(\frac{2}{3}\right)^n$$
$$=\lim_{n\to\infty}\frac{2}{3}(n+1)^2/n^2=\frac{2}{3}<1,$$

所以级数 $\sum_{n=1}^{\infty} n^2\left(\frac{2}{3}\right)^n$ 收敛.

(2) $$\lim_{n\to\infty}\frac{a_{n+1}}{a_n}=\lim_{n\to\infty}\frac{2^{n+1}}{(n+1)(n+2)}\Big/\frac{2^n}{n(n+1)}$$
$$=\lim_{n\to\infty}2n/(n+2)=2>1,$$

所以级数 $\sum_{n=1}^{\infty}\frac{2^n}{n(n+1)}$ 发散.

(3) $$\lim_{n\to\infty}\frac{a_{n+1}}{a_n}=\lim_{n\to\infty}\frac{(n+1)!}{(n+1)^{n+1}}\Big/\frac{n!}{(n)^n}$$
$$=\lim_{n\to\infty}\frac{n^n}{(n+1)^n}=\lim_{n\to\infty}\left(\frac{n}{n+1}\right)^n=\frac{1}{\mathrm{e}}<1,$$

所以级数 $\sum_{n=1}^{\infty}\frac{n!}{n^n}$ 收敛.

引例 7.2 的解：银行能否接这个业务，就要看下面的级数

$$\frac{1}{1+10\%}+\frac{2^5}{(1+10\%)^2}+\cdots+\frac{n^5}{(1+10\%)^n}+\cdots=\sum_{n=1}^{\infty}\frac{n^5}{(1+10\%)^n},\tag{7.1}$$

是否收敛，即这无穷个数加起来是否为一个有限数，若是，银行就可以接这个业务；若不是，即这无穷个数加起来是个无穷大的数，银行就不可以接这个业务. 我们可以用比值判别法来考虑. 因为

$$\lim_{n\to\infty}\frac{a_{n+1}}{a_n}=\lim_{n\to\infty}\frac{(n+1)^5}{(1+10\%)^{n+1}}\Big/\frac{n^5}{(1+10\%)^n}$$
$$=\frac{1}{1+10\%}\lim_{n\to\infty}\frac{(n+1)^5}{n^5}=\frac{1}{1+10\%}<1,$$

由比值判别法知 $\sum_{n=1}^{\infty}\frac{n^5}{(1+10\%)^n}$ 收敛，即式（7.1）的无穷个数加起来是有限数，银行可以接这个业务.

§7.3　绝对收敛与条件收敛

前面我们讨论了正项级数的敛散性，它有一些很好的级数敛散性判别法则. 下面讨论任意项级数的敛散性，首先讨论一类称为交错级数的收敛性.

7.3.1　交错级数

定义 7.3　形如

$$\pm\left[a_1-a_2+a_3-a_4+\cdots+(-1)^{n+1}a_n+\cdots\right],$$

其中，$a_n>0(n=1,2,\cdots)$，即正负相间的级数称为交错级数. 交错级数的收敛性有下面著名的莱布尼茨定理.

定理 7.6（莱布尼茨定理）　若交错级数

$$\pm\sum_{n=1}^{\infty}(-1)^{n+1}a_n=\pm\left[a_1-a_2+a_3-a_4+\cdots+(-1)^{n+1}a_n+\cdots\right],$$

其中，$a_n>0(n=1, 2, \cdots)$，满足条件

（1）$a_n \geqslant a_{n+1}(n=1, 2, \cdots)$；

（2）$\lim\limits_{n\to\infty} a_n=0$，

则交错级数 $\pm\sum\limits_{n=1}^{\infty}(-1)^{n+1}a_n$ 收敛.

（证明从略.）

由此可知，只要交错级数 $\pm\sum\limits_{n=1}^{\infty}(-1)^{n+1}a_n$ 中的 a_n 单减趋于 0，级数就收敛.

例 7.9　判断级数 $\sum\limits_{n=1}^{\infty}(-1)^{n+1}\dfrac{1}{n}$ 的敛散性.

解　$\sum\limits_{n=1}^{\infty}(-1)^{n+1}\dfrac{1}{n}$ 是一个交错级数，且 $a_n=\dfrac{1}{n}$ 单减趋于 0，故由莱布尼茨定理知 $\sum\limits_{n=1}^{\infty}(-1)^{n+1}\dfrac{1}{n}$ 收敛.

7.3.2　绝对收敛

我们知道正项级数有很多的敛散性判别法. 对于任意项级数，判别其敛散性时，可以将其转化为正项级数敛散性的问题.

任意级数 $\sum\limits_{n=1}^{\infty}a_n=a_1+a_2+\cdots+a_n+\cdots$ 的各项取绝对值后得到的级数

$$\sum_{n=1}^{\infty}|a_n|=|a_1|+|a_2|+\cdots+|a_n|+\cdots,$$

称为 $\sum\limits_{n=1}^{\infty}a_n$ 的绝对值级数，它是一个正项级数.

定义 7.4　如果级数 $\sum\limits_{n=1}^{\infty}a_n$ 的绝对值级数 $\sum\limits_{n=1}^{\infty}|a_n|$ 收敛，则称级数 $\sum\limits_{n=1}^{\infty}a_n$ 绝对收敛.

定理 7.9　绝对收敛的级数一定收敛.

证明　令 $b_n=\dfrac{1}{2}(|a_n|+a_n)$，$c_n=\dfrac{1}{2}(|a_n|-a_n)$，则有

$$b_n=\begin{cases}|a_n| & a_n>0\\ 0 & a_n\leqslant 0\end{cases}，c_n=\begin{cases}0 & a_n\geqslant 0\\ |a_n| & a_n<0\end{cases}，且\ a_n=b_n-c_n.$$

由上可知 b_n，c_n 为正项级数，且 $b_n\leqslant|a_n|$，$c_n\leqslant|a_n|$，又 $\sum\limits_{n=1}^{\infty}|a_n|$ 收敛，所以由定理 7.3 有 $\sum\limits_{n=1}^{\infty}b_n$ 和 $\sum\limits_{n=1}^{\infty}c_n$ 收敛，再由性质 7.2 知 $\sum\limits_{n=1}^{\infty}a_n=\sum\limits_{n=1}^{\infty}(b_n-c_n)$ 收敛.

例 7.10　证明级数 $\sum\limits_{n=1}^{\infty}\dfrac{\sin n}{n^2}$ 绝对收敛.

证明　考虑其绝对值级数 $\sum\limits_{n=1}^{\infty}\left|\dfrac{\sin n}{n^2}\right|$，它是正项级数，且 $\left|\dfrac{\sin n}{n^2}\right|\leqslant\dfrac{1}{n^2}$，又 $\sum\limits_{n=1}^{\infty}\dfrac{1}{n^2}$ 收敛，

由定理 7.3 有级数 $\sum\limits_{n=1}^{\infty}\left|\dfrac{\sin n}{n^2}\right|$ 收敛，即级数 $\sum\limits_{n=1}^{\infty}\dfrac{\sin n}{n^2}$ 绝对收敛.

7.3.3 条件收敛

定义 7.5 绝对值级数 $\sum\limits_{n=1}^{\infty}|a_n|$ 发散，而级数 $\sum\limits_{n=1}^{\infty}a_n$ 本身收敛，则称 $\sum\limits_{n=1}^{\infty}a_n$ 条件收敛.

例 7.11 证明 $\sum\limits_{n=1}^{\infty}(-1)^{n+1}\dfrac{1}{n}$ 条件收敛.

证明 考虑绝对值级数 $\sum\limits_{n=1}^{\infty}\left|(-1)^{n+1}\dfrac{1}{n}\right|=\sum\limits_{n=1}^{\infty}\dfrac{1}{n}$，由例 7.5 知它是发散的，又由例 7.9 知 $\sum\limits_{n=1}^{\infty}(-1)^{n+1}\dfrac{1}{n}$ 是收敛的，即 $\sum\limits_{n=1}^{\infty}(-1)^{n+1}\dfrac{1}{n}$ 条件收敛.

§7.4 幂 级 数

7.4.1 函数项级数的一般概念

设 $u_1(x)$，$u_2(x)$，…，$u_n(x)$，…是定义在 A 上的函数列，则称

$$\sum_{n=1}^{\infty}u_n(x)=u_1(x)+u_2(x)+\cdots+u_n(x)+\cdots \tag{7.2}$$

为定义在 A 上的函数项级数.

例如

$$\sum_{n=1}^{\infty}x^n=x+x^2+\cdots+x^n+\cdots \tag{7.3}$$

为一定义在（$-\infty$，$+\infty$）上的函数项级数.

在 A 上任取 $x=x_0$ 时，级数（7.2）就成了一数项级数

$$\sum_{n=1}^{\infty}u_n(x_0)=u_1(x_0)+u_2(x_0)+\cdots+u_n(x_0)+\cdots.$$

如果该级数收敛，则称 x_0 为函数项级数（7.2）的收敛点；否则就称其为发散点. 函数项级数（7.2）的所有收敛点的集合称为级数（7.2）的收敛域.

例如，当 $x=\dfrac{1}{2}$时，级数（7.3）为

$$\sum_{n=1}^{\infty}\left(\frac{1}{2}\right)^n=\frac{1}{2}+\left(\frac{1}{2}\right)^2+\cdots+\left(\frac{1}{2}\right)^n+\cdots,$$

显然它是收敛的，所以我们就说 $x=\dfrac{1}{2}$是级数（7.3）的收敛点.

又当 $x=2$ 时，级数（7.3）为

$$\sum_{n=1}^{\infty}2^n=2+2^2+\cdots+2^n+\cdots,$$

显然它是发散到$+\infty$的，即 $x=2$ 是级数（7.3）的发散点.

因为级数（7.3）是公比为 x 的等比级数，所以有当 $|x|<1$ 时，级数收敛；当 $|x|\geqslant 1$ 时，级数发散．因此级数（7.3）收敛域为（-1，1）.

设函数项级数（7.2）的收敛域为 D，则任取 $x\in D$，级数 $\sum_{n=1}^{\infty}u_n(x)$ 收敛，记其和为 $S(x)$．显然 $S(x)$ 是收敛域 D 上的函数，我们称它为函数项级数（7.2）的和函数，即

$$\sum_{n=1}^{\infty}u_n(x)=S(x),\ x\in D.$$

我们把函数项级数 $\sum_{n=1}^{\infty}u_n(x)$ 的前 n 项和函数记为 $S_n(x)$，即有

$$S_n(x)=\sum_{k=1}^{n}u_k(x)=u_1(x)+u_2(x)+\cdots+u_n(x),\ x\in D,$$

则

$$\lim_{n\to\infty}S_n(x)=S(x),\ x\in D.$$

7.4.2　幂级数的收敛半径与收敛域

形如

$$\sum_{n=0}^{\infty}a_n(x-x_0)^n=a_0+a_1(x-x_0)+a_2(x-x_0)^2+\cdots+a_n(x-x_0)^n+\cdots,x\in(-\infty,+\infty),$$

其中 a_0，a_1，a_2，…，a_n，…为常数的函数项级数，称为幂级数. 常数 a_0，a_1，a_2，…，a_n，…称为幂级数的系数.

当 $x_0=0$ 时，即为

$$\sum_{n=0}^{\infty}a_nx^n=a_0+a_1x+a_2x^2+\cdots+a_nx^n+\cdots\ ,x\in(-\infty,+\infty). \tag{7.4}$$

函数项级数中最简单而又常用的是形如式（7.4）的幂级数，下面我们主要讨论上述幂级数的收敛性.

定理 7.10　幂级数 $\sum_{n=0}^{\infty}a_nx^n$ 的系数若满足

$$\lim_{n\to\infty}\left|\frac{a_n}{a_{n+1}}\right|=R\quad(R\text{ 为常数或}+\infty),$$

则

（1）当 R 为正常数（$R\neq 0$，$+\infty$），且 $|x|<R$ 时幂级数绝对收敛；当 $|x|>R$ 时发散.

（2）当 $R=0$ 时，只有一个收敛点 $x=0$，其他点都发散，即收敛域为 $\{0\}$.

（3）当 $R=+\infty$时，幂级数在任意实数点都收敛，即收敛域为（$-\infty$，$+\infty$）.

证明　我们用比值判别法来证明.

$$\lim_{n\to\infty}\left|\frac{u_{n+1}(x)}{u_n(x)}\right|=\lim_{n\to\infty}\left|\frac{a_{n+1}x^{n+1}}{a_nx^n}\right|=\lim_{n\to\infty}\left|\frac{a_{n+1}}{a_n}\right||x|. \tag{7.5}$$

（1）R 为正常数（$R\neq 0$，$+\infty$），由式（7.5）有

$$\lim_{n\to\infty}\left|\frac{u_{n+1}(x)}{u_n(x)}\right|=\frac{|x|}{R}.$$

由比值判别法知：当$\lim\limits_{n\to\infty}\left|\dfrac{u_{n+1}(x)}{u_n(x)}\right|=\dfrac{|x|}{R}<1$时，幂级数$\sum\limits_{n=0}^{\infty}a_nx^n$收敛，即当$|x|<R$时，幂级数（7.4）收敛.

当$\lim\limits_{n\to\infty}\left|\dfrac{u_{n+1}(x)}{u_n(x)}\right|=\dfrac{|x|}{R}>1$时，幂级数$\sum\limits_{n=0}^{\infty}a_nx^n$发散，即当$|x|>R$时，幂级数（7.4）发散.

（2）若$R=0$，则$\lim\limits_{n\to\infty}\left|\dfrac{a_{n+1}}{a_n}\right|=+\infty$，所以当$x\neq0$时，

$$\lim_{n\to\infty}\left|\frac{u_{n+1}(x)}{u_n(x)}\right|=\lim_{n\to\infty}\left|\frac{a_{n+1}}{a_n}\right||x|=+\infty,$$

幂级数（7.4）发散，又当$x=0$时幂级数显然收敛，故这时只有一个收敛点$x=0$，即收敛域为$\{0\}$.

（3）若$R=+\infty$，则$\lim\limits_{n\to\infty}\left|\dfrac{a_{n+1}}{a_n}\right|=0$，所以对任意$x\in(-\infty,+\infty)$有

$$\lim_{n\to\infty}\left|\frac{u_{n+1}(x)}{u_n(x)}\right|=\lim_{n\to\infty}\left|\frac{a_{n+1}}{a_n}\right||x|=0<1,$$

故幂级数（7.4）在任意实数点x都收敛，即收敛域为$(-\infty,+\infty)$.

定义 7.6　若存在正数R使得当$|x|<R$时，幂级数（7.4）收敛；当$|x|>R$时，幂级数（7.4）发散，则称R为幂级数（7.4）的收敛半径.

当$x\in(-R,R)$时，幂级数（7.4）收敛；当$x\in(-\infty,-R)\cup(+\infty,R)$时，幂级数（7.4）发散，我们称$(-R,R)$为幂级数（7.4）的收敛区间.

特别地，若对任意$x\in(-\infty,+\infty)$，幂级数（7.4）都收敛，则称幂级数（7.4）的收敛半径为$+\infty$；若幂级数（7.4）只在$x=0$收敛，则称幂级数（7.4）的收敛半径为0.

由定理7.10可知：若极限$\lim\limits_{n\to\infty}\left|\dfrac{a_n}{a_{n+1}}\right|$存在或为$+\infty$，其极限值（含$+\infty$）

$$R=\lim_{n\to\infty}\left|\frac{a_n}{a_{n+1}}\right| \tag{7.6}$$

称为幂级数的收敛半径.

要讨论幂级数的敛散性，一般先求其收敛半径，进而确定其收敛区间，再讨论收敛区间端点的敛散性.

例 7.12　求下列幂级数的收敛半径和收敛区域：

（1）$\sum\limits_{n=1}^{\infty}\dfrac{x^n}{n}=\dfrac{x}{1}+\dfrac{x^2}{2}+\cdots+\dfrac{x^n}{n}+\cdots$；

（2）$\sum\limits_{n=1}^{\infty}\dfrac{x^n}{n!}=\dfrac{x}{1!}+\dfrac{x^2}{2!}+\cdots+\dfrac{x^n}{n!}+\cdots$；

（3）$\sum\limits_{n=1}^{\infty}2^n(x-1)^n=(x-1)+4(x-1)^2+\cdots+2^n(x-1)^n+\cdots$.

解　（1）收敛半径$R=\lim\limits_{n\to\infty}\left|\dfrac{a_n}{a_{n+1}}\right|=\lim\limits_{n\to\infty}\left|\dfrac{1/n}{1/(n+1)}\right|=1$，所以当$|x|<1$时级数收敛，当$|x|>1$时级数发散. 收敛区间$(-1,1)$，下面讨论收敛区间端点$x=1$和$x=-1$的敛

散性：

当 $x=1$ 时，级数为 $\sum_{n=1}^{\infty}\frac{1}{n}=1+\frac{1}{2}+\cdots+\frac{1}{n}+\cdots$，由 p—级数（调和级数）的敛散性知级数是发散的.

当 $x=-1$ 时，级数为 $\sum_{n=1}^{\infty}(-1)^n\frac{1}{n}=-1+\frac{1}{2}-\frac{1}{3}+\cdots+(-1)^n\frac{1}{n}+\cdots$，由交错级数收敛判别法知级数收敛.

综上所述，幂级数的收敛区域为 $[-1,1)$.

（2）收敛半径 $R=\lim\limits_{n\to\infty}\left|\frac{a_n}{a_{n+1}}\right|=\lim\limits_{n\to\infty}\left|\frac{1/n!}{1/(n+1)!}\right|=\lim\limits_{n\to\infty}(n+1)=+\infty$，这时幂级数的收敛区域为 $(-\infty,+\infty)$.

（3）令 $t=x-1$，化为式（7.4）类型的级数

$$\sum_{n=1}^{\infty}2^nt^n=t+4t^2+\cdots+2^nt^n+\cdots.\tag{7.7}$$

级数（7.7）的收敛半径为 $R=\lim\limits_{n\to\infty}\left|\frac{a_n}{a_{n+1}}\right|=\lim\limits_{n\to\infty}\left|\frac{2^n}{2^{n+1}}\right|=\frac{1}{2}$，所以当 $|t|<\frac{1}{2}$ 时，级数（7.7）收敛；当 $|t|>\frac{1}{2}$ 时，级数（7.7）发散．收敛区间为 $\left(-\frac{1}{2},\frac{1}{2}\right)$；

又当 $t=\frac{1}{2}$ 时，级数为 $\sum_{n=1}^{\infty}2^n\left(\frac{1}{2}\right)^n=1+1+\cdots+1+\cdots$，显然发散到 $+\infty$；当 $t=-\frac{1}{2}$ 时，级数为 $\sum_{n=1}^{\infty}2^n\left(-\frac{1}{2}\right)^n=-1+1+\cdots+(-1)^n+\cdots$，级数的通项极限不为0，级数发散.

综上所述，级数（7.7）的收敛区域为 $t\in\left(-\frac{1}{2},\frac{1}{2}\right)$，即原级数的收敛区域为 $|x-1|<\frac{1}{2}$，解得 $\frac{1}{2}<x<\frac{3}{2}$，故幂级数的收敛区域为 $\left(\frac{1}{2},\frac{3}{2}\right)$.

7.4.3　幂级数的运算

下面介绍一些幂级数的运算性质，证明从略.

设幂级数

$$\sum_{n=0}^{\infty}a_nx^n=a_0+a_1x+a_2x^2+\cdots+a_nx^n+\cdots,$$

与

$$\sum_{n=0}^{\infty}b_nx^n=b_0+b_1x+b_2x^2+\cdots+b_nx^n+\cdots,$$

的收敛半径分别为 R_1 与 R_2（$R_1>0$，$R_2>0$），和函数分别为 $S_1(x)$ 与 $S_2(x)$，则级数 $\sum_{n=0}^{\infty}(a_n\pm b_n)x^n$ 的收敛半径为 $R=\min\{R_1,R_2\}$，且有

$$\sum_{n=0}^{\infty}(a_n\pm b_n)x^n=\sum_{n=0}^{\infty}a_nx^n\pm\sum_{n=0}^{\infty}b_nx^n=S_1(x)\pm S_2(x).$$

关于幂级数的分析运算，还有下列重要结论.

如果幂级数 $S(x)=\sum\limits_{n=0}^{\infty}a_nx^n=a_0+a_1x+a_2x^2+\cdots+a_nx^n+\cdots$ 的收敛半径为 R，则

(1) 和函数 $S(x)$ 在区间 $(-R, R)$ 上连续；

(2) 和函数 $S(x)$ 在区间 $(-R, R)$ 上可导，且有逐项求导公式

$$S'(x)=\left(\sum_{n=0}^{\infty}a_nx^n\right)'=\sum_{n=0}^{\infty}(a_nx^n)'=\sum_{n=1}^{\infty}na_nx^{n-1}.$$

逐项求导后得到的幂级数 $\sum\limits_{n=1}^{\infty}na_nx^{n-1}$ 的收敛半径仍为 R.

(3) 和函数 $S(x)$ 在区间 $(-R, R)$ 上可积，且有逐项积分公式

$$\int_0^x S(x)\mathrm{d}x=\int_0^x\left(\sum_{n=0}^{\infty}a_nx^n\right)\mathrm{d}x=\sum_{n=0}^{\infty}\int_0^x a_nx^n\mathrm{d}x=\sum_{n=0}^{\infty}\frac{a_n}{n+1}x^{n+1}.$$

逐项积分后得到的幂级数 $\sum\limits_{n=0}^{\infty}\frac{a_n}{n+1}x^{n+1}$ 的收敛半径仍为 R.

通过上述幂级数的分析运算，可以对一些幂级数求和.

例如，我们知道等比级数

$$\sum_{n=0}^{\infty}x^n=1+x+x^2+\cdots+x^n+\cdots=\frac{1}{1-x},\ x\in(-1, 1), \tag{7.8}$$

由上式两边求导可得

$$\sum_{n=1}^{\infty}nx^{n-1}=1+2x+3x^2+\cdots+nx^{n-1}+\cdots=\left(\frac{1}{1-x}\right)'$$

$$=\frac{1}{(1-x)^2},\ x\in(-1, 1), \tag{7.9}$$

再对上式两边求导得

$$\sum_{n=2}^{\infty}n(n-1)x^{n-2}=2+3\cdot 2x+\cdots+n(n-1)x^{n-2}+\cdots=\left[\frac{1}{(1-x)^2}\right]'$$

$$=\frac{2}{(1-x)^3},\ x\in(-1, 1). \tag{7.10}$$

例 7.13 某企业家准备设立一长期奖励基金，奖励基金一次性存入银行，一年后开始发放，要求第一年发奖金 1 万元，第二年发奖金 4 万元，第三年发奖金 9 万元，以此类推，第 n 年发奖金 n^2 万元，问：该企业家需要存多少钱作为奖励基金（存款年利率为 5%，按复利计算）?

解 由现值问题易知企业家需要存的钱为

$$A=\frac{1}{1+5\%}+\frac{4}{(1+5\%)^2}+\cdots+\frac{n^2}{(1+5\%)^n}+\cdots,$$

考虑幂级数

$$\sum_{n=1}^{\infty}n^2x^n=x+4x^2+\cdots+n^2x^n+\cdots, \tag{7.11}$$

易知它的收敛半径为 1，收敛区间为 $(-1, 1)$，记其和为 $S(x)=\sum\limits_{n=1}^{\infty}n^2x^n$，$x\in(-1, 1)$.

企业家需要存的钱 A 为级数式（7. 11）在 $x=\frac{1}{1+5\%}$时的值，即 $A=S\left(\frac{1}{1+5\%}\right)$. 下面求 $S(x)$，$x\in(-1,1)$.

由式（7. 10）$\times x^2$ 得

$$\sum_{n=2}^{\infty}n(n-1)x^n=\frac{2x^2}{(1-x)^3},\tag{7.12}$$

由级数运算法则有

$$\sum_{n=2}^{\infty}n^2x^n-\sum_{n=2}^{\infty}nx^n=\frac{2x^2}{(1-x)^3}.\tag{7.13}$$

又由式（7.9）$\times x$ 得

$$\sum_{n=1}^{\infty}nx^n=\frac{x}{(1-x)^2},\tag{7.14}$$

即有

$$\sum_{n=2}^{\infty}nx^n=\frac{x}{(1-x)^2}-x.\tag{7.15}$$

将式（7.15）代入式（7.13）得

$$\sum_{n=2}^{\infty}n^2x^n=\frac{2x^2}{(1-x)^3}+\frac{x}{(1-x)^2}-x,$$

故

$$\begin{aligned}S(x)&=\sum_{n=1}^{\infty}n^2x^n=x+\sum_{n=2}^{\infty}n^2x^n\\&=x+\frac{2x^2}{(1-x)^3}+\left[\frac{x}{(1-x)^2}-x\right]\\&=\frac{x^2+x}{(1-x)^3},\ x\in(-1,1).\end{aligned}$$

由此

$$\begin{aligned}A&=S\left(\frac{1}{1+5\%}\right)=\frac{\left(\frac{1}{1+5\%}\right)^2+\frac{1}{1+5\%}}{\left(1-\frac{1}{1+5\%}\right)^3}\\&=\frac{(1+5\%)+(1+5\%)^2}{(5\%)^3}=17\ 220(\text{万元}).\end{aligned}$$

企业家需要存 1. 722 亿元作为奖励基金.

例 7. 14　求幂级数 $\sum_{n=1}^{\infty}\frac{x^n}{n}=x+\frac{x^2}{2}+\cdots+\frac{x^n}{n}+\cdots$ 在（-1，1）上的和函数，并计算 $\frac{1}{2}+\frac{1}{2\times2^2}+\cdots+\frac{1}{n\cdot2^n}+\cdots$的和.

解　易知级数在（-1，1）上收敛，设其和函数为

$$S(x)=x+\frac{x^2}{2}+\cdots+\frac{x^n}{n}+\cdots,\ x\in(-1,1),$$

对 $S(x)$ 逐项求导后再由（7.8）有

$$S'(x)=1+x+\cdots+x^{n-1}+\cdots=\frac{1}{1-x}，x\in(-1，1)，$$

再上式两边积分得

$$\int_0^x S'(x)\mathrm{d}x=\int_0^x\frac{1}{1-x}\mathrm{d}x=-\ln(1-x)，x\in(-1，1).$$

又 $\int_0^x S'(x)\mathrm{d}x=S(x)-S(0)$，且 $S(0)=0$，于是有

$$S(x)=-\ln(1-x)，x\in(-1，1)，$$

且

$$\frac{1}{2}+\frac{1}{2\times2^2}+\cdots+\frac{1}{n\cdot2^n}+\cdots=S\left(\frac{1}{2}\right)=-\ln\left(1-\frac{1}{2}\right)=\ln2.$$

§7.5 函数的幂级数展开

幂级数的部分和是最简单的多项式函数，仅包含自变量的加、减和乘三种运算，因此能用幂级数表示一般的函数，将大大简化函数值的计算．函数值的近似计算等方法有非常大的作用.

本节主要讨论一般的函数满足什么条件能表示成幂级数，幂级数的表示形式是这样的，用函数幂级数展开来进行函数值的近似计算等.

7.5.1 泰勒级数

设函数 $f(x)$ 与幂级数 $\sum\limits_{n=0}^{\infty}a_n(x-x_0)^n$ 在包含 x_0 的某区间 I 有定义，如果对任意的 $x\in I$，等式

$$f(x)=\sum_{n=0}^{\infty}a_n(x-x_0)^n$$

成立，我们称函数 $f(x)$ 在区间 I 内可展开为幂级数 $\sum\limits_{n=0}^{\infty}a_n(x-x_0)^n$.

定理 7.11 函数 $f(x)$ 在 x_0 的某个邻域内可展开为幂级数 $\sum\limits_{n=0}^{\infty}a_n(x-x_0)^n$，即

$$f(x)=a_0+a_1(x-x_0)+a_2(x-x_0)^2+\cdots+a_n(x-x_0)^n+\cdots，$$

则有幂级数的系数为 $a_n=\dfrac{f^{(n)}(x_0)}{n!}$，$(n=0，1，2，\cdots)$.

证明 由幂级数在收敛域内可以逐项求导，所以有

$$f'(x)=a_1+2a_2(x-x_0)+\cdots+na_n(x-x_0)^{n-1}+\cdots$$
$$f''(x)=2a_2+3\times2a_3(x-x_0)+\cdots+n(n-1)a_n(x-x_0)^{n-2}+\cdots$$
$$f^{(n)}(x)=n\times(n-1)\times\cdots\times1a_n+(n+1)\times n\times\cdots\times2a_{n+1}(x-x_0)+\cdots$$

将 x_0 代入以上各式得 $f(x_0)=a_0$，$f'(x_0)=a_1$，$f''(x_0)=2!a_2$，$\cdots$，$f^{(n)}(x_0)=n!a_n$，于是

有 $a_0=f(x_0)$，$a_1=\frac{f'(x_0)}{1!}$，$a_2=\frac{f''(x_0)}{2!}$，…，$a_n=\frac{f^{(n)}(x_0)}{n!}$，….

我们称级数 $\sum_{n=0}^{\infty}\frac{f^{(n)}(x_0)}{n!}(x-x_0)^n$ 为函数 $f(x)$ 在 x_0 处的泰勒级数.

上述定理说明了函数 $f(x)$ 在 x_0 的某个邻域内，若展开（表示）成 $x-x_0$ 的幂级数，则其系数必为 $a_n=\frac{f^{(n)}(x_0)}{n!}$，所以此幂级数是唯一的，而且它一定是在 x_0 处的泰勒级数.

我们又称函数 $f(x)$ 在 $x_0=0$ 处的泰勒级数，即

$$\sum_{n=0}^{\infty}\frac{f^{(n)}(0)}{n!}x^n=f(0)+f'(0)+\frac{f''(0)}{2!}x^2+\cdots+\frac{f^{(n)}(0)}{n!}x^n+\cdots$$

为函数 $f(x)$ 的麦克劳林级数.

定理 7.12　函数 $f(x)$ 能（展开）表示成 x_0 处的泰勒级数，即

$$f(x)=\sum_{n=0}^{\infty}\frac{f^{(n)}(x_0)}{n!}(x-x_0)^n$$

的充分必要条件为 $R_n(x)\to 0$，$(n\to\infty)$. 其中 $R_n=\frac{f^{(n+1)}(\xi)}{(n+1)!}(x-x_0)^{n+1}$，$\xi$ 为介于 x 与 x_0 之间的数. $R_n(x)$ 称为函数 $f(x)$ 的 n 阶泰勒展开式的余项.

特别地，函数 $f(x)$ 在 $x=0$ 处的泰勒展开式

$$f(x)=f(0)+f'(0)x+\frac{f''(0)}{2!}x^2+\cdots+\frac{f^{(n)}(0)}{n!}x^n+\cdots$$

称为函数 $f(x)$ 的麦克劳林展开式.

下面着重讨论把函数展开成麦克劳林级数.

把函数 $f(x)$ 展开成麦克劳林级数的步骤如下：

(1) 求 $f^{(n)}(0)$. 若 $f(x)$ 在 $x=0$ 处的某阶导数不存在，则 $f(x)$ 不能展开成麦克劳林级数.

(2) 写出 $f(x)$ 的麦克劳林级数，并求其收敛区间.

(3) 考察收敛区间内余项 $R_n(x)$ 的极限是否为 0，若为 0，则 $f(x)$ 在收敛区间能表示成麦克劳林级数，即

$$f(x)=f(0)+f'(0)x+\frac{f''(0)}{2!}x^2+\cdots+\frac{f^{(n)}(0)}{n!}x^n+\cdots$$

成立；若不为 0，$f(x)$ 的麦克劳林级数虽然收敛，但其和不是 $f(x)$.

例 7.15　将函数 $f(x)=e^x$ 展开成 x 的幂级数.

解　$f(x)=f'(x)=f''(x)=\cdots=f^{(n)}(x)=e^x$，

$f(0)=f'(0)=f''(0)=\cdots=f^{(n)}(0)=1$，

故 $f(x)$ 的麦克劳林级数为

$$\sum_{n=0}^{\infty}\frac{f^{(n)}(0)}{n!}x^n=\sum_{n=0}^{\infty}\frac{x^n}{n!}=1+x+\frac{x^2}{2!}+\cdots+\frac{x^n}{n!}+\cdots,$$

其收敛区间为 $(-\infty, +\infty)$，再由

$|R_n(x)|=\frac{e^{\xi}}{(n+1)!}|x|^{n+1}<\frac{e^{|x|}}{(n+1)!}|x|^{n+1}$，（$\xi$ 介于 x 与 0 之间，所以 $e^{\xi}\leqslant e^{|x|}$），

因为对固定的 x 的值，$e^{|x|}$ 是有限数，又由比值判别法知级数 $\sum_{n=0}^{\infty}\frac{|x|^{n+1}}{(n+1)!}$ 收敛，故其一般项趋于 0，即 $\frac{|x|^{n+1}}{(n+1)!}\to 0$，$(n\to\infty)$，所以

$$|R_n(x)|\to 0,\ (n\to\infty),\ x\in(-\infty,+\infty),$$

故有

$$e^x=1+x+\frac{x^2}{2!}+\cdots+\frac{x^n}{n!}+\cdots,\ x\in(-\infty,\ +\infty).$$

下面不加证明地给出以下常用的函数的麦克劳林展开式：

$$\sin x=x-\frac{x^3}{3!}+\frac{x^5}{5!}-\frac{x^7}{7!}+\cdots+(-1)^n\frac{x^{2n+1}}{(2n+1)!}+\cdots,\ x\in(-\infty,\ +\infty);$$

$$\cos x=1-\frac{x^2}{2!}+\frac{x^4}{4!}-\frac{x^6}{6!}+\cdots+(-1)^n\frac{x^{2n}}{(2n)!}+\cdots,\ x\in(-\infty,\ +\infty);$$

$$(1+x)^\alpha=1+\alpha x+\frac{\alpha(\alpha-1)}{2!}x^2+\cdots+\frac{\alpha(\alpha-1)(\alpha-n+1)}{n!}x^n+\cdots,\ x\in(-1,\ 1);$$

$$\ln(1+x)=x-\frac{x^2}{2}+\frac{x^3}{3}-\cdots+(-1)^n\frac{x^{n+1}}{n+1}+\cdots,\ x\in(-1,\ 1).$$

7.5.2　函数的麦克劳林展开式在近似计算中的应用

例 7.16　设初始本金为 10 万元，年利率 5%，用复利和连续复利分别计算并比较 2 年后的本利和（精确到元，并四舍五入）.

解　按复利计算本利和为 $B_1=10^5\times(1+5\%)^2=110\ 250$（元），

按连续复利计算本利和为 $B_2=10^5e^{2\times 0.05}=10^5e^{0.1}$.

下面用 e^x 的麦克劳林展开式来计算 B_2 的近似值，由题设要求精确到元，这就要求 $e^{0.1}$ 的值精确到 10^{-6}. 取

$$e^{0.1}\approx 1+0.1+\frac{(0.1)^2}{2!}+\frac{(0.1)^3}{3!}+\frac{(0.1)^4}{4!}=1.105\ 171,$$

这时误差为

$$\begin{aligned}R_4(0.1)&=\frac{(0.1)^5}{5!}+\cdots+\frac{(0.1)^n}{n!}+\cdots\\&\leqslant\frac{(0.1)^5}{5!}\left[1+\frac{(0.1)}{6}+\frac{(0.1)^2}{6^2}+\cdots+\frac{(0.1)^n}{6^n}+\cdots\right]\\&=\frac{(0.1)^5}{5!}\times\frac{60}{59}=\frac{1}{12}\times\frac{60}{59}\times 10^{-6}<10^{-6},\end{aligned}$$

则

$$B_2=10^5e^{0.1}\approx 10^5\times\left[1+0.1+\frac{(0.1)^2}{2!}+\frac{(0.1)^3}{3!}+\frac{(0.1)^4}{4!}\right]=110\ 517.1\ （元），$$

两种存款利息相差为 $B_2-B_1\approx 0.026\ 67$ 万元$=267$ 元. 即 10 万元存 2 年，连续复利比一般复利的利息多 267 元.

思考：上题若要精确到分，怎么办?

例 7.16　假设某酒厂有一定量的酒，若在现时出售，售价为 K 单位元，但如果把它储藏一段时间再卖，就可以高价出售，已知酒的增长值 V 是时间的函数，即 $V=Ke^{\sqrt{t}}$，当 $t=0$（现时出售）时，有 $V=K$. 现假设酒的储藏费用为零，为使利润达到最大，该酒应在什么时候出售（时间精确到天，一年按 365 天计算，假设年利率均为 10%，按复利计算）?

解　为便于比较，我们把任意时间的 V 值折算成 $t=0$ 时的现值. $V=Ke^{\sqrt{t}}$ 的现值为

$$A(t)=Ke^{\sqrt{t}}(1+\mathrm{i})^{-t},$$

则

$$A'(t)=Ke^{\sqrt{t}}\frac{1}{2\sqrt{t}}(1+\mathrm{i})^{-t}+Ke^{\sqrt{t}}(-1)(1+\mathrm{i})^{-t}\ln(1+\mathrm{i})$$

$$=Ke^{\sqrt{t}}(1+\mathrm{i})^{-t}\left[\frac{1}{2\sqrt{t}}-\ln(1+\mathrm{i})\right],$$

由 $A'(t)=0$，得 $t_0=\dfrac{1}{4\ln^2(1+\mathrm{i})}$为 $A(t)$ 唯一的可能极值点.

又 $A'(t)=A(t)\left(\dfrac{1}{2\sqrt{t}}-\ln(1+\mathrm{i})\right)$，所以

$$A''(t)=A'(t)\left(\frac{1}{2\sqrt{t}}-\ln(1+\mathrm{i})\right)+A(t)\frac{-1}{4}\cdot\frac{1}{\sqrt[3]{t}},$$

于是

$$A''(t_0)=-A(t_0)\frac{1}{4}\cdot\frac{1}{\sqrt[3]{t_0}}<0,$$

因此 $t_0=\dfrac{1}{4\ln^2(1+\mathrm{i})}$为 $A(t)$ 唯一的极值点，且为极大值点，故 $t_0=\dfrac{1}{4\ln^2(1+\mathrm{i})}$是 $A(t)$ 的最大值点，即 $t_0=\dfrac{1}{4\ln^2(1+\mathrm{i})}$年时，利润达到最大.

下面用 $\ln(1+x)$ 的麦克劳林展开式计算 t_0，

$\ln(1+0.1)\approx 0.1-\dfrac{(0.1)^2}{2}+\dfrac{(0.1)^3}{3}-\dfrac{(0.1)^4}{4}+\dfrac{(0.1)^5}{5}=A_5$，且

$$A_5>\ln(1+0.1),$$

$\ln(1+0.1)=0.1-\dfrac{(0.1)^2}{2}+\dfrac{(0.1)^3}{3}-\dfrac{(0.1)^4}{4}+\dfrac{(0.1)^5}{5}-\dfrac{(0.1)^6}{6}=A_6$，且

$$A_6<\ln\ (1+0.1),$$

计算得

$$A_5=0.1-0.005+0.000\ 333\ 334-0.000\ 025+0.000\ 000\ 2=0.095\ 308\ 534,$$

$$A_6=A_5-0.000\ 000\ 016=0.095\ 308\ 533-0.000\ 000\ 017=0.095\ 308\ 516,$$

这时的 $t_0>t_5=\left(\dfrac{1}{2A_5}\right)^2=27$ 年 190.44 天；$t_0<t_6=\left(\dfrac{1}{2A_6}\right)^2=27$ 年 190.45 天；故 $t_0=27$ 年 190 天. 即酒应在 27 年 190 天出售，利润最大.

习题 7

1. 判别下列级数的敛散性，若收敛，则求和：

(1) $\sum_{n=1}^{\infty}\frac{1}{(2n-1)(2n+1)}$；　(2) $\sum_{n=1}^{\infty}\frac{\sqrt{n+1}-\sqrt{n}}{\sqrt{n^2+n}}$；　(3) $\sum_{n=1}^{\infty}(\sqrt{n+1}-\sqrt{n})$；

(4) $\sum_{n=1}^{\infty}\frac{n}{2^n}$；　(5) $\sum_{n=1}^{\infty}\left(\frac{\sqrt{n+1}-\sqrt{n}}{n^{\frac{1}{3}}}\right)$.

2. 判别下列级数的敛散性

(1) $\sum_{n=1}^{\infty}\frac{(-1)^n n}{4n+1}$；　(2) $\sum_{n=1}^{\infty}\frac{1}{1-\left(\frac{n-1}{n}\right)^n}$；　(3) $\sum_{n=1}^{\infty}\left(\frac{n}{2n+1}\right)^n$；

(4) $\sum_{n=1}^{\infty}\frac{1}{\sqrt{n+1}}\left(\sqrt{1+\frac{1}{n}}-1\right)$；　(5) $\sum_{n=1}^{\infty}\frac{n+7}{n^3-2n^2+9}$；

(6) $\sum_{n=1}^{\infty}\frac{n^2-2n+5}{n^3+n^2+3}$；　(7) $\sum_{n=1}^{\infty}\sin^2\frac{1}{n}$.

3. 判别下列级数的敛散性

(1) $\sum_{n=1}^{\infty}\frac{n(n+1)}{2^n}$；　(2) $\sum_{n=1}^{\infty}\frac{2^n}{n^k}$（$k$ 为正常数）；　(3) $\sum_{n=1}^{\infty}\frac{n^2 3^n-n^3 2^2}{4^n}$；

(4) $\sum_{n=1}^{\infty}\frac{k^n}{n!}$（$k$ 为正数）.

4. 某富商跟银行商量准备设立一长期奖励基金，奖励基金一次性存入银行，一年后开始发放，要求第一年发奖金 1 万元，第二年发奖金 2^8 万元，第三年发奖金 3^8 万元，以此类推，第 n 年发奖金 n^8 万元，你帮银行预测一下，能这样无限发下去吗（存款年利率为 10%，按复利计算）？

5. 某富商跟银行商量准备设立一长期奖励基金，奖励基金一次性存入银行，一年后开始发放，要求第一年发奖金 1 万元，第二年发奖金 $1\times2=2$（万元），第三年发奖金 $1\times2\times3=6$（万元），以此类推第 n 年发奖金（$1\times2\times\cdots\times n$）万元，你帮银行预测一下，能这样无限发下去吗（存款年利率为 10%，按复利计算）？

6. 判别下列级数的敛散性，如果收敛，是绝对收敛还是条件收敛：

(1) $\sum_{n=1}^{\infty}\frac{\cos n\pi}{n\pi}$；　(2) $\sum_{n=1}^{\infty}\frac{\cos n}{n\sqrt{n}}$；　(3) $\sum_{n=1}^{\infty}\frac{(-1)^n}{\ln n}$；　(4) $\sum_{n=1}^{\infty}(-1)^n\sqrt{\frac{1}{3n-2}}$.

7. 求下列幂级数的收敛区间：

(1) $\sum_{n=1}^{\infty}n(n+1)x^n$；　(2) $\sum_{n=1}^{\infty}\frac{2^n}{n}x^n$；　(3) $\sum_{n=1}^{\infty}\frac{1}{2^n}x^n$；　(4) $\sum_{n=1}^{\infty}\frac{1}{n^2}x^n$；

(5) $\sum_{n=1}^{\infty}(-1)^n\frac{x^{2n+1}}{3^n}$；　(6) $\sum_{n=1}^{\infty}\frac{2^n}{n!}x^n$；　(7) $\sum_{n=1}^{\infty}n!x^n$.

8. 求下列幂级数的收敛区间，并求和函数：

(1) $\sum_{n=1}^{\infty} 2nx^{2n-1}$；　(2) $\sum_{n=1}^{\infty} \frac{x^{2n+1}}{2n+1}$；　(3) $\sum_{n=1}^{\infty} \frac{x^{n+1}}{n(n+1)}$.

9. 某企业家准备设立一长期奖励基金，奖励基金一次性存入银行，一年后开始发放，要求第一年发奖金 1 万元，第二年发奖金 8 万元，第三年发奖金 27 万元，以此类推，第 n 年发奖金 n^3 万元，问：该企业家需要存多少钱作为奖励基金（存款年利率为 5%，按复利计算）?

10. 计算下列积分近似值：

(1) $\int_0^1 \frac{\sin x}{x} \mathrm{d}x$；　(2) $\int_1^2 \frac{\mathrm{e}^{x^2}}{x} \mathrm{d}x$.

11. 小李将 10 万元存入某银行，年利率 5%，按连续复利计算，1 年后全部取出，问银行要给小李多少钱（精确到分，并四舍五入）?

12. 假设某酒厂有一定量的酒，若在现时出售，售价为 K 单位元，但如果把它储藏一段时间再卖，就可以高价出售，已知酒的增长值 V 是时间的函数，即 $V=K\mathrm{e}^{\sqrt{t}}$，当 $t=0$（现时出售）时，有 $V=K$，现假设酒的储藏费用为零，为使利润达到最大，该酒应在什么时候出售（时间精确到年，四舍五入，假设年利率均为 5%）?

第八章

多元微积分简介

前面我们已经介绍了一元函数的微积分理论．本章简单介绍多元函数微积分，主要讨论二元函数的微分和积分理论及其应用．这些理论绝大部分的概念和结论适用于三元、四元等多元函数．

§8.1 多元函数微分

8.1.1 多元函数的概念

定义 8.1 设 D 为一个非空的 n 元有序实数组的集合，f 为一对应关系，对任意的 $(x_1,\ x_2,\ \cdots x_n)\in D$，都有一个唯一确定的实数 y 与之对应，则称对应关系 f 为定义在 D 上的 n 元函数，记为 $y=f(x_1,\ x_2,\ \cdots,\ x_n)$，其中，$x_1$，$x_2$，…，$x_n$ 称为自变量；D 称为函数 f 的定义域，记为 $D(f)$；函数值的集合 $\{f(x_1,\ x_2,\ \cdots,\ x_n)\,|\,(x_1,\ x_2,\ \cdots,\ x_n)\in D\}$ 称为函数 f 的值域，记为 $Z(f)$.

当 $n=1$ 时，就是前面讲过的一元函数；当 $n=2$ 时，就是二元函数 $y=f(x_1,\ x_2)$；当 $n\geqslant 2$ 时，n 元函数统称为多元函数.

例如，圆柱体的体积 V 是底半径 r 与高 h 的关系 $V=\pi r^2h$ 为一个二元函数，其定义域为 $D(f)=\{(r,\ h)\,|\,r,\ h>0\}$，值域为 $Z(f)=(0,\ +\infty)$.

下面主要讨论二元函数

8.1.2 二元函数的定义域

我们知道一元函数的定义域是数轴上的一个点集，常常是一些区间；二元函数 $z=f(x,\ y)$ 的定义域则是平面上的一个点集，经常是直角坐标平面 xOy 上的一个区域，是由 xOy 上的一些曲线所围成的部分，这些曲线称为区域的边界，包含边界在内的区域称为闭区域，不含边界的区域称开区域．开区域中的点都是内点，所谓内点就是该点的某个邻域（邻域指该点为圆心的一个圆）在区域内．如果区域延伸到无穷远处，则称为无界区域，否则称为有界区域．有界区域总能包含在某个矩形或圆中.

二元函数的定义域一般要求在直角坐标平面 xOy 中描述出来，这样就能很直观地看出它所表示的区域.

如函数 $z=\sqrt{1-x^2-y^2}$ 的定义域为 $D(f)=\{(x, y)\mid x^2+y^2\leqslant 1\}$，是 xOy 平面上的单位圆 $x^2+y^2=1$ 所围成的有界闭区域（含圆周边界），如图 8.1 所示.

又如函数 $z=\ln(x+y)$ 的定义域为 $D(f)=\{(x, y)\mid x+y>0\}$，是 xOy 平面上的直线 $x+y=0$ 右上方的无界开区域（不含直线边界），如图 8.2 所示.

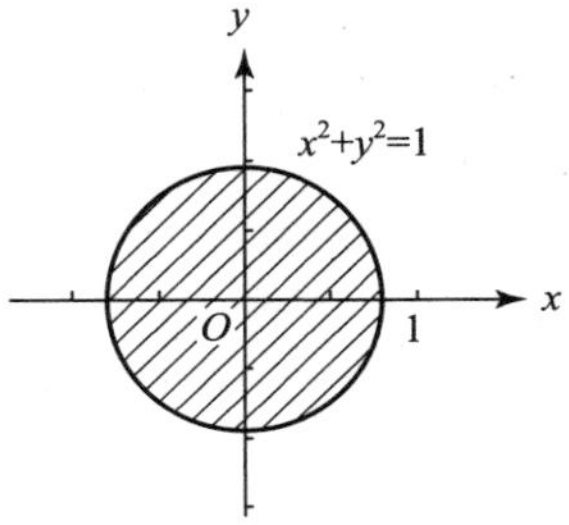

图 8.1

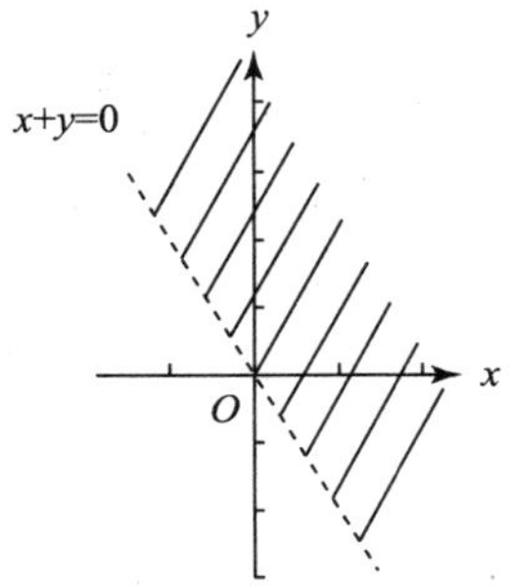

图 8.2

8.1.3　二元函数的图像

我们知道一元函数 $y=f(x)$ 的图像通常表示 xOy 平面上的一条曲线，而二元函数 $z=f(x, y)$ 的定义域 D 为平面 xOy 上一个区域.

二元函数 $z=f(x, y)$ 的图像通常表示空间坐标中的一个曲面. 由二元函数的定义，对任意的 $(x, y)\in D$，都有唯一的实数 $z=f(x, y)$ 与之对应，这时三元数组 (x, y, z) [其中 $z=f(x, y)$] 确定空间坐标系的一个点，所有这些点的集合就是二元函数 $z=f(x, y)$ 的图像. 它通常表示空间坐标中的一个曲面. 如图 8.3 所示，即二元函数 $z=f(x, y)$ 的图像，其通常表示空间坐标系中的一个曲面.

例如，二元函数 $z=\sqrt{1-x^2-y^2}$ 的图像为空间坐标中 xOy 平面上方的上半球面（见图 8.4）.

二元函数 $z=x^2+y^2$ 的图像为空间坐标中 yOz 平面上的抛物线 $z=y^2$ 绕 z 轴旋转一周所得的旋转抛物面（见图 8.5）.

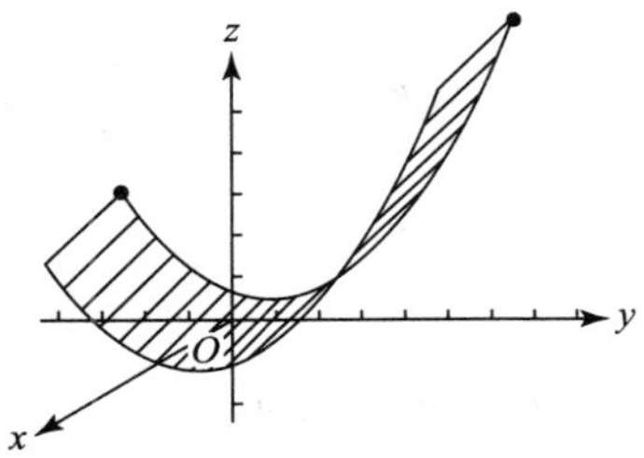

图 8.3

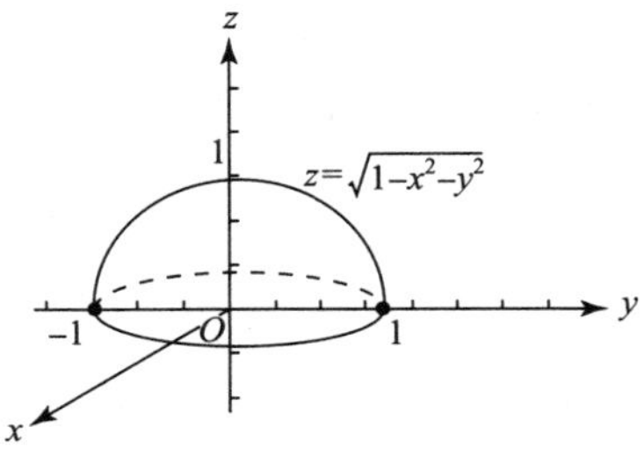

图 8.4

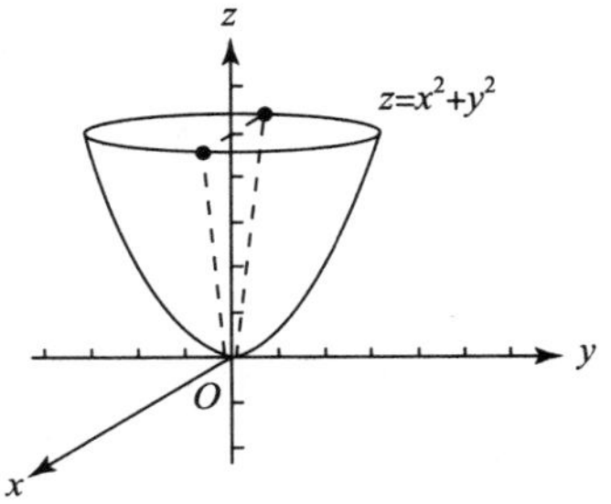

图 8.5

8.1.4　二元函数的极限与连续

一元函数中，点 x 趋于 x_0 的含义是两点的距离 $|x-x_0|$ 趋于零. 类似地，二元函数中，

点 $P(x, y)$ 趋于点 $P_0(x_0, y_0)$ 的含义也是两点的距离 $\sqrt{(x-x_0)^2+(x-y_0)^2}$ 趋于零，即

$$(x, y)\to(x_0, y_0)\Leftrightarrow \sqrt{(x-x_0)^2+(x-y_0)^2}\to 0.$$

定义 8.2 若二元函数 $z=f(x, y)$ 在点 $P_0(x_0, y_0)$ 的某空心邻域 $U(P_0, \delta_0)=\{(x, y)\mid 0<\sqrt{(x-x_0)^2+(x-y_0)^2}<\delta_0\}$ 有定义，当 $P(x, y)\to P_0(x_0, y_0)$ 时，有 $f(x, y)\to A$，(A 为一常数)，我们称点 $P(x, y)$ 趋于 $P_0(x_0, y_0)$ 时，函数 $z=f(x, y)$ 以 A 为极限，记为 $\lim\limits_{(x,y)\to(x_0,y_0)} f(x, y)=A$.

例 8.1 证明 $\lim\limits_{(x,y)\to(1,2)} x+2y=5$.

证明 因为 $(x, y)\to(1, 2)\Leftrightarrow\sqrt{(x-1)^2+(y-2)^2}\to 0$，又

$$\begin{aligned}|x+2y-5| &= |(x-1)+2(y-2)| \\ &\leqslant |x-1|+2|y-2| \\ &\leqslant \sqrt{(x-1)^2+(y-2)^2}+2\sqrt{(x-1)^2+(y-2)^2} \\ &= 3\sqrt{(x-1)^2+(y-2)^2},\end{aligned}$$

所以当 $(x, y)\to(1, 2)$ 时，有 $x+2y-5\to 0$，即 $\lim\limits_{(x,y)\to(1,2)} x+2y=5$.

定义 8.3 若二元函数 $z=f(x, y)$ 满足 $\lim\limits_{(x,y)\to(x_0,y_0)} f(x, y)=f(x_0, y_0)$，则称 $z=f(x, y)$ 在 $P_0(x_0, y_0)$ 处连续.

例 8.2 证明 $f(x, y)=\begin{cases}\dfrac{xy}{\sqrt{x^2+y^2}}, & (x, y)\neq(0, 0), \\ 0, & (x, y)=(0, 0)\end{cases}$ 在 $(0, 0)$ 处连续.

证明 因为 $\lim\limits_{(x,y)\to(0,0)} f(x, y)=\lim\limits_{(x,y)\to(0,0)}\dfrac{xy}{\sqrt{x^2+y^2}}$，且 $f(0, 0)=0$，根据连续函数定义只要证 $\lim\limits_{(x,y)\to(0,0)}\dfrac{xy}{\sqrt{x^2+y^2}}=0$ 即可.

因为

$$\frac{|xy|}{\sqrt{x^2+y^2}}\leqslant\frac{\frac{1}{2}(x^2+y^2)}{\sqrt{x^2+y^2}}=\frac{1}{2}\sqrt{x^2+y^2},$$

又 $(x, y)\to(0, 0)\Leftrightarrow\sqrt{x^2+y^2}\to 0$，所以由上式有

$$\lim_{(x,y)\to(0,0)}\frac{xy}{\sqrt{x^2+y^2}}=0,$$

即 $f(x, y)$ 在 $(0, 0)$ 处连续.

若函数 $f(x, y)$ 在 $M_0(x_0, y_0)$ 点不连续，则称 $M_0(x_0, y_0)$ 为 f 的间断点.

如果二元函数 $z=f(x, y)$ 在开区域 D 的每一点都连续，则称 $z=f(x, y)$ 在开区域 D 上连续.

若 D 是闭区域，M_0 是边界点，当 D 的点 $M(M\in D)$ 趋于 M_0 时，$f(M)\to f(M_0)$，则称 $z=f(x, y)$ 在边界点 M_0 连续.

如果二元函数 $z=f(x, y)$ 在闭区域 D 内和边界上每一点都连续，则称 $z=f(x, y)$

在闭区域 D 上连续.

与一元函数类似，二元连续函数有以下性质：

二元连续函数的和、差、积和商（分母不为 0）仍为连续函数.

如果 $z=f(x, y)$ 在有界闭区域 D 上连续，则有

(1)（最值定理）$f(x, y)$ 在 D 上取到最大值和最小值.

(2)（介值定理）$f(x, y)$ 在 D 上取到介于最大值和最小值之间的任何值.

8.1.5　多元函数的偏导数

在研究多元函数时，我们也经常假设一些自变量固定不变，在仅有一个自变量变化的条件下，观察函数的变化情况. 此时函数变成了一元函数，就有相应的关于该自变量的导数，于是产生了偏导数的概念，我们以二元函数为例给出偏导数的定义.

1. 二元函数偏导数的定义

定义 8.3　设二元函数 $z=f(x, y)$ 在区域 $B=\{(x, y_0)\mid |x-x_0|<\delta_0\}$ 有定义，且极限

$$\lim_{\Delta x\to 0}\frac{f(x_0+\Delta x, y_0)-f(x_0, y_0)}{\Delta x}$$

存在，则称此极限值为函数 $f(x, y)$ 在点 $P_0(x_0, y_0)$ 处对自变量 x 的偏导数，记为

$$f'_x(x_0, y_0),\ z'_x\Big|_{\substack{x=x_0\\y=y_0}},\ \frac{\partial f(x_0, y_0)}{\partial x}\text{或}\frac{\partial z}{\partial x}\Big|_{\substack{x=x_0\\y=y_0}}.$$

同样，如果 $z=f(x, y)$ 在范围$C=\{(x_0, y)\mid |y-y_0|<\delta_0\}$ 有定义，且极限

$$\lim_{\Delta y\to 0}\frac{f(x_0, y_0+\Delta y)-f(x_0, y_0)}{\Delta y}$$

存在，则称此极限值为函数 $f(x, y)$ 在点 $P_0(x_0, y_0)$ 处对自变量 y 的偏导数，记为

$$f'_y(x_0, y_0),\ z'_y\Big|_{\substack{x=x_0\\y=y_0}},\ \frac{\partial f(x_0, y_0)}{\partial y}\text{或}\frac{\partial z}{\partial y}\Big|_{\substack{x=x_0\\y=y_0}}.$$

如果 $z=f(x, y)$ 在区域 D 内每一点 $P(x, y)$ 关于 x（或 y）偏导数存在，则称 $z=f(x, y)$ 在区域 D 内有关于 x（或 y）偏导函数，简称偏导数，记为

$$f'_x(x, y),\ z'_x,\ \frac{\partial f(x, y)}{\partial x},\ \frac{\partial z}{\partial x}\left[\text{或 } f'_y(x, y),\ z'_y,\ \frac{\partial f(x, y)}{\partial y},\ \frac{\partial z}{\partial y}\right].$$

由偏导数的定义可知，求多元函数对某一个自变量的偏导数时，只需将其余的自变量看成常数，用一元函数的求导法即可求得.

例 8.3　求函数 $f(x, y)=x^2y+x^y+x$ 的偏导数，并求 $f'_x(1, 1)$，$f'_y(2, 1)$.

解　$f'_x(x, y)=2xy+yx^{y-1}+1$；

$f'_y(x, y)=x^2+x^y\ln y$；

且　$f'_x(1, 1)=4$，$f'_y(2, 1)=4$.

例 8.4　求函数 $z=\sin(x^2y^3)$ 的偏导数.

解　$z'_x=\cos(x^2y^3)(2xy^3)=2xy^3\cos(x^2y^3)$；

$z'_y=\cos(x^2y^3)(3x^2y^2)=3x^2y^2\cos(x^2y^3)$.

2. 二元函数偏导数的几何意义

函数 $z=f(x, y)$ 在点 $P_0(x_0, y_0)$ 处关于 x 的偏导数 $f'_x(x_0, y_0)$ 表示曲面 $z=f(x, y)$ 与平面 $y=y_0$ 的交线（空间曲线），$z=f(x, y_0)$ 在 $P_0(x_0, y_0)$ 处的切线斜率如图 8.6（a）所示；同样，$z=f(x, y)$ 在点 $P_0(x_0, y_0)$ 处关于 y 的偏导数 $f'_y(x_0, y_0)$ 表示曲面 $z=f(x, y)$ 与平面 $x=x_0$ 的交线（空间曲线），$z=f(x_0, y)$ 在 $P_0(x_0, y_0)$ 的切线斜率，如图 8.6（b）所示.

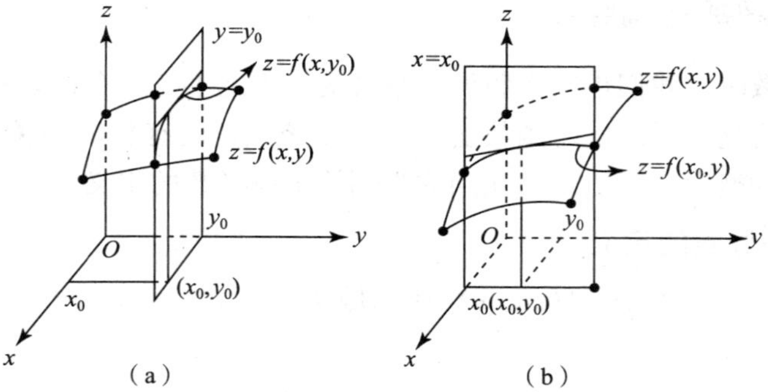

（a）　　（b）

图 8.6

3. 二元函数的高阶偏导数

函数 $z=f(x, y)$ 的偏导数 $z'_x=f'_x(x, y)$，$z'_y=f'_y(x, y)$ 仍是二元函数，如果它们对自变量的偏导数也存在，则称这些偏导数为 $z=f(x, y)$ 的二阶偏导数. 记为

$$\frac{\partial^2 z}{\partial x^2}=\frac{\partial}{\partial x}\left(\frac{\partial z}{\partial x}\right)，\text{或}\quad z''_{xx}，f''_{xx}；$$

$$\frac{\partial^2 z}{\partial y^2}=\frac{\partial}{\partial y}\left(\frac{\partial z}{\partial y}\right)，\text{或}\quad z''_{yy}，f''_{yy}；$$

$$\frac{\partial^2 z}{\partial x\partial y}=\frac{\partial}{\partial y}\left(\frac{\partial z}{\partial x}\right)，\text{或}\quad z''_{xy}，f''_{xy}；$$

$$\frac{\partial^2 z}{\partial y\partial x}=\frac{\partial}{\partial x}\left(\frac{\partial z}{\partial y}\right)，\text{或}\quad z''_{yx}，f''_{yx}.$$

类似地，可定义更高阶的偏导数.

例 8.5　求函数 $z=\ln(x^2+y)$ 的二阶偏导数.

解　$\frac{\partial z}{\partial x}=\frac{2x}{x^2+y}$，$\frac{\partial z}{\partial y}=\frac{1}{x^2+y}$；

$$\frac{\partial^2 z}{\partial x^2}=\frac{\partial}{\partial x}\left(\frac{\partial z}{\partial x}\right)=\frac{2(x^2+y)-2x(2x)}{(x^2+y)^2}=\frac{-2x^2+y}{(x^2+y)^2}；$$

$$\frac{\partial^2 z}{\partial y^2}=\frac{\partial}{\partial y}\left(\frac{\partial z}{\partial y}\right)=\frac{-2}{(x^2+y)^2}；$$

$$\frac{\partial^2 z}{\partial x\partial y}=\frac{\partial}{\partial y}\left(\frac{\partial z}{\partial x}\right)=\frac{-2x}{(x^2+y)^2}；$$

$$\frac{\partial^2 z}{\partial y\partial x}=\frac{\partial}{\partial x}\left(\frac{\partial z}{\partial y}\right)=\frac{-2x}{(x^2+y)^2}.$$

上例中有$\frac{\partial^2 z}{\partial y\partial x}=\frac{\partial^2 z}{\partial x\partial y}$，但这个等式并不是对所有的函数都成立，可以证明：当二阶混合偏导数 $f''_{xy}(x,y)$，$f''_{yx}(x,y)$ 连续时，有

$$f''_{xy}(x,y)=f''_{yx}(x,y).$$

8.1.6　二元函数的全微分

类似一元函数微分的形式 $\mathrm{d}y=f'(x)\mathrm{d}x$，我们有以下二元函数微分的定义.

定义 8.4　若函数 $z=f(x,y)$ 在点 $P(x,y)$ 的某个邻域内有连续的偏导数 $f'_x(x,y)$，$f'_y(x,y)$，则称

$$\mathrm{d}z=f'_x(x,y)\mathrm{d}x+f'_y(x,y)\mathrm{d}y$$

为函数 $z=f(x,y)$ 在 $P(x,y)$ 处的全微分. 这里 $\mathrm{d}x=\Delta x$，$\mathrm{d}y=\Delta y$ 为自变量的无穷小改变量.

例 8.6　求函数 $z=xy^2$ 的全微分.

解　$$\begin{aligned}\mathrm{d}z&=f'_x(x,y)\mathrm{d}x+f'_y(x,y)\mathrm{d}y\\&=y^2\mathrm{d}x+2xy\mathrm{d}y.\end{aligned}$$

和一元微分一样，当 Δx、Δy 充分小时，二元函数 $z=f(x,y)$ 的全微分 $\mathrm{d}z$ 是函数改变量 Δz 关于 Δx、Δy 的线性表示（近似），即有

$$\Delta z\approx \mathrm{d}z=f'_x(x,y)\mathrm{d}x+f'_y(x,y)\mathrm{d}y. \tag{8.1}$$

式（8.1）可以用作近似计算.

例 8.7　用全微分求 $A=(1.03)^{\frac{1}{3}}\cdot(2.002)^6$ 的近似值.

解　作二元函数 $z=f(x,y)=x^{\frac{1}{3}}y^6$，并设 $x_0=1$，$y_0=2$，$\Delta x=0.03$，$\Delta y=0.002$；则

$$\begin{aligned}&A=f(1.03,2.02)=f(x_0+\Delta x,y_0+\Delta y),\\&f(x_0,y_0)=f(1,2)=64,\\&\Delta z=A-64.\end{aligned}$$

由式（8.1）有

$$\begin{aligned}\Delta z&\approx \mathrm{d}z=f'_x(1,2)\mathrm{d}x+f'_y(1,2)\mathrm{d}y\\&=f'_x(1,2)\cdot 0.03+f'_y(1,2)\cdot 0.002,\end{aligned}$$

又

$$f'_x(1,2)=\frac{1}{3}x^{-\frac{2}{3}}y^6\Big|_{\substack{x=1\\y=2}}=\frac{64}{3},\quad f'_y(1,2)=6x^{\frac{1}{3}}y^5\Big|_{\substack{x=1\\y=2}}=192,$$

所以

$$\Delta z\approx\frac{64}{3}\cdot 0.03+192\times 0.002=1.024,$$

故

$$A\approx\Delta z+64=65.024.$$

一元函数的微分法则对多元函数全微分也同样适用，即当 u、v 是二元函数时，也有下列微分法则：

（1）$\mathrm{d}(u\pm v)=\mathrm{d}u\pm\mathrm{d}v$；　（2）$\mathrm{d}(uv)=u\mathrm{d}v+v\mathrm{d}u$；　（3）$\mathrm{d}\left(\frac{u}{v}\right)=\frac{v\mathrm{d}u-u\mathrm{d}v}{v^2}$.

例 8.8　用全微分的运算法则求函数 $z=\ln(xy^2+3)+xy$ 的全微分.

解　
$$\begin{aligned}\mathrm{d}z&=\mathrm{d}[\ln(xy^2+3)]+\mathrm{d}(xy)\\&=\frac{1}{xy^2+3}\mathrm{d}(xy^2+3)+y\mathrm{d}x+x\mathrm{d}y\\&=\frac{1}{xy^2+3}\left[y^2\mathrm{d}x+x\mathrm{d}(y^2)\right]+y\mathrm{d}x+x\mathrm{d}y\\&=\frac{1}{xy^2+3}(y^2\mathrm{d}x+2xy\mathrm{d}y)+y\mathrm{d}x+x\mathrm{d}y\\&=\left(\frac{y^2}{xy^2+3}+y\right)\mathrm{d}x+\left(\frac{2xy}{xy^2+3}+x\right)\mathrm{d}y.\end{aligned}$$

8.1.7　复合函数求导法则

定理 8.1　如果函数 $x=\phi(t)$，$y=\psi(t)$ 在 $t=t_0$ 处可导，且二元函数 $z=f(x, y)$ 在点 $M_0(\phi(t_0), \psi(t_0))$ 的某邻域有连续的偏导数，则复合函数 $z=f[\phi(t), \psi(t)]$ 在 $t=t_0$ 处可导，且

$$\begin{aligned}\frac{\mathrm{d}z}{\mathrm{d}t}&=\frac{\partial z}{\partial x}\frac{\mathrm{d}x}{\mathrm{d}t}+\frac{\partial z}{\partial y}\frac{\mathrm{d}y}{\mathrm{d}t}\\&=f'_x\left[\phi(t_0), \psi(t_0)\right]\phi'(t_0)+f'_y\left[\phi(t_0), \psi(t_0)\right]\psi'(t_0),\end{aligned}$$

此时，z 是 t 的一元函数，常称 $\frac{\mathrm{d}z}{\mathrm{d}t}$ 为全导数.

定理 8.2　二元函数 $z=f(u, v)$ 有连续的偏导数，且自变量 x 和 y 的二元函数 $u=u(x, y)$，$v=v(x, y)$ 有连续的偏导数，则有连续的偏导数，z 作为 x 和 y 的复合函数，有如下求导公式

$$\frac{\mathrm{d}z}{\mathrm{d}x}=\frac{\partial z}{\partial u}\frac{\mathrm{d}u}{\mathrm{d}x}+\frac{\partial z}{\partial v}\frac{\mathrm{d}v}{\mathrm{d}x};$$

$$\frac{\mathrm{d}z}{\mathrm{d}y}=\frac{\partial z}{\partial u}\frac{\mathrm{d}u}{\mathrm{d}y}+\frac{\partial z}{\partial v}\frac{\mathrm{d}v}{\mathrm{d}y}.$$

例 8.9　若 $z=x^y$，$x=\mathrm{e}^t$，$y=\sin t$，求 $\frac{\mathrm{d}z}{\mathrm{d}t}$.

解　
$$\begin{aligned}\frac{\mathrm{d}z}{\mathrm{d}t}&=\frac{\partial z}{\partial x}\frac{\mathrm{d}x}{\mathrm{d}t}+\frac{\partial z}{\partial y}\frac{\mathrm{d}y}{\mathrm{d}t}=(y-1)\mathrm{e}^t+x^y\ln x\cdot\cos t\\&=(\sin t-1)\mathrm{e}^t+t\cos t(\mathrm{e}^t)^{\sin t}.\end{aligned}$$

例 8.10　若 $z=f(x+y, xy)$，其中 f 的各阶偏导数连续，求 $\frac{\partial z}{\partial x}$，$\frac{\partial z}{\partial y}$.

解　令 $u=x+y$，$v=xy$，则 $z=f(u, v)$，由链式法则有

$$\frac{\partial z}{\partial x}=\frac{\partial z}{\partial u}\frac{\mathrm{d}u}{\mathrm{d}x}+\frac{\partial z}{\partial v}\frac{\mathrm{d}v}{\mathrm{d}x}=f'_u\cdot 1+f'_v\cdot y;$$

$$\frac{\partial z}{\partial y}=\frac{\partial z}{\partial u}\frac{\mathrm{d}u}{\mathrm{d}y}+\frac{\partial z}{\partial v}\frac{\mathrm{d}v}{\mathrm{d}y}=f'_u\cdot 1+f'_v\cdot x.$$

8.1.8 隐函数求导

例 8.11 由方程 $x^2y+y^3+z=e^z$ 确定了一个隐函数 $z=f(x, y)$，求 $\frac{\partial z}{\partial x}$，$\frac{\partial z}{\partial y}$.

解 等式 $x^2y+y^3+z=e^z$ 两边对 x 求偏导（这时 y 看成与 x 无关的常数，z 是关于 x 的函数）得

$$2xy+\frac{\partial z}{\partial x}=e^z\frac{\partial z}{\partial x},$$

整理得

$$\frac{\partial z}{\partial x}=\frac{2xy}{(1-e^z)};$$

同理，等式 $x^2y+y^3+z=e^z$ 两边对 y 求偏导同理可得

$$x^2+3y^2+\frac{\partial z}{\partial y}=e^z\frac{\partial z}{\partial y},$$

整理得

$$\frac{\partial z}{\partial y}=\frac{x^2+3y^2}{(1-e^z)}.$$

8.1.9 二元函数的极值与最值

1. 极值的定义

定义 8.6 设函数 $f(x, y)$ 在点 (x_0, y_0) 的某邻域内有定义，对该邻域内的任一点 $(x, y)\left[(x, y)\neq(x_0, y_0)\right]$：

(1) 若有 $f(x, y)<f(x_0, y_0)$，则称 $f(x_0, y_0)$ 是函数 $f(x, y)$ 的极大值，(x_0, y_0) 是函数 $f(x, y)$ 的极大值点；

(2) 若有 $f(x, y)>f(x_0, y_0)$，则称 $f(x_0, y_0)$ 是函数 $f(x, y)$ 的极小值，(x_0, y_0) 是函数 $f(x, y)$ 的极小值点.

极大值和极小值统称为极值.

例如函数 $z=x^2+y^2$ 有极小值点 $(0, 0)$，相应的极小值为 0（见图 8.5). 又如 $(-1, 2)$ 是函数 $z=4-(x+1)^2-(2-y)^2$ 的极大值点，相应的极大值为 4.

2. 极值的必要条件

定理 8.3 如果可微函数 $f(x, y)$ 在点 (x_0, y_0) 处有极值，则

$$f'_x(x_0, y_0)=0,\ f'_y(x_0, y_0)=0.$$

证明 固定 $y=y_0$，则 $f(x, y_0)$ 是一元函数，且 $x=x_0$ 是 $f(x, y_0)$ 的极值点，所以有 $f(x, y_0)$ 的导数等于 0，即 $f'_x(x_0, y_0)=0$，同理可得 $f'_y(x_0, y_0)=0$.

我们称使各（一阶）偏导数为 0 的点为驻点. 则由上定理表明：可微函数 $f(x, y)$ 的极值点都是驻点.

例 8.12 求下列函数的驻点：

(1) $z=x^3-y^3+3x+12y+7$；

(2) $z=x^2+3xy-2y^2+x-7y+9$.

解　(1) 由 $z_x'=3x^2-3=0$ 和 $z_y'=-3y^2+12=0$ 得 4 个驻点：(1，2)，(−1，2)，(1，−2)，(−1，−2).

(2) 解由 $z_x'=2x+3y+1=0$ 和 $z_y'=3x-4y-7=0$ 得唯一驻点（1，−1).

3. 极值的充分条件

定理 8.4　函数 $f(x, y)$ 在点 (x_0, y_0) 的某邻域内有连续的各二阶偏导数，且 (x_0, y_0) 是它的驻点，设 $\Delta(x, y)=[f_{xy}''(x, y)]^2-f_{xx}''(x, y)f_{yy}''(x, y)$，则

(1) 如果 $\Delta(x_0, y_0)<0$，且 $f_{xx}''(x_0, y_0)<0$，则 $f(x_0, y_0)$ 是极大值；

(2) 如果 $\Delta(x_0, y_0)<0$，且 $f_{xx}''(x_0, y_0)>0$，则 $f(x_0, y_0)$ 是极小值；

(3) 如果 $\Delta(x_0, y_0)>0$，则 $f(x_0, y_0)$ 不是极值；

(4) 如果 $\Delta(x_0, y_0)=0$，则 $f(x_0, y_0)$ 是否极值不能判断.

证明从略.

例 8.13　求函数 $z=x^3-y^3+3x+12y+7$ 的极值.

解　函数的所有驻点为 (1，2)，(−1，2)，(1，−2)，(−1，−2)，又

$$\Delta(x, y)=[f_{xy}''(x, y)]^2-f_{xx}''(x, y)f_{yy}''(x, y)=0^2-(6x)(-6y)=36xy,$$

$$f_{xx}''(x, y)=6x,$$

由 $\Delta(1, 2)=72>0$，$\Delta(-1, -2)=72>0$，知 (1，2) 和 (−1，−2) 不是极值点；

由 $\Delta(1, -2)=-72<0$，且 $f_{xx}''(1, -2)=6>0$，由定理 8.4 知 (1，−2) 为极小值点，极小值为 $f(1, -2)=-11$；

由 $\Delta(-1, 2)=-72<0$，且 $f_{xx}''(-1, 2)=-6<0$，知 (−1，2) 为极大值点，极大值为 $f(-1, 2)=25$.

例 8.14　某工厂生产甲、乙两种产品，单价分别为 10 元和 9 元，生产 x 件甲产品和 y 件乙产品的总费用是 $400+2x+3y+0.01(3x^2+xy+3y^2)$元，问产量 x、y 各为多少时，利润最大？

解　设 $L(x, y)$ 表示生产 x 件甲产品和 y 件乙产品的利润，因为利润等于收入减费用，所以有

$$\begin{aligned}L(x,y)&=10x+9y-[400+2x+3y+0.01(3x^2+xy+3y^2)]\\&=8x+6y-0.01(3x^2+xy+3y^2)-400,\end{aligned}$$

由

$$\begin{cases}L_x'(x, y)=8-0.01(6x+y)=0,\\L_y'(x, y)=6-0.01(x+6y)=0,\end{cases}$$

解得唯一驻点 (120，80).

又 $L_{xx}''(120, 80)=0.06<0$，$\Delta(120, 80)=-(0.01)^2-(-0.06)^2<0$，由定理 8.4 知 (120，80) 为唯一极大值点，故必为最大值点. 即有生产 120 件甲产品和 80 件乙产品时利润最大.

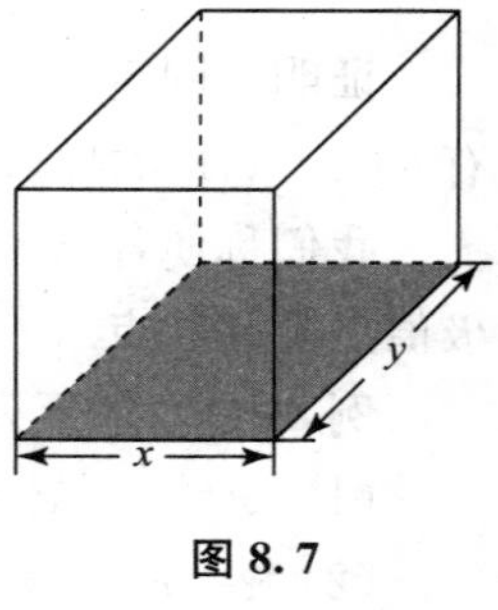

图 8.7

例 8.15　建造一个容积为 4 m³ 的无盖长方体水池，问：长、宽、高为多少时用料最省？

解　水池用料最省就是要使长方体（水池）的表面积最小.

设水池底的长为 x 米，宽为 y 米，则高为 $\frac{4}{xy}$（见图 8.7)，表面

积为

$$S=xy+\frac{8}{x}+\frac{8}{y},$$

由 $S'_x=y-\frac{8}{x^2}=0$ 和 $S'_y=x-\frac{8}{y^2}=0$，解得 $x=2$，$y=2$，即有唯一驻点（2，2）.

又 $S''_{xx}(2,\ 2)=2\left.\frac{8}{x^3}\right|_{\substack{x=2\\y=2}}=2>0$，

$$\Delta(2,\ 2)=[S''_{xy}(2,\ 2)]^2-S''_{xx}(2,\ 2)S''_{yy}(2,\ 2)=0-4=-4<0.$$

由定理 8.4 知（2，2）为唯一极小值点，必为最小值点. 故当长和宽为 2，高为 1 时用料最省.

8.1.10　条件极值与拉格朗日乘数法

前面讨论的二元函数 $f(x,\ y)$ 的极值时，两个自变量 x 和 y 之间是相互独立的（它们之间没有关系），这种极值称为无条件极值，简称极值. 如果自变量 x 和 y 之间还要满足一定的约束条件，如 $g(x,\ y)=0$，这时所求的极值称为条件极值.

例如求点 $(x_0,\ y_0)$ 到直线 $ax+by=c(b\neq0)$ 的距离. $M_0(x_0,\ y_0)$ 到直线的距离就是 $M_0(x_0,\ y_0)$ 到直线上的点连线（距离）的极小值，即问题归结为在 $ax+by=c$ 条件下，求 $d=\sqrt{(x-x_0)^2+(y-y_0)^2}$ 极小值的条件极值问题. 因为 d 与 d^2 同取极值，故问题化为在 $ax+by=c$ 条件下，求 $d^2=(x-x_0)^2+(y-y_0)^2$ 极小值的条件极值问题. 解上述问题，可由条件 $ax+by=c$ 解出 y，即 $y=-\frac{a}{b}x+\frac{c}{b}$，并将 y 代入表达式 $d^2=(x-x_0)^2+(y-y_0)^2$ 中，化成一元函数的极值（同学们自己完成）.

还可以用下面要介绍的求解条件极值的拉格朗日乘数法来求解，这种方法更为简捷、方便.

下面我们引进更为简捷、方便的求解条件极值的拉格朗日乘数法.

在 x、y 满足 $g(x,\ y)=0$ 约束条件下，求二元函数 $z=f(x,\ y)$ 的极值. 由 $g(x,\ y)=0$ 确定 y 是 x 的隐函数，即 $y=y(x)$，且有

$$g[x,\ y(x)]=0,$$

上式求 x 的导数得

$$g'_x+g'_y y'(x)=0,$$

于是

$$y'(x)=-\frac{g'_x}{g'_y},$$

从而

$$\frac{\mathrm{d}z}{\mathrm{d}x}=f'_x+f'_y y'(x)=f'_x-f'_y\frac{g'_x}{g'_y},$$

根据一元函数极值的必要条件，我们得到如下极值点必须满足的方程组

$$\begin{cases}\dfrac{f'_x}{g'_x}=\dfrac{f'_y}{g'_y},\\ g(x,\ y)=0,\end{cases}$$

若令 $\lambda=\frac{f'_x}{g'_x}$，则得等价方程组

$$\begin{cases} f'_x+\lambda g'_x=0, \\ f'_y+\lambda g'_y=0, \\ g(x, y)=0, \end{cases}$$

即满足 $g(x, y)=0$ 的约束条件下，二元函数 $z=f(x, y)$ 的极值点必须满足方程组为

$$\begin{cases} (f+\lambda g)'_x=0, \\ (f+\lambda g)'_y=0, \\ (f+\lambda g)'_\lambda=g(x, y)=0, \end{cases} \tag{8.2}$$

由此解出（x_0，y_0，λ_0），其中（x_0，y_0）为可能极值点．这个方法称为拉格朗日乘数法，λ 称为拉格朗日乘数．

由上述式（8.2）易知，应用拉格朗日乘数法求二元函数 $z=f(x, y)$ 在约束条件 $g(x, y)=0$ 下的极值的一般步骤为：

（1）构造拉格朗日函数

$$F(x, y, \lambda)=f(x, y)+\lambda g(x, y);$$

（2）求 $F(x, y, \lambda)$ 的关于 x，y，λ 的三个偏导数，并令它们等于零，得方程组

$$\begin{cases} f'_x+\lambda g'_x=0, \\ f'_y+\lambda g'_y=0, \\ (f+\lambda g)'_\lambda=g(x, y)=0; \end{cases}$$

（3）解方程组得到的解（x_0，y_0）即为可能极值点．

用下面拉格朗日乘数法求点（x_0，y_0）到直线 $ax+by=c(b\neq 0)$ 的距离．

构造拉格朗日函数

$$F(x, y, \lambda)=(x-x_0)^2+(y-y_0)^2+\lambda(ax+by-c).$$

求 $F(x, y, \lambda)$ 的关于 x，y，λ 的三个偏导数，并令它们等于零，得方程组

$$\begin{cases} 2(x-x_0)+a\lambda=0, \\ 2(y-y_0)+b\lambda=0, \\ ax+by-c=0. \end{cases} \tag{8.3}$$

由方程组（8.3）的第一个和第二个方程解得极值点（$\overline{x}$，$\overline{y}$）满足

$$\begin{cases} (\overline{x}-x_0)=-\frac{a\lambda}{2}, \\ (\overline{y}-y_0)=-\frac{b\lambda}{2}. \end{cases} \tag{8.4}$$

将式（8.4）代入方程组（8.3）的第三个方程得

$$-\frac{a^2\lambda}{2}+ax_0-\frac{b^2\lambda}{2}+by_0-c=0,$$

解得

$$\lambda=2\,\frac{(ax_0+by_0-c)}{a^2+b^2}. \tag{8.5}$$

又将式（8.4）代入 $d^2=(\bar{x}-x_0)^2+(\bar{y}-y_0)^2$ 得 $d^2=\frac{a^2+b^2}{4}\lambda^2$，再由式（8.5）得

$$d^2=\frac{(ax_0+by_0-c)^2}{a^2+b^2},$$

即点（x_0，y_0）到直线 $ax+by=c(b\neq 0)$ 的距离为

$$d=\frac{|ax_0+by_0-c|}{\sqrt{a^2+b^2}}.$$

8.1.11　最小二乘法

在科学研究和经济分析中，往往要用实验或调查得到的数据，建立各个量之间的关系，这种关系用数学方程给出，称为经验公式，建立经验公式的一个常用的方法就是最小二乘法.

下面用两个变量有线性关系的情形来说明.

为确定某两个变量 x，y 之间的关系，我们对它们进行 n 次测量（实验或调查），得到 n 对数据：(x_1, y_1)，(x_2, y_2)，…，(x_n, y_n).

这些数据对应平面直角坐标系中的点 $A_1(x_1, y_1)$，$A_2(x_2, y_2)$，…，$A_n(x_n, y_n)$. 如果这些点几乎分布在一条直线上，我们可以认为变量 x，y 之间存在着线性关系，设其方程为

$$y=ax+b,$$

其中 a、b 为待定参数（见图 8.8).

直线 $y=ax+b$ 上与点

$$A_1(x_1, y_1),\ A_2(x_2, y_2),\ \cdots,\ A_n(x_n, y_n),$$

有相同横坐标的点为

$$B_1(x_1, ax_1+b),\ B_2(x_2, ax_2+b),\ \cdots,\ B_n(x_n, ax_n+b),$$

点 A_i 与 B_i 的距离为

$$d_i=|ax_i+b-y_i|.$$

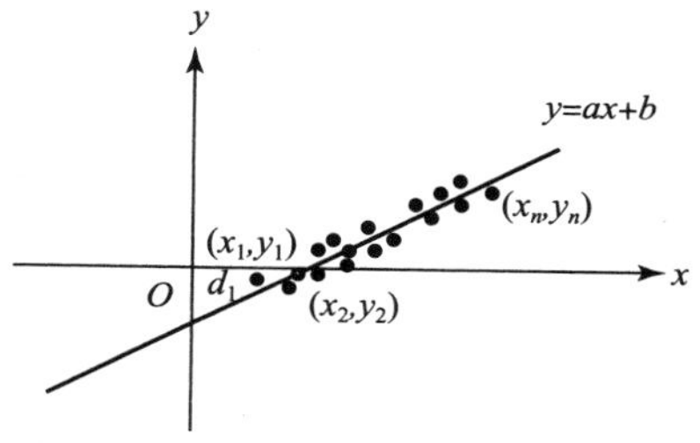

图 8.8

称为测量值与理论值的误差. 现要求一组数 a 和 b 使得误差平方和

$$S=\sum_{i=1}^{n}(ax_i+b-y_i)^2$$

最小. 这种方法称为最小二乘法.

下面用二元函数求极值的方法，求 a 和 b 的值.

因为 S 是 a 和 b 的函数，所以由极值存在的必要条件有

$$S'_a=2\sum_{i=1}^{n}(ax_i+b-y_i)x_i=0,$$

$$S'_b=2\sum_{i=1}^{n}(ax_i+b-y_i)=0,$$

整理上式，得关于 a，b 的方程组

$$\begin{cases} a\sum_{i=1}^{n}x_i^2+b\sum_{i=1}^{n}x_i=\sum_{i=1}^{n}x_iy_i, \\ a\sum_{i=1}^{n}x_i+nb=\sum_{i=1}^{n}y_i, \end{cases}$$

称为最小二乘法标准方程组. 由它解出 a 和 b，再代入线性方程，即得到所要求的经验公式.

例 8.16 设变量 y 为变量 x 的函数，经 6 次测试得表 8.1 所示数据 .

表 8.1

x	8	10	12	14	16	18
y	8	10	10.43	12.78	14.4	16

试利用表 8.1 中实验数据，用最小二乘法建立函数 y 依赖于变量 x 的线性关系.

解 设 $y=ax+b$ 则

$$\begin{cases} a\sum_{i=1}^{6}x_i^2+b\sum_{i=1}^{6}x_i=\sum_{i=1}^{6}x_iy_i, \\ a\sum_{i=1}^{6}x_i+6b=\sum_{i=1}^{6}y_i, \end{cases}$$

又计算得 $\sum_{i=1}^{6}x_i^2=1\ 084$，$\sum_{i=1}^{6}x_i=78$，$\sum_{i=1}^{6}x_iy_i=986.48$，$\sum_{i=1}^{6}y_i=71.61$ ，于是方程组为

$$\begin{cases} 1\ 084a+78b=986.48, \\ 78a+6b=71.61, \end{cases}$$

解得

$$a=0.793\ 6,\ b=1.618\ 6,$$

故所求的线性关系为

$$y=0.793\ 6x+1.618\ 6.$$

§ 8.2 多元函数积分

8.2.1 二重积分

1. 二重积分的定义

设 $z=f(x, y)$ 为有界闭区域 D 上二元连续函数，$f(x, y)\geqslant 0$，在几何上表示 xOy 平面上方的一张连续曲面. 我们来求以曲面为顶，以 xOy 平面上闭区域 D 为底，以平行于 z 轴的直线为母线，以闭区域 D 的边界为准线的柱面所围成的曲顶柱体的体积 V（见图 8.9). 我们仿照求曲边梯形面积的方法，用微积分方法求曲顶柱体的体积 V.

(1) 无限细分，把区域 D 任意分成 n 个小区域

$$\Delta\sigma_1,\ \Delta\sigma_2,\ \cdots,\ \Delta\sigma_n$$

它们的面积仍记为 $\Delta\sigma_1$，$\Delta\sigma_2$，…，$\Delta\sigma_n$（要求当 $n\to\infty$ 时，每个小区域 $\Delta\sigma_i$ 的最大直径 d_i 都要趋于即 $d=\max\{d_1,\ d_2,\ \cdots,\ d_n\}\to 0$），这样就把曲顶柱体分成 n 个小曲顶柱体，第 i 个小曲顶柱体以 $\Delta\sigma_i$ 为底，以曲面 $z=f(x,\ y)$ 为顶，以平行于 z 轴的直线为母线，以闭区域 $\Delta\sigma_i$ 的边界为准线，用 ΔV_i 表示它的体积，如图 8.10 所示，则

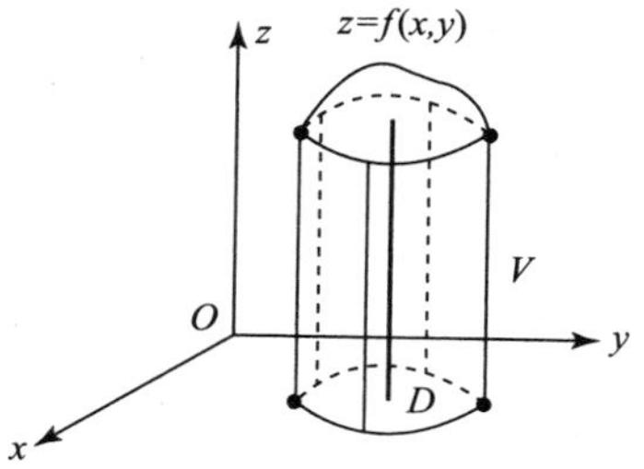

图 8.9

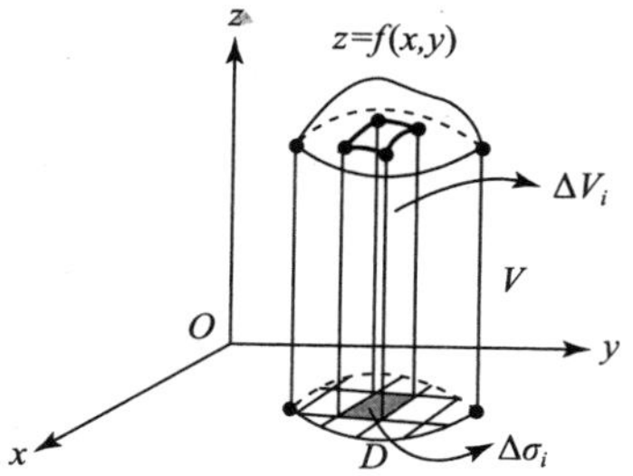

图 8.10

$$V=\Delta V_1+\Delta V_2+\cdots+\Delta V_n.$$

（2）近似求和，在每个小区域 $\Delta\sigma_i$ 上任取一点（ξ_i，η_i），用 $\Delta\sigma_i$ 为底，$h_i=f(\xi_i,\ \eta_i)$ 为高的平顶柱体体积 $f(\xi_i,\ \eta_i)\Delta\sigma_i$，近似代替第 i 个小曲顶柱体的体积 ΔV_i，即

$$\Delta V_i\approx f(\xi_i,\ \eta_i)\Delta\sigma_i,\ (i=1,\ 2,\ \cdots,\ n)$$

则

$$V_n=\sum_{i=1}^{n}\Delta V_i\approx\sum_{i=1}^{n}f(\xi_i,\eta_i)\Delta\sigma_i \tag{8.6}$$

是 V 的一个近似值.

（3）取极限，如果 $d\to 0$，若式（8.6）的极限存在［可以证明，当 $f(x,\ y)$ 连续时，极限存在］，则这个极限值就是曲顶柱体的体积. 即

$$V=\lim_{d\to 0}\sum_{i=1}^{n}f(\xi_i,\eta_i)\Delta\sigma_i.$$

这个极限就是下面即将定义的二重积分.

定义 8.5　设 $z=f(x,\ y)$ 为有界闭区域 D 上有界二元连续函数，若将区域 D 任意分成 n 个小区域

$$\Delta\sigma_1,\ \Delta\sigma_2,\ \cdots,\ \Delta\sigma_n,$$

在每个小区域 $\Delta\sigma_i$ 上任取一点（ξ_i，η_i），作和

$$\sum_{i=1}^{n}f(\xi_i,\ \eta_i)\Delta\sigma_i,$$

每个小区域 $\Delta\sigma_i$ 的最大直径 d_i 都趋于 0，即当 $d=\max\{d_1,\ d_2,,\ \cdots,\ d_n\}\to 0$ 时，不论小区域如何分割，（$\xi_i\eta_i$）如何选取，上述和式的极限均存在，我们称此极限值为函数 $z=f(x,\ y)$ 在 D 上二重积分. 记为

$$\iint_D f(x,\ y)\mathrm{d}\sigma,$$

即

$$\iint_D f(x, y)\mathrm{d}\sigma = \lim_{d\to 0}\sum_{i=1}^{n} f(\xi_i, \eta_i)\Delta\sigma_i.$$

其中，D 称为积分区域，$f(x, y)$ 称为被积函数，$\mathrm{d}\sigma$ 称为面积元素.

说明：

（1）若 $\lim\limits_{d\to 0}\sum\limits_{i=1}^{n} f(\xi_i, \eta_i)\Delta\sigma_i$ 极限存在，则称函数 $f(x, y)$ 在区域 D 可积. 可以证明：若函数 $f(x, y)$ 在区域 D 上连续，则 $f(x, y)$ 在区域 D 可积.

（2）$\iint\limits_D \mathrm{d}\sigma$ 表示高为 1、底为 D 的平顶柱体体积，因而其值正巧是区域 D 的面积.

（3）若 $f(x, y)$，$g(x, y)$ 都是有界区域 D 上连续函数，且 $f(x, y)\geqslant g(x, y)$，则二重积分

$$\iint_D [f(x, y)-g(x, y)]\mathrm{d}\sigma$$

表示以 $y=f(x, y)$ 为顶、$y=g(x, y)$ 为底、母线 D 平行于 z 轴的柱体体积.

（4）在直角坐标系下，常用平行 x 轴、y 轴的两组直线分割区域 D，此时的面积元素为

$$\mathrm{d}\sigma=\mathrm{d}x\mathrm{d}y,$$

所以在直角坐标系下，二重积分可表示为

$$\iint_D f(x, y)\mathrm{d}\sigma = \iint_D f(x, y)\mathrm{d}x\mathrm{d}y.$$

2. 二重积分的性质

二重积分与定积分有相类似的性质

（1）k 为常数，则 $\iint\limits_D kf(x, y)\mathrm{d}\sigma = k\iint\limits_D f(x, y)\mathrm{d}\sigma$.

（2）$\iint\limits_D [f(x, y)\pm g(x, y)]\mathrm{d}\sigma = \iint\limits_D f(x, y)\mathrm{d}\sigma \pm \iint\limits_D g(x, y)\mathrm{d}\sigma$.

（3）可加性　若区域 D 被曲线分成两个区域 D_1，D_2（见图 8.11），则

$$\iint_D f(x, y)\mathrm{d}\sigma = \iint_{D_1} f(x, y)\mathrm{d}\sigma + \iint_{D_2} f(x, y)\mathrm{d}\sigma.$$

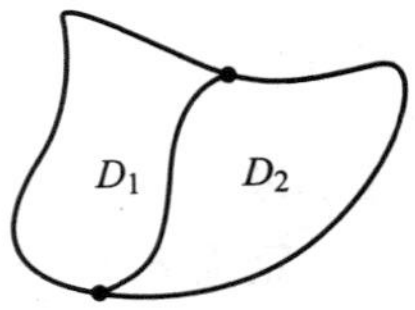

图 8.11

（4）若区域 D 中有 $f(x, y)\geqslant g(x, y)$，则

$$\iint_D f(x, y)\mathrm{d}\sigma \geqslant \iint_D g(x, y)\mathrm{d}\sigma.$$

（5）若 M 和 m 分别是 $y=f(x, y)$ 在区域 D 的最大值和最小值，S 是区域 D 的面积，则 $mS\leqslant\iint\limits_D f(x, y)\mathrm{d}\sigma\leqslant MS$.

（6）中值定理：若 $y=f(x, y)$ 在区域 D 连续，S 是区域 D 的面积，则存在 $(\xi, \eta)\in D$ 使得 $\iint\limits_D f(x, y)\mathrm{d}\sigma = f(\xi, \eta)S$.

3. 二重积分的计算

二重积分的计算可归结为求两次定积分. 我们分别就区域 D 是 X 型、Y 型和 θ 型时，导出相应的计算公式.

（1）D 是 x 型区域，即 $D=\{(x, y)|a\leqslant x\leqslant b, g(x)\leqslant y\leqslant h(x)\}$，先假设在区域 D 上 $f(x, y)\geqslant 0$. 则二重积分

$$\iint\limits_D f(x, y)\mathrm{d}\sigma$$

是区域 D 上以 $y=f(x, y)$ 为顶的曲顶柱体的体积 V.

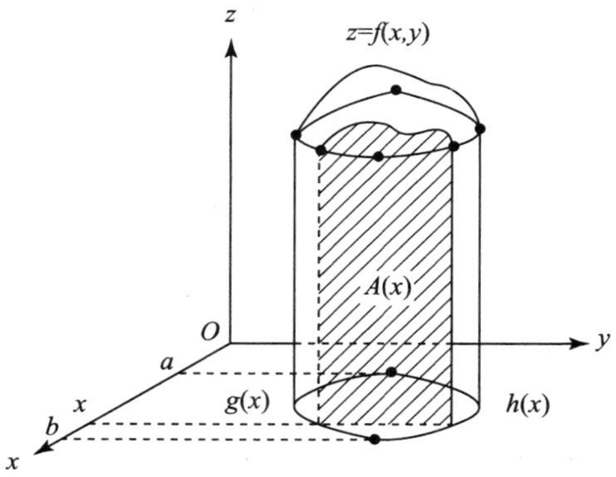

图 8.12

又曲顶柱体的体积 V 可用定积分方法计算：

$$V=\int_a^b A(x)\mathrm{d}x,$$

这里 $A(x)$ 为在 x 处用平行与 yOz 的平面截曲顶柱体而得的截面面积（见图 8.12 阴影部分），我们将其投影到 yOz 平面上，则 $A(x)$ 是由 $y=g(x)$，$y=h(x)$，底轴与曲线 $z=f(x, y)$（x 固定被视为常量）所围成的曲边梯形面积. 于是

$$A(x)=\int_{h(x)}^{g(x)} f(x, y)\mathrm{d}y,$$

从而

$$\iint\limits_D f(x, y)\mathrm{d}\sigma=\int_a^b A(x)\mathrm{d}x=\int_a^b\left[\int_{h(x)}^{g(x)} f(x, y)\mathrm{d}y\right]\mathrm{d}x,$$

为方便，记成

$$\iint\limits_D f(x, y)\mathrm{d}\sigma=\int_a^b\mathrm{d}x\int_{h(x)}^{g(x)} f(x, y)\mathrm{d}y.$$

若去掉 $f(x, y)\geqslant 0$ 的条件，设 M 是 $y=f(x, y)$ 在区域 D 的最大值，则在 D 上有

$$M-f(x, y)\geqslant 0,$$

所以有

$$\iint\limits_D [M-f(x, y)]\mathrm{d}\sigma=\int_a^b\mathrm{d}x\int_{h(x)}^{g(x)}[M-f(x, y)]\mathrm{d}y,$$

即有

$$M\iint\limits_D\mathrm{d}\sigma-\iint\limits_D f(x, y)\mathrm{d}\sigma=M\int_a^b\mathrm{d}x\int_{h(x)}^{g(x)}\mathrm{d}y-\int_a^b\mathrm{d}x\int_{h(x)}^{g(x)}[f(x, y)]\mathrm{d}y,$$

又 $\iint\limits_D\mathrm{d}\sigma$ 表示区域 D 的面积，$\int_a^b\mathrm{d}x\int_{h(x)}^{g(x)}\mathrm{d}y=\int_a^b[g(x)-h(x)]\mathrm{d}x$ 也表示区域 D 的面积，故

$$\iint\limits_D\mathrm{d}\sigma=\int_a^b\mathrm{d}x\int_{h(x)}^{g(x)}\mathrm{d}y,$$

因此有

$$\iint\limits_D f(x, y)\mathrm{d}\sigma=\int_a^b\mathrm{d}x\int_{h(x)}^{g(x)} f(x, y)\mathrm{d}y.$$

同理可以得到 y 型的二重积分计算公式.

（2）D 是 y 型区域，即 $D=\{(x, y)|c\leqslant y\leqslant d, \varphi(y)\leqslant x\leqslant\theta(y)\}$，

$$\iint\limits_D f(x, y)\mathrm{d}\sigma=\int_c^d B(y)\mathrm{d}y=\int_c^d\mathrm{d}y\int_{\varphi(y)}^{\theta(y)} f(x, y)\mathrm{d}x.$$

例 8.17　计算下列二重积分：

(1) $\iint\limits_D e^{(x+y)}d\sigma$，$D$ 由 $x=0$，$x=1$，$y=0$，$y=1$ 所围的区域；

(2) $\iint\limits_D xy^2 d\sigma$，$D=\{(x,\ y)\,|\,x^2+y^2\leqslant 1,\ x>0\}$，即 D 为单位圆的右半部分；

(3) $\iint\limits_D x\sqrt{y}\,d\sigma$，$D$ 由曲线 $y=x^2$，$y=\sqrt{x}$所围的区域.

解　(1) 如图 8.13 所示，D 为正方形，将其视为 X 型区域，由二重积分化累次积分得

$$\iint\limits_D e^{(x+y)}d\sigma=\int_0^1 dx\int_0^1 e^{(x+y)}dy=\int_0^1 e^x dx\int_0^1 e^y dy=(e-1)^2.$$

(2) 如图 8.14 所示，D 为右半单位圆，视为 Y 型区域，由 $y=-1$，$y=1$ 和 $x=0$，$x=\sqrt{1-y^2}$围成，所以

$$\begin{aligned}\iint\limits_D xy^2 d\sigma &= \int_{-1}^1 y^2 dy\int_0^{\sqrt{1-y^2}} x dx\\ &= \frac{1}{2}\int_{-1}^1 y^2(1-y^2)dy\\ &= \frac{1}{2}\int_{-1}^1 (y^2-y^4)dy=\frac{2}{15}.\end{aligned}$$

(3) 如图 8.15 所示，D 视为 X 型区域，由 $x=0$，$x=1$；和 $y=x^2$，$y=\sqrt{x}$所围成，所以

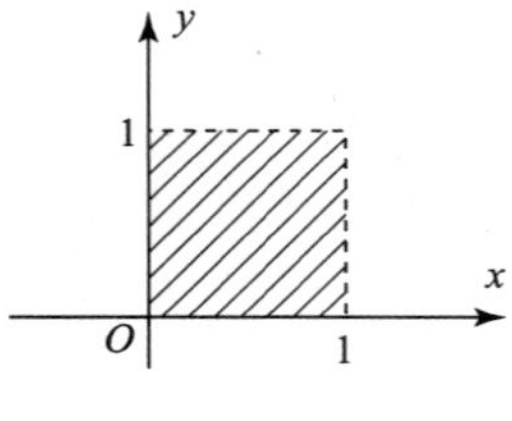

图 8.13

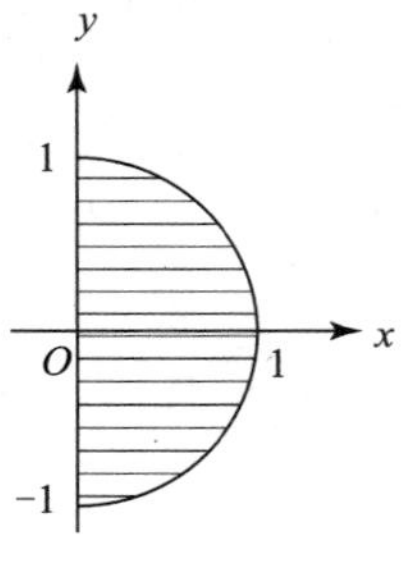

图 8.14

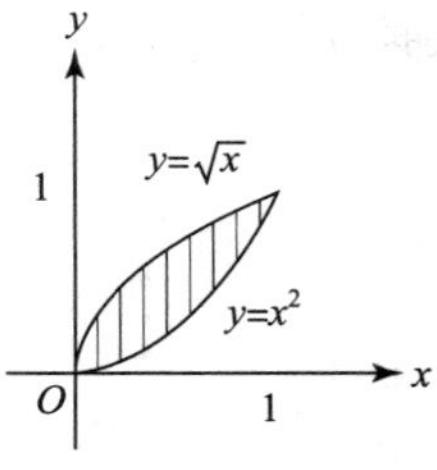

图 8.15

$$\begin{aligned}\iint\limits_D \sqrt{x}y\,d\sigma &= \int_0^1 \sqrt{x}dx\int_{x^2}^{\sqrt{x}} y dy\\ &= \frac{1}{2}\int_0^1 \sqrt{x}(x-x^4)dx\\ &= \frac{1}{2}\int_0^1 \left(x^{\frac{3}{2}}-x^{\frac{9}{2}}\right)dx\\ &= \left(\frac{1}{5}x^{\frac{5}{2}}-\frac{1}{11}x^{\frac{11}{2}}\right)\Big|_0^1=\frac{6}{55}.\end{aligned}$$

例 8.18　计算累次积分 $I=\int_0^1 dy\int_y^1 \frac{\sin x}{x}dx$ 的值.

解　由于函数$\frac{\sin x}{x}$的原函数不能用初等函数表示，所以我们更换累次积分的次序：

积分区域 D 为 Y 型区域，由 $y=0$，$y=1$ 和 $x=1$，$x=y$ 围成（见图 8.16），它是三角形区域 ABC，现把 D 视为 X 型区域，它由 $x=0$，$x=1$，$y=0$，$y=x$ 所围成，所以

$$\begin{aligned}I&=\iint_D\frac{\sin x}{x}\mathrm{d}x\mathrm{d}y=\int_0^1\mathrm{d}x\int_0^x\frac{\sin x}{x}\mathrm{d}y\\&=\int_0^1\frac{\sin x}{x}\mathrm{d}x\int_0^x\mathrm{d}y=\int_0^1x\frac{\sin x}{x}\mathrm{d}x\\&=\int_0^1\sin x\mathrm{d}x=1-\cos 1.\end{aligned}$$

D 是 θ 型（极坐标型）区域，即

$$D=\{(\theta,\ r)\mid\alpha\leqslant\theta\leqslant\beta,\ r_1(\theta)\leqslant r\leqslant r_2(\theta)\},$$

我们用两组极坐标线 $\theta=\theta_1$，$\theta=\theta_2$，…；$r=r_1$，$r=r_2$，…来分割区域 D，估计由坐标线 θ，$\theta+\Delta\theta$，r，$r+\Delta r$ 所围的小区域的面积 $\Delta\sigma$（见图 8.17），小区域 $ABCD$ 可近似看成一个矩形，长 $AB=\Delta r$，宽 $AD=r\Delta\theta$，于是面积 $\Delta\sigma\approx r\cdot\Delta\theta\cdot\Delta r$，从而面积元素

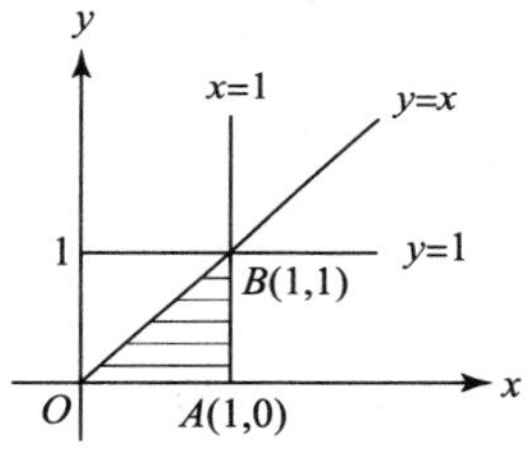

图 8.16

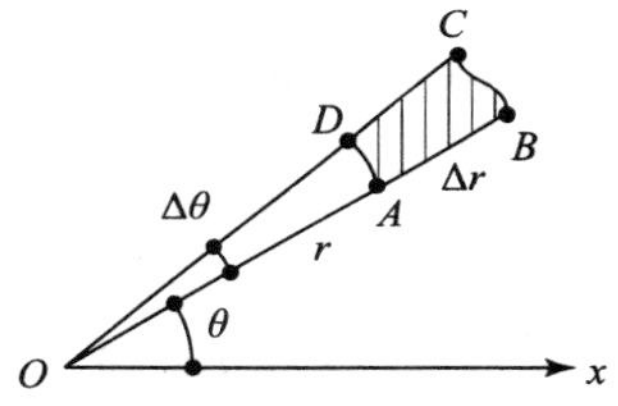

图 8.17

$$\mathrm{d}\sigma=r\mathrm{d}\theta\mathrm{d}r.$$

又极坐标与直角坐标的关系为 $x=r\cos\theta$，$y=r\sin\theta$，因此二重积分的极坐标形式为

$$\iint_D f(x,\ y)\mathrm{d}\sigma=\iint_D f(r\cos\theta,\ r\sin\theta)\mathrm{d}\sigma.$$

当 D 是 θ 型区域 $D=\{(\theta,\ r)\mid\alpha\leqslant\theta\leqslant\beta,\ r_1(\theta)\leqslant r\leqslant r_2(\theta)\}$ 时，有

$$\iint_D f(x,\ y)\mathrm{d}\sigma=\int_\alpha^\beta\mathrm{d}\theta\int_{r_1(\theta)}^{r_2(\theta)}f(r\cos\theta,\ r\sin\theta)r\mathrm{d}r.$$

当积分区域 D 为圆或圆的部分时，上述公式计算二重积分更方便.

例 8.19　计算二重积分 $\iint_D\mathrm{e}^{(x^2+y^2)}\mathrm{d}\sigma$，$D=\{(x,\ y)\mid x^2+y^2\leqslant1\}$，即为单位圆的内部.

解　当 D 是 θ 型区域 $D=\{(\theta,\ r)\mid 0\leqslant\theta\leqslant2\pi,\ 0\leqslant r\leqslant1\}$，于是

$$\begin{aligned}\iint_D\mathrm{e}^{(x^2+y^2)}\mathrm{d}\sigma&=\int_0^{2\pi}\mathrm{d}\theta\int_0^1\mathrm{e}^{r^2}r\mathrm{d}r\\&=\int_0^{2\pi}\mathrm{d}\theta\int_0^1\mathrm{e}^{r^2}r\mathrm{d}r=\pi(\mathrm{e}-1).\end{aligned}$$

例 8.20　求曲面 $z=\sqrt{x^2+y^2}$ 与球面上半部分 $z=\sqrt{1-(x^2+y^2)}$ 所围立体的体积.

解　所围立体是以圆 $D=\left\{(x,\ y)\mid x^2+y^2\leqslant\frac{1}{2}\right\}$ 为底，以 $z=\sqrt{1-(x^2+y^2)}$ 和 $z=$

$\sqrt{x^2+y^2}$为顶的曲面柱体（见图 8.18），所以其体积为

$$V=\iint_{x^2+y^2\leqslant\frac{1}{2}}\left[\sqrt{1-(x^2+y^2)}-\sqrt{x^2+y^2}\right]\mathrm{d}\sigma.$$

当 D 化为 θ 型区域 $D=\left\{(\theta, r)\,|\,0\leqslant\theta\leqslant 2\pi, 0\leqslant r\leqslant\sqrt{\frac{1}{2}}\right\}$时，有

$$V=\int_0^{2\pi}\mathrm{d}\theta\int_0^{\sqrt{\frac{1}{2}}}(\sqrt{1-r^2}-r)r\,\mathrm{d}r$$

$$=2\pi\left[-\frac{1}{3}(1-r^2)^{\frac{3}{2}}-\frac{1}{3}r^3\right]\Bigg|_0^{\sqrt{\frac{1}{2}}}=\frac{\pi}{3}(2-\sqrt{2}).$$

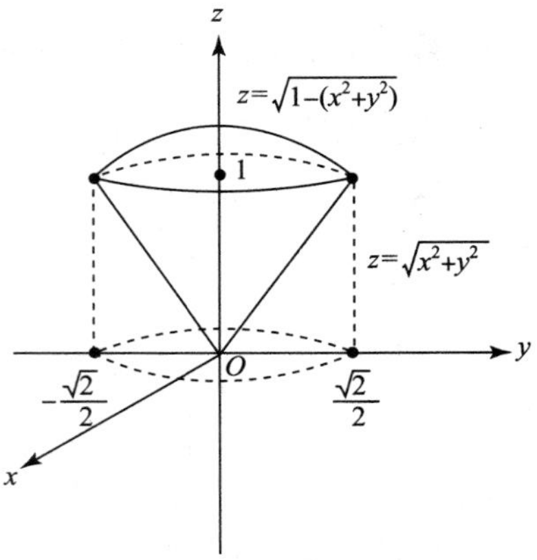

图 8.18

习题 8

1. 求二元函数 $f(x, y)=\sqrt{4-x^2-y^2}+\ln(x+y)$ 的定义域，并在平面坐标系表示.

2. 求二元函数 $f(x, y)=\dfrac{\sqrt{x^2-y}}{\sin(x+y)}$的定义域，并在平面坐标系表示.

3. 求下列函数的偏导数：

(1) $f(x, y)=\dfrac{\sqrt{x^2-y}}{\sin(x+y)}+x+6$；　　(2) $f(x, y)=\dfrac{y}{x}\sin(xy)+xy^x$；

(3) $f(x, y)=\dfrac{\ln(x+3y^2)}{x+y}$.

4. 求下列函数的二阶偏导数

(1) $f(x, y)=\dfrac{x}{\sqrt{x^2+y^2}}$；　　(2) $f(x, y)=x\ln(x-y^2)$；

(3) $f(x, y)=x^y\sin(x-y)$.

5. 求函数 $z=xy^2+\sqrt{4-x^2-y^2}$的全微分.

6. 用全微分求 $A=(2.02)^{3.03}$的近似值.

7. 若 $z=f\left(x-y, \dfrac{y}{x}\right)$，其中 f 的各阶偏导数连续，求$\dfrac{\partial z}{\partial x}$，$\dfrac{\partial z}{\partial y}$.

8. 若 $z=f(x^2-y)$，其中 f 的各阶偏导数连续，求$\dfrac{\partial z}{\partial x}$，$\dfrac{\partial z}{\partial y}$.

9. 若由方程 $z+z^3=x+y^2$ 确定了一个隐函数 $z=f(x, y)$，求$\dfrac{\partial z}{\partial x}$，$\dfrac{\partial z}{\partial y}$.

10. 若由方程 $xe^z=yz+1$ 确定了一个隐函数 $z=f(x, y)$，求$\dfrac{\partial z}{\partial x}$，$\dfrac{\partial z}{\partial y}$.

11. 求下列函数的极值

(1) $f(x, y)=4x-4y-x^2-y^2$；　(2) $f(x, y)=(6x-x^2)(4y-y^2)$；

(3) $f(x, y)=x^3-y^3+3x^2+3y^24-9x$.

12. 某厂生产 A，B 两种产品，生产 x 件 A 产品，y 件 B 产品的成本为

$$C(x, y)=x^2+200x+y^2+100y-xy,$$

收益函数为

$$R(x, y)=2\,000x-2x^2+100y-y^2+xy.$$

问 x，y 各多少时，利润最大？

13. 某公司在生产中使用 A 和 B 两种原料，已知两种原料 A 和 B 分别使用 x 单位和 y 单位可生产 U 单位的产品，这里

$$U(x, y)=8xy+32x+40y-4x^2-6y^2,$$

并且 A 和 B 两种原料的单价分别为 10 元和 4 元，产品的单价为 40 元，求该公司的最大利润.

14. 建造一个容积为 4 m^3 的有盖长方体水池，问：长、宽、高为多少时用料最省？

15. 平面 $x+y+2z-2=0$ 与抛物面 $z=x^2+y^2$ 的交线是一个椭圆，求原点到椭圆的最长和最短距离.

16. 在一切内接于椭球面 $\frac{x^2}{a^2}+\frac{y^2}{b^2}+\frac{z^2}{c^2}=1$ 的长方体（各边分别平行坐标轴）中，求其体积最大者.

17. 一新产品上市，成本每件 6 元，为了合理定价，公司进行了为期 8 个月的试卖，所得具体数据如表 8.2 所示：

表 8.2

x	7	6.9	6.8	6.7	6.6	6.5	6.4	6.3
y	100	151	198	258	301	348	399	451

其中，x 是销售价格，y 为一个月的销售量. 假设新产品的价格 x 用月销售量 y 的存在线性关系. 试利用表 8.2 中的实验数据，用最小二乘法建立 y 与 x 的线性关系.

18. 计算下列二重积分

(1) $\iint\limits_D x^2y\mathrm{d}\sigma$，$D$ 是由 $y=x^2$ 和 $y=2x$ 所围成的区域.

(2) $\iint\limits_D x\cos(x+y)\mathrm{d}\sigma$，$D$ 是顶点为（0，0），（0，π），（π，π）的三角形区域.

(3) $\iint\limits_D xy\mathrm{d}\sigma$，$D$ 是由 $x=y^2$ 和 $y+x=2$ 所围成的区域.

(4) $\iint\limits_D \frac{y}{(1+x^2+y^2)^{\frac{3}{2}}}\mathrm{d}\sigma$，$D$ 是由 $x=0$，$x=1$，$y=0$，$y=1$ 所围的区域.

(5) $\iint\limits_D \frac{\sin x}{x}\mathrm{d}x\mathrm{d}y$，$D$ 是由 $y=x^2$ 和 $y=x$ 所围成的区域.

19. 计算累次积分 $I=\int_0^1\mathrm{d}y\int_y^1\mathrm{e}^{\frac{y}{x}}\mathrm{d}x$ 的值.

20. 计算下列二重积分：

(1) $\iint\limits_D \frac{1}{\sqrt{1+x^2+y^2}}\mathrm{d}\sigma$，其中 $D=\{(x,y)\mid 1\leqslant x^2+y^2\leqslant 4\}$；

(2) $\iint\limits_D \sqrt{9-x^2-y^2}\mathrm{d}\sigma$，其中 $D=\{(x,y)\mid x^2+y^2\leqslant 3x\}$.

21. 求曲面 $z=x^2+y^2$ 与球面上半部分 $z=\sqrt{1-(x^2+y^2)}$ 所围立体的体积.

22. 求平面 $x=0$，$y=0$，$x+y=1$，$z=0$，$z=1+x+y$ 所围立体的体积.

第九章

差分与差分方程简介

前面我们所研究的变量基本上是属于连续变化的类型. 但在经济和管理科学或其他实际问题中，许多变量是以定义在整数集上的数列形式变化的，如银行中的定期存款按所设定的时间等间隔计息、国家财政预算按年制定等. 我们称这类变量为离散型变量. 描述各离散变量之间关系的数学模型称为离散型模型. 求解这类模型可以得到各离散型变量的运行规律. 本节将介绍在经济学和管理科学中最常见的一种离散型数学模型——差分方程.

§9.1 差分的概念与性质

一般地，在连续变化的时间范围内，变量 y 关于时间 t 的变化率是用导数 $\frac{\mathrm{d}y}{\mathrm{d}t}$ 描述的；对离散型的变量 y，我们常取在规定的时间区间上的差商 $\frac{\Delta y}{\Delta t}$ 来刻画变量 y 的变化率.

如果选择 $\Delta t=1$，则差商 $\frac{\Delta y}{\Delta t}$ 变为

$$\Delta y=y(t+1)-y(t), \tag{9.1}$$

它可以近似表示变量 y 的变化率. 式（9.1）在经济学和管理科学中有特殊的地位.

定义 9.1 设函数 $y_t=y(t)$，则称改变量 $y_{t+1}-y_t$ 为函数 y_t 的差分，也称为函数 y_t 的一阶差分，记为 Δy_t，即

$$\Delta y_t=y_{t+1}-y_t，\text{或 } \Delta y(t)=y(t+1)-y(t),$$

一阶差分的差分 $\Delta^2 y_t$ 称为二阶差分，即

$$\begin{aligned}\Delta^2 y_t &=\Delta(\Delta y_t)=\Delta y_{t+1}-\Delta y_t=(y_{t+2}-y_{t+1})-(y_{t+1}-y_t)\\ &=y_{t+2}-2y_{t+1}+y_t.\end{aligned}$$

类似地可定义三阶差分、四阶差分等，

$$\Delta^3 y_t=\Delta(\Delta^2 y_t)\ ,\ \Delta^4 y_t=\Delta(\Delta^3 y_t).$$

一般地，函数 y_t 的 $n-1$ 阶差分的差分称为 n 阶差分，记为 $\Delta^n y_t$. 二阶及二阶以上的差分统称为高阶差分.

例 9.1 设 $y_t=t^2$，求 $\Delta(y_t)$，$\Delta^2(y_t)$，$\Delta^3(y_t)$.

解 $\Delta y_t=\Delta(t^2)=(t+1)^2-t^2=2t+1$；

$\Delta^2 y_t=\Delta^2(t^2)=\Delta(2t+1)=[2(t+1)+1]-(2t+1)=2$；

$$\Delta^3 y_t=\Delta(\Delta^2 y_t)=2-2=0.$$

例 9.2 设 $t^{(n)}=t(t-1)(t-2)\cdots(t-n+1)$，$t^{(0)}=1$，求 $\Delta t^{(n)}$.

解 设 $y_t=t^{(n)}=t(t-1)\cdots(t-n+1)$，则

$$\begin{aligned}\Delta y_t&=(t+1)^{(n)}-t^{(n)}\\&=(t+1)t(t-1)\cdots(t+1-n+1)-t(t-1)\cdots(t-n+2)(t-n+1)\\&=[(t+1)-(t-n+1)]t(t-1)\cdots(t-n+2)=nt^{(n-1)}.\end{aligned}$$

注： 若 $f(t)$ 为 n 次多项式，则 $\Delta^n f(t)$ 为常数，且

$$\Delta^m f(t)=0,\ (m>n).$$

根据定义可知，差分满足以下性质：

性质 1 (1) $\Delta(Cy_t)=C\Delta y_t$（C 为任意常数）；

(2) $\Delta(y_t\pm z_t)=\Delta y_t\pm\Delta z_t$；

(3) $\Delta(y_t\cdot z_t)=z_t\Delta y_t+y_{t+1}\Delta z_t$；

(4) $\Delta\left(\dfrac{y_t}{z_t}\right)=\dfrac{z_t\Delta y_t-y_t\Delta z_t}{z_{t+1}\cdot z_t}$ $(z_t\neq 0)$.

证明 我们只证明性质（3），其余的请读者自证.

$$\begin{aligned}\Delta(y_t\cdot z_t)&=y_{t+1}z_{t+1}-y_tz_t\\&=y_{t+1}z_{t+1}-y_{t+1}z_t+y_{t+1}z_t-y_tz_t\\&=z_t\Delta y_t+y_{t+1}\Delta z_t.\end{aligned}$$

注： 差分具有类似导数的运算性质.

例 9.3 求 $y_t=t^2\cdot 3^t$ 的差分.

解 由差分的运算性质，有

$$\begin{aligned}\Delta y_t&=\Delta(t^2\cdot 3^t)=3^t\Delta t^2+(t+1)^2\Delta(3^t)\\&=3^t(2t+1)+(t+1)^2\cdot 2\cdot 3^t\\&=3^t(2t^2+6t+3).\end{aligned}$$

§9.2 差分方程

9.2.1 差分方程的概念

与常微分方程的定义类似，下面我们给出差分方程的定义.

定义 9.2 含有未知函数 y_t 的差分的方程称为差分方程.

差分方程的一般形式为

$$F(t,\ y_t,\ \Delta y_t,\ \Delta^2 y_t,\ \cdots,\ \Delta^n y_t)=0,$$

或

$$G(t,\ y_t,\ y_{t+1},\ y_{t+2},\ \cdots,\ y_{t+n})=0. \tag{9.2}$$

差分方程中所含未知函数差分的最高阶数称为该差分方程的阶. 差分方程的不同形式可以互相转化.

例如，二阶差分方程 $y_{t+2}-2y_{t+1}-y_t=3^t$ 可化为 $\Delta^2 y_t-2y_t=3^t$. 又如，对于差分方程 $\Delta^3 y_t+\Delta^2 y_t=0$，由

$$\Delta^2 y_t = y_{t+2} - 2y_{t+1} + y_t，\Delta^3 y_t = y_{t+3} - 3y_{t+2} + 3y_{t+1} - y_t，$$

代入原方程得

$$(y_{t+3} - 3y_{t+2} + 3y_{t+1} - y_t) + (y_{t+2} - 2y_{t+1} + y_t) = 0，$$

因此原方程可改写为

$$y_{t+3} - 2y_{t+2} + y_{t+1} = 0.$$

定义 9.3　满足差分方程的函数称为该差分方程的解.

例如，对于差分方程 $y_{t+1} - y_t = 2$，将 $y_t = 2t$ 代入该方程，有

$$y_{t+1} - y_t = 2(t+1) - 2t = 2，$$

故 $y_t = 2t$ 是该方程 $y_{t+1} - y_t = 2$ 的解. 易知对任意常数 C，$y_t = 2t + C$ 都是差分方程的解.

如果差分方程的解中含有相互独立的任意常数的个数恰好等于方程的阶数，则称这个解为该差分方程的通解.

在实际应用中，我们往往要根据系统在初始时刻所处的状态对差分方程附加一定的条件，这种附加条件称为初始条件，满足初始条件的解称为特解.

定义 9.4　若差分方程中所含未知函数及未知函数的各阶差分均为一次，则称该差分方程为线性差分方程.

线性差分方程的一般形式是

$$y_{t+n} + a_1(t) y_{t+n-1} + \cdots + a_{n-1}(t) y_{t+1} + a_n(t) y_t = f(t)，\tag{9.3}$$

其特点是 y_{t+n}，y_{t+n-1}，…，y_t 都是一次的.

从前面的讨论中可以看到，关于差分方程及其解的概念与常微分方程十分相似. 事实上，微分与差分都是描述变量变化的状态，只是前者描述的是连续变化过程，后者描述的是离散变化过程. 在取单位时间为 1 且单位时间间隔很小的情况下，

$$\Delta y_t = f(t+1) - f(t) \approx \mathrm{d}_y = \frac{\mathrm{d}_y}{\mathrm{d}_t} \Delta t = \frac{\mathrm{d}_y}{\mathrm{d}_t}，$$

即差分方程可看作连续变化的一种近似. 因此，差分方程和微分方程无论在方程结构、解的结构还是在求解方法上都有很多相似之处.

9.2.2　一阶常系数线性差分方程

一阶常系数线性差分方程的一般形式为

$$y_{t+1} - P y_t = f(t)，\tag{9.4}$$

其中，P 为非零常数，$f(t)$ 为已知函数. 如果 $f(t) = 0$，则方程变为

$$y_{t+1} - P y_t = 0.\tag{9.5}$$

方程（9.5）称为一阶常系数线性齐次差分方程，相应地，方程（9.4）称为一阶常系数线性非齐次差分方程.

一阶常系数线性齐次差分方程的通解可用迭代法求得. 设 y_0 已知，将 $t = 0，1，2，\cdots$ 代入方程 $y_{t+1} = P y_t$ 中，得

$$y_1 = P y_0，y_2 = P y_1 = P^2 y_0，y_3 = P y_2 = P^3 y_0，\cdots，y_t = P y_{t-1} = P^t y_0.$$

则 $y_t = y_0 P^t$ 为方程（9.5）的解. 容易验证，对任意常数 A，$y_t = AP^t$ 都是方程（9.5）的解，故方程（9.5）的通解为

$$y_t = AP^t.\tag{9.6}$$

例 9.4 求差分方程 $y_{t+1}-3y_t=0$ 的通解.

解 由公式 (9.6) 知方程的通解为 $y_t=A3^t$.

9.2.3 一阶常系数线性非齐次差分方程

定理 9.1 设 $\bar{y}_t$ 为方程 (9.5) 的通解，y_t^* 为方程 (9.4) 的一个特解，则 $y_t=\bar{y}_t+y_t^*$ 为方程 (9.4) 的通解.

证明 由题设，$y_{t+1}^*-Py_t^*=f(t)$ 及 $\bar{y}_{t+1}-P\bar{y}_t=0$，将这两式相加得

$$(\bar{y}_{t+1}+y_{t+1}^*)-P(\bar{y}_t+y_t^*)=f(t),$$

即 $y_t=\bar{y}_t+y_t^*$ 为方程 (9.4) 的通解.

下面我们对右端项 $f(t)$ 的几种特殊形式给出求其特解 y_t^* 的方法，进而给出式 (9.4) 的通解的形式：

(1) $f(t)=C$ (C 为非零常数).

给定 y_0，由 $y_{t+1}^*=Py_t^*+C$，可按如下迭代法求得特解 y_t^*：

$$y_1^*=Py_0+C,$$

$$y_2^*=Py_1^*+C=P^2y_0+C(1+P),$$

$$y_3^*=Py_2^*+C=P^3y_0+C(1+P+P^2),$$

$$\cdots$$

$$y_t^*=P^ty_0+C(1+P+P^2+\cdots+P^{t-1})$$

$$=\begin{cases}\left(y_0-\dfrac{C}{1-P}\right)P^t+\dfrac{C}{1-P}, & P\neq 1,\\ y_0+Ct, & P=1,\end{cases} \tag{9.7}$$

由式 (9.6) 得方程 (9.5) 的通解为 $\bar{y}_t=A_1P^t$，A_1 为任意的常数，于是，方程 (9.4) 的通解为

$$y_t=\bar{y}_t+y_t^*=\begin{cases}AP^t+\dfrac{C}{1-P}, & P\neq 1,\\ A+Ct, & P=1,\end{cases} \tag{9.8}$$

其中，A 为任意常数，且当 $P\neq 1$ 时，$A=y_0-\dfrac{C}{1-P}+A_1$；当 $P=1$ 时，$A=y_0+A_1$.

例 9.5 求差分方程 $y_{t+1}-3y_t=-2$ 的通解.

解 由于 $P=3$，$C=-2$ 故原方程的通解为

$$y_t=A3^t+1.$$

(2) $f(t)=Cb^t$ (C，b 为非零常数且 $b\neq 1$).

当 $b\neq P$ 时，设 $y_t^*=kb^t$ 为方程 (9.4) 的特解，其中 k 为待定系数，将其代入方程 (9.4)，得

$$kb^{t+1}-Pkb^t=Cb^t,$$

解得

$$k=\frac{C}{b-P}.$$

于是，所求特解为 $y_t^* = \dfrac{C}{b-P}b^t$.

当 $b \neq P$ 时，方程（9.4）的通解为

$$y_t = AP^t + \frac{C}{b-P}b^t. \tag{9.9}$$

当 $b=P$ 时，设 $y_t^* = ktb^t$ 为方程（9.4）的特解，代入方程（9.4），得 $k=\dfrac{C}{P}$. 所以，当 $b=P$ 时，方程（9.4）的通解为

$$y_t = AP^t + Ctb^{t-1}, \tag{9.10}$$

例 9.6　求差分方程 $y_{t+1} - \dfrac{1}{2}y_t = 3\left(\dfrac{3}{2}\right)^t$ 在初始条件 $y_0=5$ 时的特解.

解　这里 $P=\dfrac{1}{2}$，$b=\dfrac{2}{3}$利用公式（9.9），得所求通解为

$$y_t = 3\left(\frac{3}{2}\right)^t + A\left(\frac{1}{2}\right)^t,$$

将初始条件 $y_0=5$ 代入上式，得 $A=2$ 故所求题设方程的特解为

$$y_t = 3\left(\frac{3}{2}\right)^t + 2\left(\frac{1}{2}\right)^t.$$

（3）$f(t)=Ct^n$，（C 为任意的常数）.

当 $P\neq 1$ 时，设为 $y_t^* = B_0 + B_1 t + \cdots + B_n t^n$ 方程（9.4）的特解，其中 B_0，B_1，…，B_n 为待定系数. 将其代入方程（9.4），求出系数 B_0，B_1，…，B_n，得到方程（9.4）的特解 y_t^*.

当 $P=1$ 时，设为 $y_t^* = t(B_0 + B_1 t + \cdots + B_n t^n)$ 方程（9.4）的特解，其中 B_0，B_1，…，B_n 为待定系数. 将其代入方程（9.4），求出系数 B_0，B_1，…，B_n，得到方程（9.4）的特解 y_t^*.

例 9.7　求差分方程 $y_{t+1} - 4y_t = 3t^2$ 的通解.

解　设题设方程的特解为 $y_t^* = B_0 + B_1 t + B_2 t^2$，将代入题设方程得

$$(-3B_0 + B_1 + B_2) + (-3B_1 + 2B_2)t - 3B_2 t^2 = 3t^2.$$

比较同次幂系数，得

$$B_0 = -\frac{5}{9},\ B_1 = -\frac{2}{3},\ B_2 = -1.$$

从而所求特解为

$$y_t^* = -\left(\frac{5}{9} + \frac{2}{3}t + t^2\right),$$

而题设方程的通解为

$$y_t = -\left(\frac{5}{9} + \frac{2}{3}t + t^2\right) + A4^t.$$

例 9.8　某家庭从现在开始，从每月工资中拿出一部分资金存入银行，用于投资子女的教育，计划 20 年后开始从投资账户中每月支取 1 000 元，直到 10 年后子女大学毕业并用完全部资金. 要实现这个投资目标，20 年内总共要筹措多少资金？每月要在银行存入多少钱？

假设投资的月利率为0.5%，

解 设第 t 个月，投资账户资金为 a_t，每月存资金为 b 元，于是，20年后，关于的差分方程模型为

$$a_{t+1}=1.005a_t-1\ 000, \tag{9.11}$$

且 $a_{120}=0$，$a_0=x$.

解方程（9.11）得其通解为

$$a_t=(1.005)^tA-\frac{1\ 000}{1-1.005}=(1.005)^tA+200\ 000,$$

其中 A 为任意常数.

因为

$$a_{120}=(1.005)^{120}A+200\ 000=0,\ a_0=A+200\ 000=x,$$

从而有

$$x=200\ 000-\frac{200\ 000}{(1.005)^{120}}=90\ 073.45.$$

从现在到20年内，a_t 满足方程

$$a_{t+1}=(1.005)a_t+b, \tag{9.12}$$

且 $a_0=0$，$a_{240}=90\ 073.45$. 解方程（9.12）得通解

$$a_t=(1.005)^tA+\frac{b}{1-1.005}=(1.005)^tA-200b,$$

以及 $a_{240}=(1.005)^{240}A-200b=90\ 073.45$，$a_0=A-200b=0$，从而有 $b=194.95$.

因此，要达到投资目标，20年内要筹措资金90 073.45元，平均每月要存入194.95元.

§9.3 二阶常系数线性差分方程

二阶常系数线性差分方程的一般形式

$$y_{t+2}+ay_{t+1}+by_t=f(t), \tag{9.13}$$

其中，a、b 均为常数，且 $f(t)$ 是已知函数. 当 $f(t)=0$ 时，方程（9.13）变为

$$y_{t+2}+ay_{t+1}+by_t=0. \tag{9.14}$$

方程（9.14）称为二阶常系数线性齐次差分方程，相应地，方程（9.13）称为二阶常系数线性非齐次差分方程.

仿照二阶线性微分方程解的结构定理，可写出关于二阶线性差分方程的解的结构定理.

定理9.2 设 $\bar{y}_t$ 为方程（9.14）的通解，y_t^* 为方程（9.13）的一个特解，则 $y_t=\bar{y}_t+y_t^*$ 为方程（9.13）的通解.

9.3.1 二阶常系数线性齐次差分方程

与二阶常系数线性齐次微分方程的解法类似，考虑到方程（9.14）的系数均为常数，于是，只要找到一类函数，使得 y_{t+2}，y_{t+1} 均为常数即可解决求方程（9.14）特解的问题，显然，幂函数 λ^t 符合这类函数的特征. 因此不妨设为方程（9.13）的一个特解 $Y_t=\lambda^t(\lambda\neq0)$，代入该方程，得

$$\lambda^{t+2}+a\lambda^{t+1}+b\lambda^{t}=\lambda^{t}(\lambda^{2}+a\lambda+b)=0,$$

即

$$\lambda^{2}+a\lambda+b=0. \tag{9.15}$$

我们称此方程为方程（9.13）或方程（9.14）的特征方程，称特征方程的解为特征根. 我们仿照二阶常系数齐次线性微分方程，根据特征根的三种情况，分别给出（9.14）的通解.

（1）特征方程有两个相异实特征根 λ_1，λ_2，则通解形式为

$$Y_t=A_1\lambda_1^t+A_2\lambda_2^t,\ (A_1,\ A_2\ 为任意的常数);$$

（2）特征方程有二重根 $\lambda_1=\lambda_2$，则通解的形式为

$$Y_t=(A_1+A_2t)\left(-\frac{a}{2}\right)^t,\ (A_1,\ A_2\ 为任意的常数);$$

（3）特征方程有两个共轭复特征根 $\lambda_{1,2}=\alpha\pm i\beta$，此时通解的形式为

$$\overline{Y}_t=A_1(\alpha+i\beta)^t+A_2(\alpha-i\beta)^t.$$

为求得实数形式的通解，利用欧拉公式，记

$$\alpha\pm i\beta=r(\cos\theta\pm i\sin\theta).$$

其中，$r=\sqrt{\alpha^2+\beta^2}$，$\tan\theta=\dfrac{\beta}{\alpha}$，则

$$y_t^{(1)}=\lambda_1^t=r^t(\cos\theta t+i\sin\theta t);$$
$$y_t^{(2)}=\lambda_2^t=r^t(\cos\theta t-i\sin\theta t).$$

都是方程（9.13）的特解.

易证 $\dfrac{1}{2}(y_t^{(1)}+y_t^{(2)})$ 及 $\dfrac{1}{2i}(y_t^{(1)}-y_t^{(2)})$ 也都是方程（9.14）的特解，即 $r^t\cos\theta t$ 及 $r^t\sin\theta t$ 都是方程（9.14）的特解. 从而方程（9.14）实数形式的通解为

$$Y_t=r^t(A_1\cos\theta t+A_2\sin\theta t),\ (A_1,\ A_2\ 为任意的常数).$$

例 9.9　求差分方程 $y_{t+2}-3y_{t+1}-4y_t=0$ 的通解.

解　题设方程的特征方程为 $\lambda^2-3\lambda-4=0$，即

$$(\lambda-4)(\lambda+1)=0,$$

因而特征根 $\lambda_1=-1$，$\lambda_2=4$，所以题设方程的通解为

$$y_t=A_1(-1)^t+A_2 4^t.$$

例 9.10　求差分方程 $y_{t+2}+4y_{t+1}+4y_t=0$ 的通解.

解　题设方程的特征方程为

$$\lambda^2-2\lambda+4=0,$$

解得一对共轭复根 $\lambda_1=1+i\sqrt{3}$，$\lambda_2=1-i\sqrt{3}$，即 $\alpha=1$，$\beta=\sqrt{3}$，

故有　$r=\sqrt{\alpha^2+\beta^2}=2$；$\tan\theta=\dfrac{\beta}{\alpha}=\sqrt{3}$，即 $\theta=\dfrac{\pi}{3}$.

于是，题设方程的通解为

$$y_t=2^t\left(A_1\cos\frac{\pi}{3}t+A_2\sin\frac{\pi}{3}t\right).$$

9.3.2 二阶常系数线性非齐次差分方程

仅考虑方程（9.13）中取某些特殊形式的函数 $f(t)$ 时的情形.

（1）若 $f(t)=P_m(t)$，则方程（9.13）具有形如 $y_t^*=t^kR_m(t)$ 的特解，其中 $R_m(t)$ 为 t 的 m 次待定多项式.

当 $1+a+b\neq 0$ 时，取 $k=0$，设 $y_t^*=R_m(t)=B_0+B_1t+\cdots+B_mt^m$；

当 $1+a+b=0$ 时，但 $a\neq -2$，取 $k=1$，设 $y_t^*=t(B_0+B_1t+\cdots+B_mt^m)$；

当 $1+a+b=0$，但 $a=-2$ 时，取 $k=2$，设 $y_t^*=t^2(B_0+B_1t+\cdots+B_mt^m)$.

根据上述情形，分别把所设特解 y_t^* 代入方程（9.13），比较两端同次项的系数，确定系数 B_0，B_1，…，B_m，即可得方程（9.13）的特解.

例 9.11　求差分方程 $y_{t+2}+3y_{t+1}-4y_t=t$ 的通解.

解　对应的齐次差分方程的特征方程为

$$\lambda^2+3\lambda-4=0,$$

解得 $\lambda_1=1$，$\lambda_2=-4$.

于是，对应的齐次差分方程的通解为

$$Y_t=A_1+A_2(-4)^t,$$

而 $1+a+b=1+3-4=0$，但 $a=3\neq -2$. 故设 $y_t^*=t(B_0+B_1t)$，代入题设方程，得

$$B_0(t+2)+B_1(t+2)^2+3B_0(t+1)+3B_1(t+1)^2-4B_0t-4B_1t^2=t,$$

比较两边同次项的系数，得

$$\begin{cases}10B_1=1,\\5B_0+7B_1=0,\end{cases}\quad \text{解得}\quad \begin{cases}B_0=-\dfrac{7}{50},\\[2mm] B_1=\dfrac{1}{10},\end{cases}$$

从而所求题设方程的通解为

$$y_t=t\left(-\frac{7}{50}+\frac{1}{10}t\right)+A_1+A_2(-4)^t.$$

（2）若 $f(t)=P_m(t)C^t$，

则方程（9.13）具有形如 $y_t^*=t^kR_m(t)C^t$ 的特解：

（1）当 $C^2+Ca+b\neq 0$ 时，取 $k=0$，设

$$y_t^*=R_m(t)C^t=(B_0+B_1t+\cdots+B_mt^m)C^t;$$

（2）当 $C^2+Ca+b=0$，但 $2C+a\neq 0$ 时，取 $k=1$，设

$$y_t^*=tR_m(t)C^t=t(B_0+B_1t+\cdots+B_mt^m)C^t;$$

（3）当 $C^2+Ca+b=0$，且 $2C+a=0$ 时，取 $k=2$，设

$$y_t^*=t^2R_m(t)C^t=t^2(B_0+B_1t+\cdots+B_mt^m)C^t.$$

分别就上面各种情形，把所设特解 y_t^* 代入方程（9.13），比较两端同次项的系数，确定系数 B_0，B_1，…，B_m，即可得方程（9.13）的特解.

例 9.12　求差分方程 $y_{t+2}+2y_{t+1}+y_t=3\times 2^t$ 的通解.

解　对应的齐次方程的特征方程为

$$\lambda^2+2\lambda+1=0,$$

解得 $\lambda_1=\lambda_2=-1$.

则对应的齐次方程的通解为

$$Y_t=(A_1+A_2t)(-1)^t.$$

又 $C^2+Ca+b=4+4+1=9\neq 0$，设特解 $y_t^*=B_0 2^t$，代入方程，得

$$B_0 2^{t+2}+2B_0 2^{t+1}+B_0 2^t=3\times 2^t,$$

消去 2^t，得 $4B_0+4B_0+B_0=3$，于是 $B_0=\dfrac{1}{3}$. 于是得特解 $y_t^*=\dfrac{2^t}{3}$.

故所求方程的通解为 $y_t=\dfrac{2^t}{3}+(A_1+A_2t)(-1)^t$.

习题 9

1. 试确定下列差分方程的阶：

(1) $y_{t+3}-y_{t-2}+y_{t-4}=0$；　(2) $5y_{t+5}+3y_{t+1}=7$.

2. 指出下列等式哪一个是差分方程，若是，进一步指出是否为线性方程.

(1) $-3\Delta y_t=3y_t+a^t$；　(2) $y_{t+2}-2y_{t+1}+3y_t=4$.

3. 求下列差分方程的通解或特解.

(1) $2y_{x+1}-3y_x=0$；　(2) $y_x+y_{x-1}=0$；　(3) $2y_{x+1}+5y_x=0$ 且 $y_0=3$；

(4) $\Delta y_x-4y_x=3$；　(5) $\Delta^2 y_x-\Delta y_x-2y_x=x$；　(6) $y_{x+1}-2y_x=3^x$；

(7) $y_{x+1}+y_x=2^x$ 且 $y_0=2$；　(8) $y_{x+2}-5y_{x+1}+6y_x=0$；　(9) $y_{x+2}+\dfrac{1}{9}y_x=0$；

(10) $y_{x+2}+10y_{x+1}+25y_x=0$；　(11) $\Delta^2 y_x=4$ 且 $y_1=4$，$y_0=8$；

(12) $y_{x+2}+3y_{x+1}+2y_x=6x^2+4x+20$；　(13) $y_{x+2}+3y_{x+1}+2y_x=3\cdot 5^x$.

4. 某企业家准备设立为期 100 年的奖励基金，奖励基金一次性存入银行，一年后开始发放，要求第一年发奖金 1 万元，第二年发奖金 8 万元，第三年发奖金 27 万元，以此类推，第 100 年发奖金 100^3 万元，问：该企业家需要存多少钱作为奖励基金（存款年利率为 5%，按复利计算）？

参考文献

[1] 李心灿. 高等数学应用 205 例 [M]. 北京：高等教育出版社，1997.

[2] 卡尔·P·西蒙，劳伦斯·布鲁姆. 经济学中的数学 [M]. 杨介棒，何辉，译. 北京：中国人民大学出版社，2012.

[3] 赵树嫄. 微积分 [M]. 北京：中国人民大学出版社，2012.

[4] 叶春辉，王兰兰. 经济数学 [M]. 成都：电子科技大学出版社，2011.

[5] 陆少华. 微积分 [M]. 上海：上海交通大学出版社，2000.

[6] 吴赣昌. 微积分（经管类，第四版）[M]. 北京：中国人民大学出版社，2011.

[7] 刘必立. 经济应用数学 [M]. 长沙：湖南师范大学出版社，2015.